农业水资源配置与种植结构调整
不确定性优化模型

李 茉 郭 萍 杨改强 著

科学出版社

北 京

内 容 简 介

　　发展节水高效农业是农业可持续发展的战略选择，灌溉水资源配置与种植结构调整是提高农业水资源利用效率的重要途径。不同空间尺度下的灌溉水资源配置具有不同的特点。同时，气候变化和人类活动增加了灌溉水资源配置和种植结构优化系统的不确定性。本书针对农业系统中的诸多不确定性，构建反映不同尺度特点的灌溉水资源优化配置和种植结构调整的不确定性模型，探讨各模型的解法，提出作物-渠系-灌区-区域多级灌溉水资源配置和种植结构优化方法与模型体系，探讨灌溉水资源配置及种植结构调整应对变化环境的措施及风险，对于加强农业水土资源的集约管理、促进农业可持续发展具有重要的理论研究价值和现实指导意义。

　　本书可供农业水土工程、水文学及水资源、管理科学专业及其他相关专业的教学和科研人员借鉴与参考。

图书在版编目（CIP）数据

农业水资源配置与种植结构调整不确定性优化模型 / 李茉，郭萍，杨改强著. —北京：科学出版社，2023.6

ISBN 978-7-03-073694-9

Ⅰ. ①农…　Ⅱ. ①李…　②郭…　③杨…　Ⅲ. ①农业资源－水资源管理－研究－中国　②种植业结构－结构调整－优化模型－研究－中国
Ⅳ. ①S279.2　②F326.1

中国版本图书馆 CIP 数据核字（2022）第 205553 号

责任编辑：孟莹莹　程雷星 / 责任校对：严　娜
责任印制：吴兆东 / 封面设计：无极书装

科学出版社 出版
北京东黄城根北街 16 号
邮政编码：100717
http://www.sciencep.com

北京建宏印刷有限公司 印刷
科学出版社发行　各地新华书店经销

*

2023 年 6 月第　一　版　开本：720 × 1000　1/16
2023 年 6 月第一次印刷　印张：17 1/2
字数：353 000

定价：159.00 元
（如有印装质量问题，我社负责调换）

前　言

气候变化、能源和粮食安全及生态环境等备受人类关注，它们彼此关联，其也与水资源密不可分。农业水资源是农业生产和保障粮食安全的核心战略资源，农业水资源的可持续利用直接影响着农业的可持续发展。随着人口和用水量的剧增，有限的水资源已经满足不了人们日益增长的用水需求，水资源矛盾日益突出。预计到 2045 年，全球超过 40%的人口将会面临缺乏水源的问题（来自《2016～2045 年新兴科技趋势报告》）。在世界各地用水量需求不断增加的同时，很多地区的淡水供应却因气候变化及水质恶化而有可能减少，农业水资源需求的增长得不到满足正威胁着各项主要发展目标。种植业是农业耗水大户，农业种植结构与灌溉水资源利用相互关联，是农业和灌溉用水管理部门的重要参考数据。因此，灌溉水资源合理的利用与配置、种植结构的优化，对提高水资源的有效利用率、缓解水资源的供需矛盾具有重要的意义。

农业水资源优化配置与种植结构优化是一个复杂结构大系统的优化问题，具有多尺度、多层次、多阶段、多变量、非线性等特点。不同尺度下，农业水资源配置的目标不同，配置内容存在差异，受资源、社会经济和生态环境影响的角度也不同，农业水资源优化存在明显的尺度特征。一定流域或区域内不同尺度间及尺度内的灌溉水资源优化配置与种植结构优化调整相互联系且相互作用，需对各尺度的农业水土资源进行统筹协调，促进农业水土资源高效利用。

水资源本身具有时空差异性，气候变化和人类活动加剧了水资源利用与配置的不确定性。降水、蒸发、下渗等水文要素的随机性，监测数据的波动，实验结果的空间差异，农产品价格的波动，模型本身结构的不确定等，这些均增加了灌溉水资源配置与种植结构优化的复杂性，水资源利用风险随之产生。在灌溉水资源优化配置与种植结构优化中考虑这些不确定性因素，衡量源于不确定性的风险与农业水土资源利用效益之间的关系，能够更加真实地反映客观的实际情况，规避水土资源利用可能的风险。

基于此，本书将构建反映农业水资源配置与种植结构优化不同尺度特点的不确定性优化系列模型并对其解法进行探究，探讨不同尺度之间水土资源配置的相互响应关系，对农业水资源配置与种植结构优化过程中产生的风险进行分析，提出应对变化环境的农业水资源配置与种植结构调整方案，保障区域水安全和粮食安全。

本书共 10 章，具体包括绪论、区域水资源与种植结构双层随机调控、基于随机模拟的灌区水资源优化配置、随机-模糊-区间耦合不确定性下的灌区水土资源优化配置、灌区渠系农业水资源优化配置、区间-模糊条件下农田灌溉水土资源高效配置、基于灰色理论的"灌区-田间"水资源双层高效配置、基于水资源利用阈值的农业水土资源规划、农业缺水风险分析、不确定条件下农业水土资源优化配置决策实现等内容。其中第 1 章由郭萍、李茉撰写完成；第 2 章至第 5 章由李茉、杨改强撰写完成；第 6～9 章由李茉、郭萍撰写完成；第 10 章由杨改强、郭萍和李茉撰写完成。作者在本书撰写过程中得到了苏州市吴江区水务局崔昊杰、河北雄安智砼科技有限公司桂泽瑛和东北农业大学硕士生李海燕、陈颖珊、薛敏、张欣瑞、张金平、刘佳辙的大力协助，在此表示诚挚的谢意。感谢国家自然科学基金面上项目（52079029）、国家自然科学基金优秀青年基金项目（52222902）对本书的支持。

作者在本书创作过程中参阅了大量国内外学者的相关研究成果，在此谨对各位学者表示衷心的感谢！本书的相关研究成果倾注了研究人员大量心血，但由于著者水平有限，对一些问题的分析与认识有待进一步提升，不足之处在所难免，恳请读者批评指正。

李 茉

2022 年 11 月 26 日于哈尔滨

目　　录

第1章 绪 论

1.1 农业水资源配置与种植结构优化的研究背景与意义

当今世界存在着几大自然危机，如气候变化、能源和粮食安全及生态环境等问题，这些危机彼此关联，其也与水资源密不可分。水是生命之源、生产之要、生态之基，但是随着工农业的发展，人口和用水量剧增，有限的水资源已经满足不了人们日益增长的用水需求，水资源矛盾日益突出。近年来的水资源开发利用方式引发了许多生态环境问题，进一步加剧了水资源短缺，这些问题都严重制约着社会、经济、生态的可持续发展。因此，水资源的合理开发与利用及水资源优化配置，对实现社会经济的持续、健康发展具有重要的意义。

水资源的可持续利用直接影响着农业的可持续发展，反之，农业水资源的可持续利用也会对水资源的可持续发展产生影响，进一步影响到整个社会的可持续发展。我国是农业大国，2020 年农业用水量约为 3612.4 亿 m^3，占全国总用水量的 62.15%[1]。我国又是灌溉大国，约 70%的粮食、80%的棉花和 90%的蔬菜都产自仅占全国耕地面积 1/2 以下的灌溉土地上，所以农业灌溉用水对我国生产有着举足轻重的作用。我国农业用水效率低，2020 年农田灌溉水有效利用系数为 56.5%[1]，与世界先进水平（有效利用系数为 70%~80%）相比仍存在一定差距。全国生活和工业用水占总用水量的比例逐渐增加，而农业用水占总用水量的比例则明显减小，农田灌溉用水量总体上呈缓慢下降趋势。我国有 400 多处 2 万 hm^2 以上的大型灌区，有效灌溉面积仅占全国耕地总面积的 1/8，全国约 54%的耕地缺少灌溉条件。而且，现有灌区大多修建于 20 世纪 50~70 年代，很多灌区工程老化失修严重，灌不进、排不出的问题十分突出，加之工程配套不完善，灌溉面积萎缩，抗灾能力差，用水浪费严重，加剧了农业水资源短缺。要提高水资源的利用效率，一方面可以通过工程手段，对灌区的灌溉系统进行改扩建，但这需要大量的资金投入，另一方面可以通过管理手段，针对有限的农业水资源，对农作物整个生育周期进行水量和时间的合理分配，从管理层面上对农业水资源进行优化配置，提高利用效率。

种植结构优化是农业水资源优化配置中的一部分，影响着农业水资源优化配置中的其他部分，同时又受农业可供水量的约束，其内容是在满足水资源、土地资源等约束条件，并达到一定目标条件下的农业种植用地决策方案。农业水资源配置与种植结构优化是具有复杂结构的大系统，具有多尺度、多层次、多阶段、多变量、非线性等特点[2]。不同尺度下，农业水资源与种植结构配置的目标不同、配置内容存在差异，受资源、社会经济和生态环境影响的角度也不同，农业水土资源优化配置存在明显的尺度特征。一定流域或区域内不同尺度间及尺度内的农业水资源配置与种植结构优化相互联系且相互作用，需对各尺度农业水土资源进行统筹协调，促进农业可持续发展。

与此同时，农业水资源配置与种植结构优化系统涉及自然条件、社会经济状况以及人类活动等多方面因素，这就导致了研究过程中存在多因素的不确定性，如水文要素时空变化的随机性、农作物生长与社会经济参数的模糊性与区间性、模型本身的不确定性等。尤其是在气候变化和人类活动的影响下，不确定性在农业水土资源配置中更为突出。这些不确定性是农业水土资源系统的复杂性、系统组分和过程的随机性以及人类认识的不足造成的[3]。这些不确定性因素在数学处理上存在较大的困难。以往的优化模型会通过确定性或单一不确定性参数简化这些不确定性因素，这就导致优化配置结果不能够真实地反映客观的实际情况。由于水资源配置与种植结构优化系统自身存在诸多不确定性，风险也随之产生，不同的资源利用方式会形成不同的风险[4]。明确不同风险的发生概率及其发生后造成的损失和结果，衡量风险与效益之间的关系，做出决策方案，可以使决策者根据不同需要规避可能的风险，进一步安全高效地利用水资源，缓解供需矛盾。

因此，探讨基于不确定性分析的农业水资源配置与种植结构优化问题，构建适合区域不同尺度的农业水资源配置与种植结构优化不确定性系列模型并对其解法进行研究，探讨不同尺度之间水土资源配置的相互响应关系，对农业水资源配置与种植结构优化过程中产生的风险进行评估，将有助于加强农业水土资源的集约管理，这对促进农业可持续发展、实现人水和谐具有重要的理论研究价值和现实指导意义。

1.2 国内外相关研究进展与述评

1.2.1 农业灌溉水资源优化配置

农业灌溉水资源优化配置是指在整个作物生长周期，将可利用的、有限的水资源在时空上进行合理的分配，以获得最高的产量或收益。其不仅直接关系水资源和土地资源的高效利用，还可能影响农业产业结构发展与生态环境保护等。农业灌溉水资源优化配置需要以可持续发展战略为指导，通过对水资源时空变化规律的科学分析，对农业灌溉用水进行综合评价，确保粮食正常增产和土地质量，以提出最佳的配水方法。

以水量配置为主的灌溉水资源优化配置方法，国外从 20 世纪 60 年代开始就开展了大量相关研究，其归类划分为动态规划（dynamic programming，DP）法、线性规划（linear programming，LP）法和非线性规划（nonlinear programming，NLP）法[5-8]。70 年代，线性规划法和随机控制原理方法得到进一步应用，并解决了如何把一定水量在作物全生育期内进行优化分配的问题。80 年代，数学规划和模拟技术在灌溉水资源优化配置中被广泛应用，一些新的农业配水模型被建立。90 年代，由于水污染和水危机的加剧，传统的以供水量和经济效益最大为水资源优化配置目标的模式已不能满足需要，研究人员开始注重水质约束、水资源环境效益以及水资源可持续利用研究，同时一些关于不确定性的思想理论被引入灌溉水资源优化配置模型中。21 世纪是科技飞速发展的时期，新的优化技术和更多的不确定性理论方法在水资源领域中被应用，这大大推动了农业灌溉水资源合理配置的研究。

国内关于农业灌溉水资源优化配置的研究起步比较晚，但发展得比较快，主要从 20 世纪 80 年代之后开始兴起[9]。进入 90 年代，我国学者进一步应用二维 DP、随机动态规划（stochastic dynamic programming，SDP）模型来制定作物最优灌溉制度。进入 21 世纪以来，从农业灌溉水资源优化配置研究方法上看，优化模型已由单一的数学规划模型发展为数学规划与模拟技术、向量优化理论等几种方法的组合模型，对问题的描述由单目标发展为多目标，同时一些不确定性优化理论也开始被用于其中。

1.2.2　种植结构优化

种植结构优化是农业灌溉用水管理中不可或缺的环节之一，是制订农业用水计划的基础，与农业水资源优化配置紧密相关、相互依存，可以促进水资源的优化配置，缓解水资源的供需矛盾[9]。

国外，早期的种植结构优化研究主要集中在不同的自然资源状况和社会发展水平对农作物制度的影响和比较上[10]。随着时间的推移，种植结构优化将重点放在通过调整种植结构来实现提高产量和资源利用效率、平衡经济效益与资源和环境保护的目标。我国优化种植结构研究比国外起步晚，主要经历了三个阶段：计划经济体制下以提高粮食总产为主要目标的种植模式研究；市场经济体制下以保障食物供给和提高种植业经济效益为目标的种植制度研究；农产品供给由长期短缺转向总量基本平衡和结构性、地区性相对过剩，农业发展由追求产量最大化转向追求效益最大化，农业的增长方式由传统投入为主向资本、技术密集型方向转化，农业的经营形式由单纯的原料型生产逐步转向生产、加工、销售一体化的产业化经营等。

农业种植结构优化的方法与水资源配置的优化方法类似，采用较多的为 LP 法和 NLP 法[11]。对于种植结构单目标优化问题常采用这些传统方法进行求解。随着农业可持续发展的概念不断深入，种植结构在优化过程中由单纯地追求产量或收益转变为注重社会、经济和生态环境的协同发展，种植结构多目标优化方法应运而成。其中，线性加权法、理想点法、最大最小值法、目标规划法较为常见[12, 13]。计算机的发展使粒子群算法、遗传算法、模拟退火算法、蚁群算法等方法逐渐发展起来，种植结构优化模型求解的效率也随之得到提高[14, 15]。

1.2.3　水资源配置风险

风险的基本含义是损失的不确定性，与可靠性相对。水资源风险的定义被概括为：特定时空环境条件下，水资源系统中客观存在的非期望事件及其发生的概率以及由此造成的经济与非经济损失程度[16, 17]。相应地，水资源风险评估研究也可被概括为两大方面：①研究水资源系统本身运行的可靠性，以风险事件的成因及相关风险事件的发生概率为研究对象；②研究水资源系统潜在风险事件危害程度的大小及其概率分布，以对经济、社会（包括人类健康、社会秩序等）、生态环境等造成的损失程度为研究对象。

对于水资源配置过程中产生的风险，以人为认知系统过程产生的"主观不确定性"为主题，将已有的研究分为两个部分：供水短缺风险研究、水资源优化配置风险研究。供水短缺风险本质上指的是在特定的环境条件下，由于来水存在的模糊与随机不确定性，区域水资源系统发生供水短缺的概率以及相应的缺水影响程度[18]。从物理模型角度出发，供水短缺风险往往可以从成因分析、统计学方法和模糊理论的角度进行探究和求解。水资源优化配置风险指受水资源系统供需水及人类活动等多种不确定性影响，水资源优化配置达不到配置期望效果及优化结果造成损失的可能性大小[19]。针对上述定义，将水资源配置风险研究分为两个部分：对于优化模型目标满足的风险研究和对于优化模型结果可能产生的风险研究。

1.2.4　不确定性分析理论

对于农业水土资源优化建模，不确定性分析理论可通过不确定性规划方法来体现，主要包含三种基本类别：随机数学规划、模糊数学规划和区间数学规划。随机数学规划可用于处理具有随机不确定性的问题，随机变量的分布形式表现为概率密度函数。随机数学规划的优点在于能够充分合理地反映系统的随机不确定性，缺点在于某些系统参数的分布形式获取存在困难，需要大量的统计数据[20]。模糊数学规划可用于处理具有模糊不确定性的问题，模糊变量的表现形式为具有一定隶属度的模糊数。其优点在于隶属函数具有主观性，更容易获取，但是缺点也在于隶属函数受主观意识影响比较严重，与客观实际可能存在较大差距，而且引入一些中间变量，增加了计算过程的负荷[21]。区间数学规划可用于处理具有区间形式参数的问题，其优化结果也为区间形式。其优点在于区间参数更易获取，缺点在于约束要求较高，尤其是当模型右端项的不确定性参数具有高度的不确定性时，其求解结果可能会因区间范围过大而失去意义，甚至可能无法求得完整的可行解[21, 22]。

不确定性方法是水资源系统风险的分析方法之一。通常可以依据信息的特点构造变量以表征风险，以风险率为例说明：①当样本数相对充足时，可以假定人为对风险率的主观不确定性服从某一概率分布形式（正态分布、指数分布、泊松分布、伽马分布、皮尔逊-III型分布等），进而运用统计概率方法对风险率加以量化；②当样本数只有一定数量不支持随机风险率的生成时，将模糊集理论方法作为研究手段，转而采用模糊概率表达风险率的可能性概念。随机方法的最大特点就是能够体现风险事件的概率性，将其量化为一定的概率分布或概率函数，可由经验估计或理论模拟得出。影响风险主体的不确定性变量可以是一些常见的典型概率分布，但一般直接将概率密度函数进行积分（解析法）非常困难，难以确切估计和确定其分布形式与参数，更不容易集中考虑各变量之间的相关影响，蒙特卡罗（Monte Carlo，MC）随机模拟方法则是解决此类问题的一种常用方法。由于计算机科学的快速发展，理论假定可借助计算机进行数字生成计算，通过生成随机数来模拟实际可能发生的情况，揭示系统的运行规律[23, 24]。水资源系统风险的大小是相对的，本身存在形态或类属上的亦此亦彼性，没有明显的界限（很难用确定性的数值表示），是典型的模糊集概念[18]，尤其是变量所服从的概率分布形式未知且实测的样本容量也比较小时，可以用模糊集理论来描述评价指标连续变化这一问题。根据模糊数学直接将水资源系统各评价指标分成若干级别进行水资源系统风险的综合评判，较单一风险指标能够相对全面地确定水资源短缺风险（或水质遭破坏风险）所达到的程度，以便为水资源规划和管理提供决策依据。

1.2.5 研究现状评析

总结上述国内外研究现状，关于农业水资源优化配置与种植结构优化的研究仍存在如下问题：①国内外关于农业水资源优化配置与种植结构优化调整模型的研究多数集中在某一特定的尺度。大系统优化理论的提出为解决多尺度资源配置问题提供了新方法，然而，相关研究集中在农业水资源配置二层结构模型的构建。此外，国内外对农业水资源和种植结构优化配置模型的研究中简化了由气候变化和人类活动导致的不确定性，不同尺度的农业水土资源受资源、社会经济和生态环境影响的角度不同，导致所涉及的不确定性也不同。如何针对各尺度特点，构建农业水资源配置和种植结构优化不确定性模型有待于进一步研究。②关于农业水资源的可持续配置，国内外的研究多数从配置的经济效益、社会效益及生态效益协调发展的综合效益角度出发，缺少考虑水资源利用阈值基于社会-经济-生态环境多目标协同的农业水资源规划方面的研究。③国内外在供水短缺、水资源优化配置风险方面均取得了较大的进展。风险源于不确定性，在不确定性条件下，如何将供水短缺风险与水资源优化配置过程中产生的风险结合起来，或者基于供水短缺风险进一步对水资源优化配置风险及其优化结果风险的研究并不多见。

1.3　研究区域概况

本书拟研究多尺度农业水资源配置与种植结构不确定性优化方法与模型，将构建的模型应用于黑河中游地区、石羊河流域及石津灌区的实例研究中，并对供水短缺及水资源优化配置风险进行不确定性分析，各研究区域概况如下。

1.3.1　黑河中游

1. 区域概况

1）研究区整体概况

黑河是我国第二大内陆河，流经青海、甘肃、内蒙古3省（自治区）。地理坐标为98°E～101°30′E、37°50′N～42°40′N。流域总面积14.29万km²，与比邻的石羊河、疏勒河流域合称"河西走廊"。流域分为东部、中部、西部3个子水系，其中，中部、西部子水系与干流已脱离水力联系，因此，黑河流域通常指东部子水系，东部子水系流域面积为11.6万km²。黑河分为上游、中游、下游，其中上游为祁连山出口至莺落峡之间段，气候阴湿寒冷，植被较好，多年平均气温低于2℃，年均降水量为350mm，是黑河流域的产流区。中游段为莺落峡和正义峡间的冲积平原区，河道长204km，流域面积为2.56万km²，主要包括张掖市的甘州区、临泽县、高台县、山丹县、民乐县，其中干流灌区集中在甘州、临泽县和高台县3个区（县）。黑河中游干流灌区，主要包括甘州区的上三、大满、盈科、西浚、安阳、花寨灌区，临泽县的平川、板桥、鸭暖、蓼泉、沙河、梨园河灌区，高台县的友联、六坝、罗城、新坝、红崖子灌区。中游段光热资源充足，是主要

的农业灌区，年均降水量为140mm，蒸发量为1410mm，干旱严重，水资源严重
匮乏，部分地区土地盐碱化严重。下游段为正义峡以下流域段，年均降水量为
47mm，蒸发量高达2250mm，极端干旱。

黑河中游绿洲集中了全流域95%的耕地，消耗黑河干流70%的水量。20世纪
60年代以来，由于黑河中游地区人口增长和经济发展，用水量不断攀升，通过正
义峡断面进入下游的水量越来越少，下游地区河湖干涸、地下水位下降、林木枯
亡、草场退化、沙尘暴肆虐等生态环境问题进一步加剧。为缓解黑河下游河湖干
涸、荒漠化、生态环境恶化的局面，从2000年7月1日起，开始对黑河水量实施
统一调度，2000年、2001年和2002年成功实现了国务院提出的黑河分水方案。
水分方案的实施导致中游可利用的水资源量，尤其是农业水资源可利用量逐渐减
少，水事矛盾尖锐。农业水土资源相互影响，中游地区农业水土资源高效、合理、
系统的配置问题亟待解决。研究区域简图见图1-1。

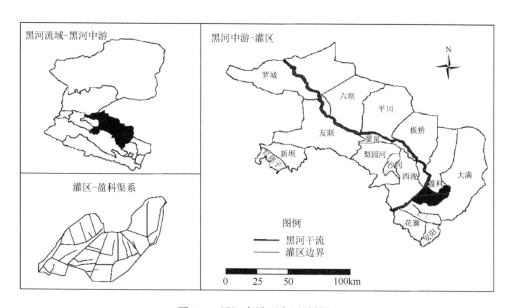

图 1-1 黑河中游研究区域简图

2）黑河中游气候条件

黑河中游地区主要受中高纬度的西风带环流控制和极地冷空气团影响，属于
典型的温带大陆性气候，气候干燥，蒸发远大于降水。年均气温为7.4℃，年均相
对湿度为52%，年均风速为2m/s，年日照时数为3025h。黑河中游年均气温、最
高气温和最低气温均呈上升趋势，年均风速呈下降趋势，年日照时数与年均相对
湿度年际变化不显著，黑河中游各气象因子年内变化情况见图1-2。

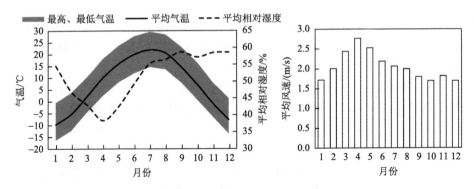

图 1-2　黑河中游各气象因子年内变化情况

3）黑河中游水资源开发利用现状

黑河中游主要的供水来源为黑河干流，黑河干流中游段起源于莺落峡。莺落峡站多年平均径流量为 15.8 亿 m^3，梨园河梨园堡站多年平均径流量为 2.37 亿 m^3，其他沿山多年平均径流量为 6.58 亿 m^3（主要分布在山丹、民乐两县，自 20 世纪 80 年代以来，已逐渐与黑河干流失去地表水力联系）。根据分水计划，在莺落峡多年平均来水 15.8 亿 m^3 的条件下，黑河水资源经重复利用后通过张掖盆地由正义峡每年向下游出境 9.5 亿 m^3。由于河川径流受冰川补给的影响，径流年际变化相对不大，1951～2013 年黑河干流莺落峡站最大年径流量为 23.1 亿 m^3，最小年径流量为 10.63 亿 m^3（图 1-3），年径流变差系数 C_v 值仅为 0.16。黑河中游径流的年内分配不均。莺落峡站的枯水期为每年的 10 月至次年 2 月，径流量占年径流量的约 17.4%；从 3 月开始，随着气温的升高，冰川及河川积雪开始融化，径流逐渐增加，至 5 月出现春汛，径流量占年径流量的 14.8%；6～9 月降水量最多，且冰川融水也多，其径流量占年径流量的 67.8%，其中 7～8 月径流量占年径流量的 41.6%。黑河中

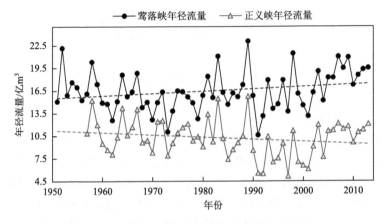

图 1-3　黑河中游莺落峡与正义峡断面年径流量

游莺落峡和正义峡断面月径流量见图 1-4。黑河中游大部分地区地下水已遭受人类活动干扰，年均水位呈下降趋势。根据张掖市水源工程规划，张掖市地下水允许开采量为 6.43 亿 m³，其中甘州区为 2.01 亿 m³，临泽县为 1.3 亿 m³，高台县为 1.5 亿 m³。黑河中游段地表水与地下水转换频繁，地下水位呈整体缓慢下降趋势，黑河中游绿洲历年地下水供水量情况见图 1-5。

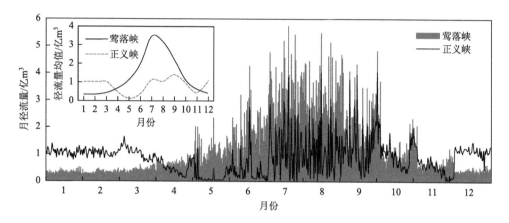

图 1-4　黑河中游莺落峡与正义峡断面月径流量

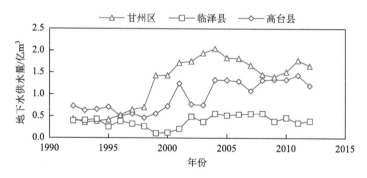

图 1-5　黑河中游绿洲历年地下水供水量情况

4）黑河中游土地资源开发利用现状

黑河中游地区土地资源较丰富，土地面积约为 212.29 万 hm²，地势平坦，土地适宜性强，农业生产条件优越，耕作水平较高，是甘肃省重要的商品粮和瓜果蔬菜基地。对于黑河中游地区，农业耕地一直是最重要的土地利用模式。虽然黑河中游地区土地资源丰富，但是水资源有限，水资源成为制约黑河中游社会经济发展的主要因素。由于水资源短缺，黑河中游地区的农业发展主要集中在已开发的耕地资源上，大力提高土地的生产能力，严格控制进一步开垦耕地面积，限制耕地的发展规模。在农业发展中应根据有限的水资源量,按照"以水定地""量水种植"的原则来确定适宜的耕地面积[25]。在控制耕地面积的同时,应从不同的尺度合理优化种植业的用地结构。黑河中游盛产粮食,玉米、小麦、大麦为主要的粮食作物,然而粮食作物多具有耗水高、创收低等特点,单纯以粮食作物种植为主体的种植模式,不但没有比较优势,反而会进一步造成水资源的短缺。因此,合理压缩粮食作物种植面积,限制高耗水作物的生产,扩大低耗水经济作物的生产,对提高黑河中游农业产值,促进农业可持续发展具有重要作用。黑河中游主要作物历年种植面积变化情况见图1-6。

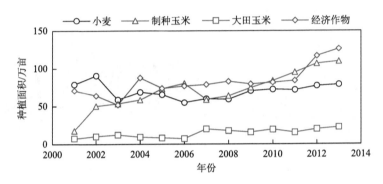

图1-6　黑河中游主要作物历年种植面积变化情况

1 亩 = 1/15hm^2

2. 黑河中游基础数据处理与分析

黑河中游实例中涉及的数据包括水文气象信息、地下水信息、灌区资料(包括灌区分布、种植结构、引水量、渠系信息等)、社会经济情况、田间实验资料、生态环境相关信息等。研究区域概况中主要根据统计资料对研究区域的气象要素、径流、地下水以及土地利用情况进行统计与分析。下面对本书研究内容涉及的主要基本数据进行阐述与处理,主要包括来水流量水平与下泄水量的确定、蒸散发量与有效降水量的确定、各区(县)主要社会经济生态指标选取、各尺度研究对象选取。其余资料将在后续相关章节中进行阐述。

1)来水流量水平与下泄水量的确定

根据莺落峡断面1944~2013年的年径流数据,采用经验频率分析方法划分高、中、低3种流量水平。令P表示频率,则$P < 25\%$对应高流量水平,$25\% \leqslant P \leqslant 75\%$对应中流量水平,$P > 75\%$对应低流量水平。将莺落峡断面的年径流序列按倒序排列,记为$\{x_1, x_2, \cdots, x_m, \cdots, x_n\}$,经验频率$P$可用式$P = [m/(n+1)] \times 100\%$[26]计算,其中,$m$表示大于等于$x_m$的数据个数,$n$表示径流序列总年数。根据经验频率$P$

的计算公式及各流量水平划分标准，便可获得各流量水平下对应的频率。由概率统计知识可知，当样本数量足够大时，频率近似等于概率，本书年径流的水文序列为 70 年，对水文序列来讲认为样本数序列较长，因此计算的频率后文统称为概率。通过计算得到高、中、低 3 种流量水平对应的概率分别为 25%、50%、25%，高、中、低 3 种流量水平对应的平均年径流量分别为 18.85 亿 m^3、15.02 亿 m^3、12.73 亿 m^3。

根据黑河水量调度方案，不同来水下泄到下游的水量不同，正义峡断面年径流量与莺落峡断面年径流量存在如下数学关系[27]：①当 $Q_s < 14.2$ 时，$Q_r = Q_s - 6.6$；②当 $14.2 \leqslant Q_s < 15.8$ 时，$Q_r = (Q_s - 14.2) \times (1.9/1.6) + 7.6$；③当 $15.8 \leqslant Q_s < 17.1$ 时，$Q_r = (Q_s - 15.8) \times (1.4/1.3) + 9.5$；④当 $Q_s \geqslant 17.1$ 时，$Q_r = (Q_s - 17.1) \times (2.3/1.9) + 10.9$。其中，$Q_s$ 和 Q_r 分别代表莺落峡和正义峡断面的年径流量（亿 m^3）。

2）蒸散发量与有效降水量的确定

蒸散发量是农田灌溉管理、作物产量估算、土壤水分动态预报、水资源合理开发与评价的重要参考数据。关于蒸散发量的估算方法很多，较常见的有区域水平衡法、彭曼（Penman-Monteith，PM）综合法、互补相关法等[28]。本书采用彭曼综合法中的单作物系数法计算作物蒸散发量，其表达式为

$$ET_c = K_c ET_0 \tag{1-1}$$

式中，ET_c 为作物蒸散发量估计值；K_c 为作物系数；ET_0 为参考作物蒸散发量（mm）。1998 年，联合国粮食及农业组织（Food and Agriculture Organization of the United Nations，FAO）将彭曼公式作为计算 ET_0 的基本方法，记为 FAO-PM[29]。因 FAO-PM 具有较强的理论性和计算精度，本书采用 FAO-PM 公式来计算研究区域不同尺度的蒸散发量，其表达式为

$$ET_0 = \frac{0.408\Delta(R_n - G) + \gamma[900/(T+273)]u_2(e_s - e_a)}{\Delta + \gamma(1 + 0.34u_2)} \tag{1-2}$$

式中，ET_0 为参考作物蒸散发量（mm/d）；Δ 为饱和蒸气压-温度曲线的梯度（kPa/℃）；R_n 为净辐射[MJ/(m^2·d)]；G 为地热通量[MJ/(m^2·d)]；γ 为湿度计算常量（kPa/℃）；T 为高度为 1.5~2.5m 的平均气温（℃）；u_2 为高度为 2m 处的风速（m/s）；e_s 和 e_a 分别为气温为 T 时的饱和水汽压（kPa）和实际水汽压（kPa）。计算上述各参数的公式可参照文献[30]。

通过中国气象局网站及调研资料得到黑河中游的甘州区、临泽县、高台县的各项气象资料，其中，甘州区的气象资料序列长度为 1956~2013 年，临泽县气象资料序列长度为 1967~2009 年，高台县的气象资料序列长度为 1955~2012 年。根据式（1-2）得到甘州区、临泽县、高台县的年均参考作物蒸散发量分别为 1174mm、1103mm、1039mm。3 个区（县）的年、月 ET_0 和年降水量见图 1-7。

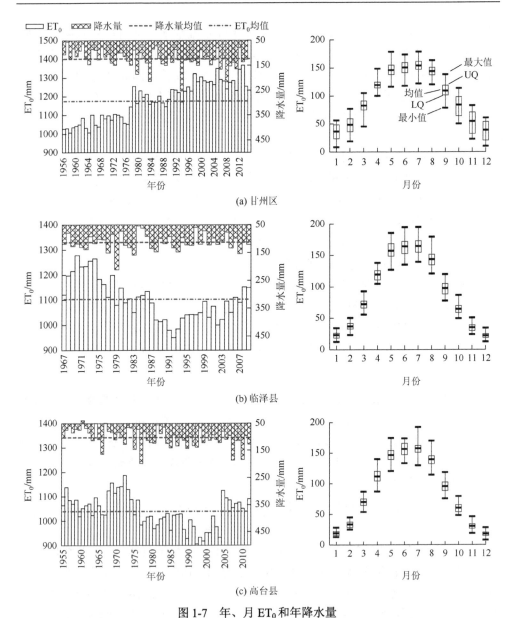

图 1-7　年、月 ET_0 和年降水量

LQ（lower quartile ）表示下四分位数；UQ（upper quartile）表示上四分位数

具体到各作物的蒸散发量，首先需要确定各作物在各时间段内的作物系数。表 1-1 列出黑河中游绿洲主要作物的 K_c 值[31-33]，其中瓜菜包含的作物种类较多，相应的 K_c 参考石羊河流域相关实验结果采用区间值代替。田间尺度的蒸散发量由各作物的 ET_c 和相应种植面积求和确定，灌区尺度蒸散发量由田间尺度蒸散发量求和获得。黑河中游绿洲甘州区、临泽县和高台县各月份的 K_c 值见表 1-2[34]。

表 1-1　黑河中游绿洲主要作物 K_c 值

作物	4 月	5 月	6 月	7 月	8 月	9 月
大田玉米	0.20	0.44	0.53	1.46	1.14	1.22
制种玉米	0.22	0.50	1.16	1.20	1.20	0.60
小麦	0.30	1.15	1.15	0.93	—	—
瓜菜	[0.37, 0.51]	[0.74, 0.86]	[0.97, 1.03]	[0.93, 1.05]	[0.49, 0.64]	[0.48, 0.62]

表 1-2　黑河中游绿洲各行政区 K_c 值

区（县）	1 月	2 月	3 月	4 月	5 月	6 月	7 月	8 月	9 月	10 月	11 月	12 月
甘州区	0.200	0.200	0.207	0.365	1.180	1.179	1.184	0.996	0.437	0.200	0.200	0.200
临泽县	0.200	0.200	0.207	0.367	1.188	1.187	1.196	1.020	0.440	0.200	0.200	0.200
高台县	0.200	0.200	0.207	0.364	1.183	1.181	1.191	1.009	0.439	0.200	0.200	0.200

本书有效降水量的估算采用实际降水量乘以有效降水系数的方法确定，计算公式可表示为

$$EP = \alpha \cdot p \qquad (1-3)$$

式中，EP 为有效降水量（mm）；α 为有效降水系数；p 为次降水量（mm）。其中，有效降水系数 α 可采用以下经验系数：①次降水量小于 50mm 时，$\alpha = 1.0$；②次降水量为 50～150mm 时，$\alpha = 0.80～0.75$；③次降水量大于 150mm 时，$\alpha = 0.70$。根据历年降水量资料，可取黑河中游绿洲有效降水系数为 0.8，则 3 个区（县）的有效降水量分别为 98.87mm、90.17mm、81.87mm。

3）各区（县）主要社会、经济、生态指标选取

根据多年（2000～2013 年）统计与调研资料，整理能够代表黑河中游甘州区、临泽县和高台县在水资源、社会经济和生态 3 个方面的典型指标，如表 1-3 所示。这些指标将作为分析各区（县）水资源与社会、经济、生态协调发展的协调度的基本指标体系。

表 1-3　黑河中游绿洲各行政区水资源、社会经济、生态指标

指标		甘州区	临泽县	高台县
水资源指标	用水总量/亿 m^3	4.88	3.02	2.69
	灌溉定额/(m^3/hm^2)	6450.00	8380.29	7850.64
	灌溉水利用系数/%	68.80	63.23	60.80
	地下水用量/亿 m^3	1.79	0.42	1.17
	万元 GDP 用水量/(m^3/万元)	938.54	1901.45	1722.98

续表

指标		甘州区	临泽县	高台县
社会经济指标	GDP 总量/亿元	70.13	20.18	20.15
	人口/万人	50.47	14.43	15.51
	人均 GDP/(万元/人)	1.38	1.42	1.32
	粮食总产/亿 kg	3.26	1.36	1.13
	有效灌溉面积/万 hm²	7.05	3.94	52.48
	城镇人均收入/(万元/人)	0.92	0.85	0.83
	农民人均收入/(万元/人)	0.49	0.48	0.47
	水费收入/万元	3092.64	1590.73	1302.41
	粮食单位水产量/(kg/m³)	1.60	1.80	1.23
	粮食单产/(kg/hm²)	9514.50	8817.93	8900.26
生态指标	年降水量/mm	135.28	121.84	116.61
	林草灌溉面积/万 hm²	0.70	1.49	0.62

4）各尺度研究对象选取

本书分别从区域、灌区、渠系、田间 4 个尺度来优化配置黑河中游的农业水资源和种植结构。其中，区域尺度的研究对象为黑河中游的甘州区、临泽县和高台县 3 个区（县），对 3 个区（县）的不同用水部门（农业、工业、生活、生态）的水资源量和不同类型作物（夏禾、秋禾、经济作物）的种植面积进行优化配置。灌区尺度的研究对象为黑河干流直接供水的 12 个大型灌区，包括甘州区的上三、大满、盈科、西浚灌区，临泽县的平川、板桥、鸭暖、蓼泉、沙河灌区，高台县的友联、六坝、罗城灌区。梨园河灌区由梨园河供水，暂不在本书灌区尺度的研究对象之中，对这 12 个大型灌区的水资源进行优化配置，对各类作物（夏禾、秋禾、经济作物）的种植结构进行优化调整。渠系尺度的研究对象为盈科灌区和盈二支，对盈科灌区的干渠、分干渠、支渠进行流量、时间分配，对盈科灌区盈二支的下级渠道进行轮灌组划分并进行各作物（小麦、夏杂、带田、制种玉米、大田玉米、其他秋粮、瓜菜、其他经济作物）的种植结构优化。田间尺度的研究对象为盈科灌区盈二支下的小麦地、玉米地、蔬菜地和瓜地，即对这四类地上的作物进行全生育期的优化配水。在田间尺度研究基础上，将灌区-作物作为一个整体，对盈科灌区的主要粮食作物（包括小麦、制种玉米和大田玉米）进行生育阶段内优化配水。本书选取 2011 年为研究现状年。

1.3.2　石羊河流域

1. 石羊河流域总体概况

石羊河流域（101°41′E～104°16′E，36°29′N～39°27′N）位于中国甘肃省，是河

西走廊三大内陆河之一（图 1-8），流域总面积 4.16 万 km²，人口总计 219.67 万人（第六次全国人口普查数据）。地势南高北低，可划分为三个气候带：地处流域南方的祁连山区海拔 2000～5000m，为高寒半干旱半湿润区，多年平均气温-0.1℃，年降水量 300～600mm，年蒸发量 700～1200mm，干旱指数（潜在蒸发量与降水量之比）1～4；中部的武威盆地海拔 1500～2000m，为温凉干旱区，多年平均气温 7.5℃，年降水量 150～300mm，年蒸发量 1200～2000mm，干旱指数 4～15；流域北部的民勤绿洲海拔 1300～1500m，气候温暖但极为干燥，多年平均气温 8.1℃，年降水量还不到 150mm，但年蒸发量高达 2000～2600mm，干旱指数 15～25。石羊河流域是整个西北工农业经济较发达的地区之一，但同时该流域更是甘肃省水资源较短缺、中-下游用水矛盾较突出、下游生态环境恶化程度较严重的地区之一。

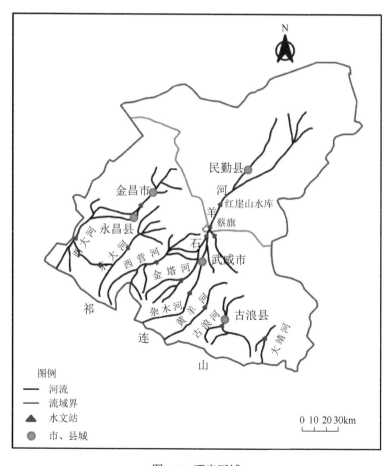

图 1-8 研究区域

整个流域的径流主要由发源于祁连山区的八大支流组成，补给源主要包括山区降水和高山冰雪融水，多年平均径流量 15.80 亿 m³。按照水文地质单元，又可分为西大河水系、六河水系及大靖河水系三个独立的子水系。其中，六河水系隶属于武威南盆地，自西向东由东大河、西营河、金塔河、杂木河、黄羊河、古浪河组成，于武威城附近汇成石羊河干流出山后，进入下游民勤盆地全部消耗利用。石羊河水资源系统利用与转化关系概化图见图 1-9。

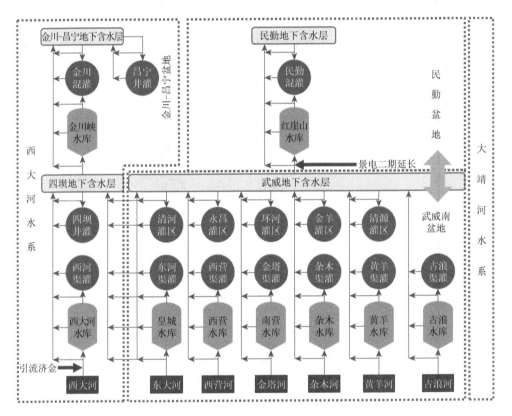

图 1-9　石羊河水资源系统利用与转化关系概化图

2. 下游民勤绿洲概况

民勤县隶属于甘肃省武威市，位于甘肃省河西走廊东部的石羊河流域下游（101°49′E～104°12′E，38°03′N～39°28′N），是我国西北区域工农业经济较为发达的地区之一。该地东西长 206km，南北宽 156km，总面积 1.59 万 km²，全县最低海拔 1298m，最高海拔 1936m，平均海拔 1400m，处于黄土、蒙新和青藏三大高原的交汇流域，被腾格里和巴丹吉林两大沙漠从东、西、北三面包围，整体地势南高北低，自西南向东北倾斜，由沙漠、低山丘陵和平原三种基本地貌组成，其中各类荒漠化土地面积 150.27 万 hm^2，占总面积的 94.51%。民勤县属于温带半干旱气候，统计数据显示至 2010 年，该地多年平均降水量约为 113mm，蒸发量约为 2644mm，且各月降水分布极不均匀，因而成为中国境内干旱灾害较严重、荒漠化形式较严峻的地区之一。

《2015 年民勤县国民经济和社会发展统计公报》中，民勤县三次产业结构为 34.0∶31.6∶34.4，首次实现了第三产业比例超越第一产业。但是相较于近年来逐步发展的工业基础和第三产业，民勤县以种植业为代表的第一产业一直较为发达且拥有重要地位。民勤县内共包含三个灌区，分别为红崖山灌区、环河灌区和昌宁灌区，其中，环河灌区和昌宁灌区为井灌区，红崖山灌区为自流灌区，其有效灌溉面积占整个民勤灌区的 92.8%。此外，《石羊河流域重点治理规划》及《红崖山灌区节水改造工程专项规划》中指出，由于民勤县境内降水量小，且地势较为平坦，不自产正常地表径流，自 1958 年红崖山水库建成以后，石羊河进入民勤的大部分地表水（除少量的降水补充以外）由水库控制，设立于蔡旗镇的蔡旗水文站监控石羊河干流进入红崖山水库及民勤的地表水控制断面。其中，蔡旗断面水量主要包括两部分：一是中游河道的下泄水量（蔡旗断面与红崖山水库出库断面之间的输水效率约为 0.859）；二是调水工程的外调水量（如景电二期）。

1）水资源开发利用现状

石羊河是民勤境内水资源最为重要的来源和组成部分，其由大靖河、古浪河、黄羊河、杂木河、金塔河、西营河、东大河和西大河八大水系汇聚而成。20 世纪 50 年代就已有石羊河流入民勤境内的地表水量的观测资料，蔡旗断面 1955～2016 年历年年径流量如图 1-10 所示。1975 年以后，随着人类活动的影响和社会经济发展需要，蔡旗断面径流不断减少，为高效利用本就贫瘠的水资源，民勤县开始建设渠道衬砌工程，同时逐步实施诸如大型灌区续建配套节水改造项目、节水灌溉增效示范项目、日协贷款节水灌溉项目、民办公助项目、石羊河流域重点治理项目等水利工程项目。随着各类水利工程建设的逐步推进，到 2003 年，景电二期民勤调水工程落成，人类活动的消极影响才逐步被水利工程转化，开始转向积极作用，径流缓慢回升。因此，可将蔡旗断面年径流变化趋势分为三个阶段：第一阶段（1955～1974 年），自然条件决定阶段；第二阶段（1975～2002 年），人类活动消极作用阶段；第三阶段（2003 年以后），人类活动积极作用阶段。虽然 2003 年起，外调水工程一定程度上缓解了民勤地区水资源的短缺状况，但 2005 年的缺水程度仍高达 76.57%，因此，民勤地区用水不充足的形势仍十分严峻。

图 1-10 蔡旗断面 1955～2016 年历年年径流量

除此之外，随着民勤地区社会经济的不断发展，地表水资源不足已经开始限制民勤工农业的生产，影响当地居民的日常生活，进而导致民勤地区盲目开发利用地下水资源现象的发生。民勤地区地下水位由 20 世纪 50 年代的 1～5m 下降为现在的 12～28m，土地盐渍化、沙漠化、水质恶化等生态问题也随之产生，生态环境急剧恶化。因此，在 2009 年后，民勤地区开始利用科技和政策手段对地下水的使用进行宏观调控。到 2016 年，民勤县地下水可利用量被严格控制在 1.16 亿 m³ 左右，一定程度上抑制了地下水位下降速率。2015 年昌宁灌区地下水位较 2009 年回升了 2.676m，但最深地下水位埋深仍可达 36m，地下水使用状况不容乐观。民勤地区历年地下水资源分配量见表 1-4。

表 1-4 民勤地区历年地下水资源分配量 （单位：亿 m³）

年份	地下水量
2006	5.74
2007	5.34
2008	4.05
2009	2.97
2010	1.24
2011	1.22
2012	1.22
2013	1.16
2014	1.16
2015	1.16
2016	1.16

2）民勤地区农业可利用水资源量的估算

本书涉及的民勤地区农业可利用水资源量是通过计算总可利用水资源量与其

他用水部门用水量（工业用水、生活用水、生态用水）之差得到。其中，民勤地区的总可利用水资源量主要由地表水可利用水资源量和地下水可利用水资源量两部分组成：对于地表水可利用水资源量，本书主要通过蔡旗水文站观测得到的年径流量推算得到，所使用的蔡旗水文站（102°45′E，38°13′N）年径流资料年限为1955~2016 年，共计 62 年；对于地下水可利用水资源量，本书假设近段时间内，民勤地区的地下水调控手段不变，即年地下水可利用量仍稳定保持在 2013~2016年的水平，为 1.16 亿 m^3。民勤地区其他用水部门用水量由 2016 年实际用水量假设拟定，根据《2016 年民勤县国民经济和社会发展统计公报》，工业、生活、生态三个部门用水量如表 1-5 所示。

表 1-5 2016 年民勤地区其他部门实际用水情况 （单位：亿 m^3）

工业用水	生活用水	生态用水	总和
0.0658	0.1103	1.2107	1.3868

3）典型作物选取与相关信息

本书主要选取民勤地区的春小麦、春玉米、棉花和油料四种作物作为典型作物对民勤地区种植结构优化配置中产生的风险进行研究。其中，春小麦和春玉米是民勤地区的主要粮食作物，棉花和油料是民勤地区的主要经济作物。根据2006~2016 年《民勤县统计年鉴》《全国农产品成本收益资料汇编》《武威市行业用水定额》及民勤县农牧局公布资料，得到 2006~2015 年民勤地区四种典型作物的种植面积、总面积占比和 2016 年民勤地区四种典型作物各类指标实际状况，2006~2015 年四种典型作物平均占民勤地区所有作物总种植面积的 63%，具有一定代表性，具体情况如图 1-11 和表 1-6 所示。

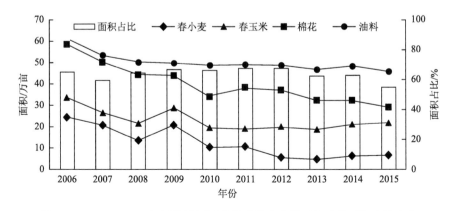

图 1-11 2006~2015 年民勤地区四种典型作物种植面积及总面积占比变化

表 1-6　2016 年民勤地区四种典型作物单位产量、单位成本和单位耗水

作物	指标	年份									
		2006	2007	2008	2009	2010	2011	2012	2013	2014	2015
春小麦	单位产量/(kg/hm²)	7241	7290	7125	7239	7059	7137	7245	7298	7322	7365
	单位成本/(元/hm²)	3684	3933	4635	4755	5087	5642	6057	5577	6065	6197
	单位耗水/(m³/hm²)					[5640, 5708]					
春玉米	单位产量/(kg/hm²)	9225	9240	9485	9525	9450	9686	10143	10112	10143	10205
	单位成本/(元/hm²)	4487	5238	5846	5574	6162	6815	7868	8520	8366	8478
	单位耗水/(m³/hm²)					[5790, 5820]					
棉花	单位产量/(kg/hm²)	1500	1670	1500	1575	1686	1598	1800	1845	1622	1800
	单位成本/(元/hm²)	6833	7208	8318	7980	8648	10511	11280	11299	10743	11330
	单位耗水/(m³/hm²)					[4485, 4568]					
油料	单位产量/(kg/hm²)	4844	4862	4781	5400	5700	5759	5925	5678	5969	5753
	单位成本/(元/hm²)	2439	3081	3791	3701	3390	3557	4002	4317	4530	4629
	单位耗水/(m³/hm²)					[4470, 4485]					

1.3.3　石津灌区

石津灌区位于冀中平原,周边有滹沱河和滏阳河,是河北省最大的农业灌溉区,受益范围包括石家庄、邢台、衡水 3 个市,14 个县,有效灌溉面积 16.7 万 hm²。灌区内的水资源主要用于农业灌溉、发电和城市工业用水。该区域的气候为半干旱、大陆性季风气候,年平均气温约 13℃（55℉）,最冷月份为 1 月,平均温度为 0.6℃,7 月是最热的月份,平均温度 18℃。年有效降水量约 480mm,全年有效降水量分布不均,主要集中在 6～8 月,这三个月有效降水量约占全年有效降水量的 70%。平均年蒸发量约 1100mm。当地主要种植三种农作物,包括冬小麦、夏玉米和棉花。冬小麦和夏玉米一般采用轮作的方式,个别区域还种植少量的棉花。当地的水源包括地表水和地下水两种,地表水主要来自于黄壁庄水库和岗南水库,地下水井则随机分布在离灌溉渠系相对较偏的地区。

石津灌区灌溉总干渠全长 134.7km,首段设计流量 100m³/s。总干渠以下有干渠、分干渠、支渠、斗渠和农渠,共六级固定渠道。图 1-12 所示为研究区域地理位置及灌排渠系分布简图。图 1-12（a）显示了水库、河流及排水渠分布,其流向大致为自西向东;图 1-12（b）显示了灌溉渠系的总干渠、干渠及退水渠分布,主

要灌溉的地区为南部的区域，其流向大致为自北向南、自西向东。石津灌区相关
基础数据体现在后面章节相关的模型中。

(a) 水库、河流及排水渠分布

(b) 总干渠、干渠及退水渠分布

图 1-12　研究区域地理位置及灌排渠系分布简图

参　考　文　献

[1]　中华人民共和国水利部. 中国水资源公报. 北京：中国水利水电出版社，2020.

[2]　张展羽，司涵，冯宝平，等. 缺水灌区农业水土资源优化配置模型. 水利学报，2014，45（4）：403-409.

[3]　崔亮，李永平，黄国和，等. 漳卫南灌区农业水资源优化配置研究. 南水北调与水利科技，2016，14（2）：
　　　70-74.

[4]　Iglesias A，Garrote L，Flores F，et al. Challenges to manage the risk of water scarcity and climate change in the
　　　Mediterranean. Water Resources Management，2007，21（5）：775-788.

[5]　Rovencher B，Burt O. Approximating the optimal ground water pumping policy in a multiaquifer stochastic
　　　conjunctive use setting. Water Resources Research，1994，30（3）：833-843.

[6]　Paul S，Panda S N，Kumar D N. Optimal irrigation allocation：A multilevel approach. Journal of Irrigation and
　　　Drainage Engineering，2000，126（3）：149-156.

[7]   Singh A. Optimal allocation of resources for the maximization of net agricultural return. Journal of Irrigation and Drainage Engineering，2012，138（9）：830-836.

[8]   Nieswand G H，Granstom M L. A chance constrained approach to the conjunctive use of surface waters and groundwaters. Water Resources Research，1971，7（6）：1425-1436.

[9]   李全起，陈雨海，周勋波，等. 不同种植模式麦田水资源利用率边际效益分析. 农业机械学报，2010，41（7）：90-95.

[10]   王志鹏. 水资源约束下的多目标种植结构优化研究——以京津冀区域为例. 北京：中国水利水电科学研究院，2020.

[11]   李凯. 气候变化背景下疏勒河流域基于农业种植结构调整的水资源优化配置. 兰州：兰州大学，2019.

[12]   Keshtkar M M. Performance analysis of a counter flow wet cooling tower and selection of optimum operative condition by MCDM-TOPSIS. Applied Thermal Engineering，2017，114：776-784.

[13]   周围凯，李新德，金翠翠. 基于多目标规划模型的区域水资源优化配置研究. 水利科技与经济，2017，23（6）：51-56.

[14]   王璐，杜雄，王荣，等. 基于NSGA-Ⅱ算法的白洋淀上游种植结构优化. 中国生态农业学报（中英文），2021，29（8）：1370-1383.

[15]   Wang Q R，Liu R M，Men C，et al. Application of genetic algorithm to land use optimization for non-point source pollution control based on CLUE-S and SWAT. Journal of Hydrology，2018，560：86-96.

[16]   阮本清，韩宇平，王浩，等. 水资源短缺风险的模糊综合评价. 水利学报，2005，36（8）：906-912.

[17]   韩宇平，阮本清，解建仓. 水资源系统风险评估研究. 西安理工大学学报，2003，19（1）：41-45.

[18]   王红瑞，钱龙霞，许新宜，等. 基于模糊概率的水资源短缺风险评价模型及其应用. 水利学报，2009，40（7）：813-821.

[19]   顾文权，邵东国，黄显峰，等. 水资源优化配置多目标风险分析方法研究. 水利学报，2008，39（3）：339-345.

[20]   Huang G H，Loucks D P. An inexact two-stage stochastic programming model for water resources management under uncertainty. Civil Engineering and Environmental Systems，2000，17（2）：95-118.

[21]   Guo P，Huang G H，Li Y P. Interval stochastic quadratic programming approach for municipal solid waste management. Journal of Environmental Engineering and Science，2008，7（6）：569-579.

[22]   Xu Y，Huang G H，Qin X S，et al. An interval-parameter stochastic robust optimization model for supporting municipal solid waste management under uncertainty. Waste Management，2010，30（2）：316-327.

[23]   Gu W Q，Shao D G，Jiang Y F. Risk evaluation of water shortage in source area of Middle Route Project for South-to-North Water Transfer in China. Water Resources Management，2012，26（12）：3479-3493.

[24]   Ashofteh P S，Haddad O B，Mariño M A. Risk analysis of water demand for agricultural crops under climate change. Journal of Hydrologic Engineering，2015，20（4）：4014060.

[25]   张勃，张凯，郝建秀. 分水后黑河中游地区土地利用结构优化研究. 水土保持学报，2004，18（2）：88-91，195.

[26]   黄振平，陈元芳. 水文统计学. 北京：中国水利水电出版社，2011.

[27]   唐德善，蒋晓辉. 黑河调水及近期治理后评价. 北京：中国水利水电出版社，2009.

[28]   刘钰，彭致功. 区域蒸散发监测与估算方法研究综述. 中国水利水电科学研究院学报，2009，7（2）：256-264.

[29]   张乐昕，丛振涛. 基于FAO-Blaney-Criddle方法的河套灌区参考作物蒸散发量估算. 农业工程学报，2016，32（16）：95-101.

[30]   Allen R G，Pereira L A，Raes D，et al. Crop evapotranspiration-Guidelines for computing crop water requirements. Rome：Food and Agricultural Organization of the United Nations（FAO），1998 .

[31]   顾贺. 甘肃农业灌溉用水有效利用系数测算及阈值分析研究. 兰州：兰州大学，2014.

[32] Kang S Z, Gu B J, Du T S, et al. Crop coefficient and ratio of transpiration to evapotranspiration of winter wheat and maize in a semi-humid region. Agricultural Water Management, 2003, 59 (3): 239-254.

[33] Jiang X L, Kang S Z, Tong L, et al. Crop coefficient and evapotranspiration of grain maize modified by planting density in an arid region of northwest China. Agricultural Water Management, 2014, 142: 135-143.

[34] 程玉菲. 黑河干流中游平原作物蒸发蒸腾量时空分布研究. 兰州: 兰州大学, 2007.

第2章 区域水资源与种植结构双层随机调控

区域水土资源优化配置系统是一个具有自然和社会双重属性的复杂系统。由于区域间可供水资源量、需水量受诸多社会因素影响，一般分为多个供水和用水部门，各部门之间用水矛盾突出且水资源利用通常存在多目标性[1]。区域水土资源多目标优化配置是国内外水资源学科研究的热点之一[2, 3]。在区域水资源量一定的情况下，寻求可持续的手段来优化配置区域水土资源以协调资源、粮食安全、经济、生态等多重目标备受国内外学者关注[4, 5]。在处理区域水土资源多目标优化配置问题中，一些研究将其中的次要目标转变成主要目标的约束条件，一些研究采用目标规划方法或赋予各目标不同的权重值。这些处理多目标的方法存在一定的主观性。分式规划（fractional programming，FP）能够定量处理多目标规划问题，有效地避免了求解过程中存在的主观性，并且能够定量刻画系统效率问题。2012 年 1 月，《国务院关于实行最严格水资源管理制度的意见》（国发〔2012〕3 号）中的第二条红线，更是强调了用水效率问题。因此，有必要构建基于分式规划的区域水土资源优化配置模型。另外，区域水土资源的配置结果直接限制所辖范围内的区域配水，决策者需从双赢的角度出发，在获得高层次水土资源配置综合效益的同时，考虑该层的规划对其他层次规划的影响，只有综合与平衡上下层次以及同层之间决策的区域水土资源配置，才能真正适应区域可持续发展的要求。

本章从解决上述问题的角度出发，主要涵盖如下内容：①各用水部门净效益系数确定。②构建基于双层分式规划的区域产业结构水资源优化配置模型和种植结构优化模型，其中水资源优化配置模型的结果以约束条件的形式输入到种植结构优化模型中，通过交互式模糊算法求解模型，得到黑河中游绿洲各行政区可利用的农业水资源量和各类作物适宜种植面积。③考虑可供水量的随机性，在上述模型的基础上，构建基于双层线性分式随机机会约束规划的区域水资源优化配置模型，通过交互式模糊算法结合机会约束规划算法获得不同不确定情景下的农业水资源可分配量。通过以上 3 部分内容实现黑河中游干流流经的行政区（甘州区、临泽县和高台县）的农业、工业、生活和生态 4 个用水部门优化配水及 3 个区（县）的夏禾、秋禾和经济作物种植结构优化的目的。

2.1　各用水部门净效益系数确定

2.1.1　农业用水净效益系数

农业用水效益主要表现在灌溉后农产品产量的增加。由于灌溉增加的产量是灌溉与农业措施共同作用的结果，因此，将效益在两种措施之间进行分摊。采用系数分摊法计算农业部门用水净效益系数，即以灌溉分摊得出的增加产量乘以各农作物的价格，计算公式如下[6]：

$$e_{i农业} = \varepsilon_i \sum_{k_1=1}^{K_1} (\beta_{ik_1} B_{ik_1} / M_{ik_1}) \tag{2-1}$$

$$\varepsilon_i = \frac{Y_{2i} - Y_{1i}}{Y_{3i} - Y_{1i}} \tag{2-2}$$

式中，$e_{i农业}$ 为第 i 个区域的农业用水净效益系数（元/m³）；ε_i 为第 i 个区域的灌溉效益分摊系数；k_1 为作物种类；β_{ik_1} 为第 i 个区域第 k_1 种作物的产量比例（%）；B_{ik_1} 为第 i 个区域第 k_1 种作物单位面积的净灌溉效益（元/hm²）；M_{ik_1} 为第 i 个区域第 k_1 种作物的灌溉定额（m³/hm²）；Y_{1i}、Y_{2i}、Y_{3i} 分别为第 i 个区域第一阶段、第二阶段、第三阶段的单位面积产值（元/hm²）。

2.1.2　工业用水净效益系数

工业用水净效益系数即工业各用水部门每立方米水能够产生的效益，一般采用各种行业用水净效益系数的加权平均值计算[7]，其表达式为

$$e_{i工业} = \sum_{n_2=1}^{N_2} \alpha_{in_2} (10000 / D_{in_2}) g_{in_2} f_{in_2} \tag{2-3}$$

式中，$e_{i工业}$ 为第 i 个区域的工业用水净效益系数（元/m³）；n_2 为工业中各行业类别；α_{in_2} 为第 i 个区域第 n_2 个行业的行业产值在该地区工业总产值中所占比重；D_{in_2} 为第 i 个区域第 n_2 个行业的万元产值用水定额（m³/万元）；g_{in_2} 为第 i 个区域第 n_2 个行业的用水效益分摊系数；f_{in_2} 为第 i 个区域第 n_2 个行业的净效益与产值的综合比例系数。

2.1.3　生活用水净效益系数

生活用水效益的定量化较困难。本章生活用水效益按供水工程的理论价格进

行估算[6]，计算公式为

$$e_{i生活} = p_i - q_i \tag{2-4}$$

式中，$e_{i生活}$ 为第 i 个区域的生活用水净效益系数（元/m³）；p_i 为第 i 个区域的城镇或农村生活理论用水价格（元/m³）；q_i 为第 i 个区域的城镇或农村生活用水供水成本（元/m³）。

2.1.4 生态用水净效益系数

生态用水净效益系数即单位面积生态用水产生的净生态效益。其中，生态价值建立在 Costanza 等[8]提出的全球生态系统服务价值估算方法的基础上。根据谢高地等[9]在 Costanza 评价模型的基础上制定的我国生态系统生态服务价值当量因子表和单位面积农田生态系统食物生产服务功能价值来估算生态系统服务功能的经济价值，表达式为

$$e_{i生态} = \frac{\mathrm{ESV}_i - C_i}{\mathrm{WER}_i} \beta_i \tag{2-5}$$

$$\beta_i = \frac{\mathrm{WER}_i}{\mathrm{WER}_i + P_i} \tag{2-6}$$

$$\mathrm{ESV} = \sum_{m}^{6} \sum_{n}^{9} A_m P_{mn} = (1/7) \left[\left(\sum_{f}^{F} \mathrm{TC}_f Y_f a_f \Big/ \sum_{f}^{F} a_f \right) \right] \sum_{m}^{6} A_m \sum_{n}^{9} e_{mn} \tag{2-7}$$

式中，$e_{i生态}$ 为第 i 个区域的生态用水净效益系数（元/m³）；ESV_i 为第 i 个区域现状实际的静态生态服务价值（元）；C_i 为第 i 个区域维持自然生态平衡的投入资本（元）；β_i 为第 i 个区域分摊系数；WER_i 为第 i 个区域的实际生态耗水量（m³）；P_i 为第 i 个区域的有效降水量（m³）；m 为生态系统类别；n 为生态服务功能类别；f 为粮食作物种类；A_m 为各类生态系统的面积（hm²）；P_{mn} 为第 m 种生态系统第 n 种生态服务功能的单价（元/hm²）；TC_f 为第 f 种粮食作物的平均价格（元/kg）；Y_f 为第 f 种粮食作物的单产（kg/hm²）；a_f 为第 f 种粮食作物的种植面积（hm²）；e_{mn} 为中国陆地生态系统单位面积生态服务价值当量[10]。

2.2 基于机会约束规划的双层线性分式规划

2.2.1 双层线性分式规划

双层线性分式规划可以有效地协调系统内不同层次之间的决策，同时处理各层次的效率问题。对于 Sakawa 等[11]提出的基于交互式模糊规划的双层线性分式规

划的基本理论及求解方法，国外在近些年内取得了一定的研究成果，该理论及方法多被应用在经济模型中。经典的双层线性分式规划模型可表示为如下形式[11, 12]。

上层规划：

$$\max_{x_0} z_0(\boldsymbol{x}) = \frac{c_0\boldsymbol{x} + \alpha_0}{d_0\boldsymbol{x} + \beta_0} \tag{2-8}$$

下层规划：

$$\max_{x_i} z_i(\boldsymbol{x}) = \frac{c_i\boldsymbol{x} + \alpha_i}{d_i\boldsymbol{x} + \beta_i} \quad i = 1, 2, \cdots, k \tag{2-9}$$

约束条件：

$$\boldsymbol{x} \in S = \{\boldsymbol{x} \in \mathbf{R}^n \mid \boldsymbol{A}\boldsymbol{x} \leqslant \boldsymbol{b}, \boldsymbol{x} \geqslant 0\} \tag{2-10}$$

式中，$\boldsymbol{x}$ 为决策变量；$z_i(\boldsymbol{x})(i = 0, 1, \cdots, k)$ 为第 i 层决策的目标函数；c_0、d_0、c_i、$d_i(i = 1, 2, \cdots, k)$ 为决策变量前的系数；α_0、β_0、α_i、$\beta_i(i = 1, 2, \cdots, k)$ 为常数；$\boldsymbol{b}$ 为 m 维列向量；$\boldsymbol{A}$ 为 $m \times n$ 矩阵；S 为非空集合，为 $\mathbf{R}^n$ 中的凸紧集，并保证对于任意的 i，都有 $\min\{d_i\boldsymbol{x} + \beta_i \mid \boldsymbol{x} \in S\} > 0$。本章定义上层规划的决策为 D_0，下层规划的决策为 $D_i(i = 1, 2, \cdots, k)$。

本章采用模糊交互式算法将双层分式规划模型转换成双层线性规划模型，具体步骤如下。

1）建立 D_0 和 D_i 的隶属度函数

本章隶属度函数均采用三角模糊隶属度函数的形式。令 D_0 的隶属度函数为[13]

$$\mu_{z_0}(z_0) = \begin{cases} 0 & z_0 < z_0^m \\ \dfrac{z_0 - z_0^m}{z_0^* - z_0^m} & z_0^m \leqslant z_0 \leqslant z_0^* \\ 1 & z_0 > z_0^* \end{cases} \tag{2-11}$$

式中，$\max z_0(\boldsymbol{x}) = z_0^*$；$\min z_0(\boldsymbol{x}) = z_0^m$。

令 D_i 的隶属度函数为

$$\mu_{z_i}(z_i) = \begin{cases} 0 & z_i < z_i^m \\ \dfrac{z_i - z_i^m}{z_i^* - z_i^m} & z_i^m \leqslant z \leqslant z_i^* \\ 1 & z_i > z_i^* \end{cases} \tag{2-12}$$

令 $\max z_i(x_i) = z_i^*$ 是 D_i 第 i 个目标函数的最大目标值，决策变量为 x_i，$\min_j z_i(x_j) = z_i^m$ 是 D_i 第 i 个目标函数的最小目标值，决策变量为 x_j。

2）转换约束

对于任一隶属度函数 $\mu_{f_i}(f_i)$，通常附带一个不等式条件，即

$$d_i y + \beta_i t \leqslant 1 \qquad i = 0,1,\cdots,k \qquad (2\text{-}13)$$

式中，$y = tx$，t 为常数，且 $t > 0$。上式为转换约束，它可以将线性分式隶属度函数转换成普通线性函数。具体转化原理参照文献[14]、[15]。

3）D_0 的最小满意度约束

由于上层规划的决策 D_0 是从全局的角度进行决策的，对于上层规划的隶属度函数 $\mu_{z_0}(z_0)$，D_0 通常会指定一个最小满意度水平 $\delta \in [0,1]$，可以通过 $\mu_{z_0}(z_0) \geqslant \delta$ 进行表示，称其为上层规划的最小满意度约束，根据式（2-11）和式（2-13），$\mu_{z_0}(z_0) \geqslant \delta$ 可以转换为[15]

$$[c_0 - d_0 \mu^{-1}(\delta)]y + [\alpha_0 - \beta_0 \mu^{-1}(\delta)]t \geqslant 0 \qquad (2\text{-}14)$$

4）妥协约束

令 $\omega_i (i=1,2,\cdots,k)$ 为下层规划第 i 个目标函数的重要性权重，且 $\sum_i^k \omega_i = 1$。为了求出双层分式规划的 Pareto 最优解，上下层规划中的各决策者会寻求一个折中的规划方案，使其能够尽可能地满足[16]：

$$\frac{\mu_{f_0}(f_0)}{\omega_0} \cong \frac{\mu_{f_1}(f_1)}{\omega_1} \cong \frac{\mu_{f_2}(f_2)}{\omega_2} \cong \cdots \cong \frac{\mu_{f_k}(f_k)}{\omega_k} \qquad (2\text{-}15)$$

在这种情况下，可以求解 $\max \min (\mu_{f_i}(f_i)/\omega_i)$，因此有

$$\min \frac{\mu_{f_i}(f_i)}{\omega_i} = \lambda \longrightarrow \frac{\mu_{f_i}(f_i)}{\omega_i} \geqslant \lambda \qquad (2\text{-}16)$$

经过转换得到妥协约束：

$$\mu_{f_i}(f_i) - \lambda \omega_i \geqslant 0 \qquad i = 0,1,\cdots,k \qquad (2\text{-}17)$$

因此，综合双层分式规划的原始模型及式（2-13）、式（2-14）、式（2-17），可以将双层分式规划模型转换成普通线性规划模型。

目标函数：

$$\max \lambda$$

结构约束：

$$Ay - bt \leqslant 0$$

转换约束：

$$d_i y + \beta_i t \leqslant 1 \qquad i = 0,1,\cdots,k$$

上层规划的最小满意度约束：

$$[c_0 - d_0 \mu^{-1}(\delta)]y + [\alpha_0 - \beta_0 \mu^{-1}(\delta)]t \geqslant 0$$

妥协约束：

$$\mu_{f_i}(f_i) - \lambda \omega_i \geqslant 0 \qquad i = 0,1,\cdots,k$$

非负约束：

$$y \geqslant 0, \ t > 0, \ \lambda \geqslant 0$$

令 $\boldsymbol{y}^*$、t^* 为上述模型的最优解,那么 $\boldsymbol{x}^* = \boldsymbol{y}^* / t^*$,则目标函数的满意度 $\mu_{z_i}[z_i(\boldsymbol{x}^*)](i = 0, 1, \cdots, k)$ 会被反馈给 D_0。

双层线性分式规划不同层次之间及同层的不同用户之间存在交互,交互法则如下。

(1)同层规划之间的交互。

如果 $\mu_{z_i}[z_i(\boldsymbol{x}^*)](i = 1, 2, \cdots, k)$ 比期望值低,那么增大 ω_i;如果 $\mu_{z_i}[z_i(\boldsymbol{x}^*)](i = 1, 2, \cdots, k)$ 比期望值高,那么减小 ω_i。

(2)上下层规划之间的交互。

定义满意度 Δ 及其上下限值 Δ_U、Δ_L。其中,Δ 满足:

$$\Delta = \frac{\sum_{i=1}^{k} \omega_i \mu_{z_i}[z_i(\boldsymbol{x}^*)]}{\mu_{z_0}[z_0(\boldsymbol{x}^*)]} \tag{2-18}$$

如果 $\Delta \in [\Delta_L, \Delta_U]$,那么模型计算得到的解即为最优解;如果 $\Delta < \Delta_L$,那么 D_0 要减小最小满意度 δ 值;如果 $\Delta > \Delta_U$,那么 D_0 要增大最小满意度 δ 值。

2.2.2　机会约束规划

机会约束规划(chance constrained programming,CCP)是解决约束右端项存在随机现象的有效方法[17],机会约束并不像确定性模型那样要求每个约束条件完全满足,而要求约束在一定的概率范围内满足。

根据 Huang[18] 的研究,典型的 CCP 模型可以表示如下:

$$\begin{cases} \min f(X) \\ \Pr\{A_i(t)X \leqslant b_i(t)\} \leqslant 1 - p_i & i = 1, 2, \cdots, m \\ X \leqslant 0 \end{cases} \tag{2-19}$$

式中,$A_i(t) \in A(t)$,$b_i(t) \in B(t)$,$t \in T$,$A(t)$ 和 $B(t)$ 为随时间 t 变化的时间序列;$p_i(p_i \in [0,1])$ 为预先设定的第 i 个约束的概率水平;m 为约束的数目。

求解 CCP 模型的方法有很多,传统的方法即根据事先设定的置信水平,把不确定的机会约束转化为等价的确定性约束,再进行求解,传统方法应用比较成熟,多数情况下都可以用其求解模型,但是对于非常复杂的模型,如目标函数是多峰的或者机会约束条件下不能转化为确定性条件的机会约束规划问题,就不能用传统的方法进行求解。近年来,随着数学理论和计算机技术的飞速发展,基于蒙特卡罗仿真的遗传算法是解决相对复杂的机会约束规划的强有力工具[19],但该方法需要的数据较多。本章采用传统 CCP 的求解方法对所涉及的模型进行求解。

$$A_i(t)X \leqslant b_i(t)^{(p_i)} \qquad i = 1, 2, \cdots, m \qquad (2\text{-}20)$$

式中，$b_i(t)^{(p_i)} = F^{-1}(p_i)$，转换时需要提前确定 $b_i(t)$ 的累计分布函数和违规概率[20]。在给定第 i 个约束的概率水平 $p_i(p_i \in [0,1])$ 的情况下，CCP 可以通过变换成确定性模型的方法来进行求解[21]。

2.2.3　层次分析法确定目标权重

权重系数常用于衡量评估指标、要素的权重或贡献大小，其确定方法很多，可分为主观定权法、客观定权法及主客结合的定权法。本章构建的基于交互式模糊算法的分式双层规划模型在上下层进行交互的过程中，若不能令决策者满意，需要调整各同级层次间的目标权重以增加模型的弹性，这就要求各层目标间的权重确定有一定主观性，而层次分析（analytic hierarchy process，AHP）法是从定性分析到定量分析综合集成的典型系统工程方法[22]，由 Saaty 于 20 世纪 70 年代提出，至今被广泛应用于水资源管理领域[23]。因此，本章选用 AHP 法来确定下层规划各要素间的权重。AHP 法是将与决策有关的元素分解成目标、准则、方案等层次，在此基础上进行定性和定量分析的决策方法。该方法具有系统、灵活、简洁的优点。AHP 法计算权重可分为以下 4 个步骤。

（1）建立递阶层次结构模型。构造的层次可以分为目的层、准则层、指标层。

（2）构造出各层次中的所有判断矩阵。用比例标度将决策者的判断量化，本章采用改进的比例标度进行决策[24]，即要素之间两两比较，重要程度相同取 9/9（1），稍微重要取 9/7（1.286），明显重要取 9/5（1.800），强烈重要取 9/3（3），极端重要取 9/1（9）。

（3）各判断矩阵的一致性检验及单排序权重计算，即要确定同一层次各要素对于上一层次某要素相对重要性的排序权重，并检验各判断矩阵的一致性。计算一致性指标 $C_I = (\lambda_{\max} - n)/(n-1)$。其中，$\lambda_{\max}$ 为判断矩阵的最大特征值；n 为要素个数。根据 n 值查找平均随机一致性指标 R_I 值[22]，计算一致性比例 $C_R = C_I / R_I$，当 $C_R < 0.10$ 时，认为判断矩阵的一致性可以接受，否则应对判断矩阵作适当修正。

（4）层次总排序及一致性检验，即确定同一层次各要素对于最高层（目标层）元素的排序权重并检验各判断矩阵的一致性。这一过程是从最高层次到最低层次逐层进行的，并对层次总排序作一致性检验。计算各层要素对系统总目标的合成权重，从而确定各指标的权重。

2.2.4　基于机会约束规划的双层线性分式规划的求解流程

将 CCP 引入双层线性分式规划中，形成基于 CCP 的双层线性分式规划模型，该模型能够综合系统内上下不同层次决策主体的利益、定量处理多目标问题、量化系统效率并获得各种风险情景下的配置方案。其解法即将 2.2.1 节和 2.2.2 节阐述的交互式模糊算法与 CCP 算法进行结合，并采用 2.2.3 节介绍的 AHP 法确定各下层目标的权重，求解的核心为将不确定性的 CCP 约束转变成常规线性约束，并将双层线性分式规划通过交互式模糊算法转变成单层线性分式规划，求解流程见图 2-1。

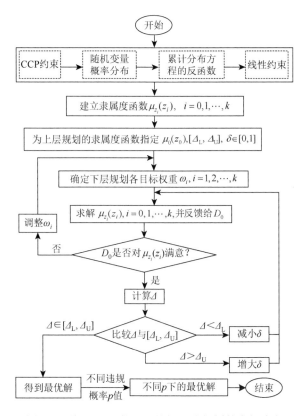

图 2-1　基于 CCP 的双层线性分式规划的求解流程

2.3　区域水资源与种植结构随机双层规划模型

2.3.1　双层线性分式规划配水模型

在水资源配置系统中，不同层次决策者存在不同的利益倾向。流域层面管理者希望整个流域的综合效益最优，其配水优化结果可能完全倾向于流域下层产效最高的行政区，而在区域层面，每个行政区的决策者也希望自己获得最大的效益，双层规划可以处理这类问题。本章首先构建双层线性分式规划配水（two-level linear fractional water management，TLFWM）模型，TLFWM 模型的建模思想为，在黑河中游有限的可利用水资源量条件下，注重生态目标，对黑河中游不同行政区（甘州区、临泽县、高台县）的不同用水部门（包括农业、工业、生活、生态）进行优化配水，获得最小生活和生态缺水下的最大效益，并协调整个黑河中游层面（上层）及各行政区（下层）的决策矛盾。该模型同时满足：①各部门不同水源的总用水在区域可供水量范围内；②各部门配水大于其需水量的同时小于最大配水量。TLFWM 模型的表达形式如下。

上层规划：

$$\max F_{\mathrm{U}} = \frac{\max F_0}{\min F_0'} = \frac{\sum\limits_{i=1}^{I}\sum\limits_{j=1}^{J} C_{ij} X_{ij} - P_0}{\sum\limits_{i=1}^{I}\sum\limits_{j=1}^{J} (W_{ij} - X_{ij})} \tag{2-21}$$

下层规划：

$$\max F_{\mathrm{L}} = \frac{\max F_i}{\min F_i'} = \frac{\sum\limits_{j=1}^{J} C_{ij} X_{ij} - P_i}{\sum\limits_{j=1}^{J} (W_{ij} - X_{ij})} \qquad \forall i = 1, 2, \cdots, I \tag{2-22}$$

约束条件：总可供水量约束表示为

$$\sum_{j=1}^{J} X_{ij} \leqslant \mathrm{TW}_i \qquad \forall i \tag{2-23}$$

最小需水量和最大需水量约束表示为

$$W_{ij\min} \leqslant X_{ij} \leqslant W_{ij} \qquad \forall i, j \tag{2-24}$$

非负约束：

$$X_{ij} \geqslant 0 \qquad \forall i, j \tag{2-25}$$

式中，F_0 和 F_i 分别为上层规划和下层规划的净效益（亿元）；F_0' 和 F_i' 分别为上层规划和下层规划的生活和生态缺水量（亿 m^3）；i 为研究区域；j 为用水部门，$j=1$ 为农业用水部门，$j=2$ 为工业用水部门，$j=3$ 为生活用水部门，$j=4$ 为生态用水部门；C_{ij} 为第 i 区域第 j 用水部门的用水净效益系数（元/m^3）；X_{ij} 为第 i 区域第 j 用水部门的配水量（亿 m^3），为决策变量；P_0 和 P_i 分别为上层和下层的用水成本（亿元）；TW_i 为第 i 区域的可供水量（亿 m^3）；W_{ij} 为第 i 区域第 j 用水部门的最大需水量（亿 m^3）；$W_{ij\min}$ 为第 i 区域第 j 用水部门的最小需水量（亿 m^3）。

2.3.2　随机双层线性分式机会约束规划配水模型

当决策者需要规划未来水资源分配方案时，由于未来情况流量水平未知，需要将不同流量水平的配置方案都进行规划。另外，规划不同可供水量情景下的配水方案可提供多种方案供决策者选择。因此，在 TLFWM 模型基础上，考虑不同流量水平出现的概率，同时为得到不同供水情景下的配水方案，在 TLFWM 模型的目标函数中引入流量水平发生概率，在约束条件中引入 CCP，形成随机双层线性分式机会约束配水（stochastic two-level linear fractional chance constrained water management，STLFCWM 模型），以反映配水中的不确定性因素，其表达形式如下。

上层规划：

$$\max F_{U} = \frac{\max F_{0}}{\min F_{0}'} = \frac{\displaystyle\sum_{i=1}^{I}\sum_{j=1}^{J}\sum_{h=1}^{H}C_{ij}p_{h}X_{ijh} - P_{0}}{\displaystyle\sum_{i=1}^{I}\sum_{j=1}^{J}\sum_{h=1}^{H}(W_{ij} - p_{h}X_{ijh})} \qquad (2\text{-}26)$$

下层规划：

$$\max F_{L} = \frac{\max F_{i}}{\min F_{i}'} = \frac{\displaystyle\sum_{j=1}^{J}\sum_{h=1}^{H}C_{ij}p_{h}X_{ijh} - P_{i}}{\displaystyle\sum_{j=1}^{J}\sum_{h=1}^{H}(W_{ij} - p_{h}X_{ijh})} \qquad \forall i = 1, 2, \cdots, I \qquad (2\text{-}27)$$

约束条件：

$$\Pr\left\{\sum_{j=1}^{J}X_{ijh} \leqslant \text{TW}_{ih}\right\} \geqslant 1 - q \qquad \forall i, h \qquad (2\text{-}28)$$

$$W_{ij\min} \leqslant X_{ijh} \leqslant W_{ij} \qquad \forall i, j, h \qquad (2\text{-}29)$$

$$X_{ijh} \geqslant 0 \qquad \forall i, j, h \qquad (2\text{-}30)$$

式中，h 为流量水平；p_{h} 为流量水平 h 的发生概率，$p_{h} > 0$ 且 $\sum_{h=1}^{H}p_{h} = 1$；X_{ijh} 为第 i 区域第 j 用水部门第 h 流量水平下的配水量（亿 m³）；TW_{ih} 为第 i 区域第 h 流量水平下的可供水量（亿 m³）；$q(q \in [0,1])$ 为违规概率，为约束条件左端项不满足右端项的概率水平。

2.3.3　基于双层线性分式规划的种植结构优化模型

在区域水资源优化配置的基础上，构建基于双层分式规划的种植结构优化模型,该模型的建模思想为,在有限水资源约束及保证当地粮食产量安全的情况下,获得最小灌溉水量情况下的最大种植效益,即获得最大的单位种植效益,同时兼顾上层管理和下层管理的统筹规划,最终得到适合区域可持续发展的最优种植结构优化方案。该模型同时满足:①所有作物的土地分配总量需在区域农田种植可利用的土地范围内;②各类作物的土地分配量需在可利用的土地范围内;③各类作物在分配的土地上所利用的水量需在可供水量范围之内,其中可供水量由区域配水模型结果提供;④保证当地的粮食安全。基于双层线性分式规划的种植结构优化模型的表达式如下。

上层规划:

$$\max z_0(\boldsymbol{a}) = \frac{\sum_{i=1}^{I}\sum_{k=1}^{K}P_{ik}Y_{ik}a_{ik} - \sum_{i=1}^{I}C_i}{\sum_{i=1}^{I}\sum_{k=1}^{K}m_{ik}a_{ik}} \tag{2-31}$$

下层规划:

$$\max z_i(\boldsymbol{a}) = \frac{\sum_{k=1}^{K}P_{ik}Y_{ik}a_{ik} - C_i}{\sum_{k=1}^{K}m_{ik}a_{ik}} \qquad \forall i \tag{2-32}$$

约束条件:面积约束表示为

$$\sum_{i=1}^{I}\sum_{k=1}^{K}a_{ik} \leqslant A_{\max} \tag{2-33}$$

$$a_{ik,\min} \leqslant a_{ik} \leqslant a_{ik,\max} \qquad \forall i,k \tag{2-34}$$

水量约束表示为

$$\sum_{i=1}^{I}\sum_{k=1}^{K}m_{ik}a_{ik} \leqslant \sum_{i=1}^{I}X_{i1} \tag{2-35}$$

粮食安全约束表示为

$$\sum_{i=1}^{I}a_{ik_粮} \geqslant A_{k_粮,\min} \qquad \forall k_粮 \tag{2-36}$$

非负约束:

$$a_{ik} \geqslant 0 \tag{2-37}$$

式中,$z_i(\boldsymbol{a})$ 为目标函数($i=0,1,\cdots,I$)(元/m³);i、k、$k_粮$ 分别为地区、作物种类、粮食作物种类;a_{ik} 为第 i 地区第 k 类作物的种植面积(hm²);$a_{ik_粮}$ 为第 i 地区第 $k_粮$ 类粮食作物的种植面积(hm²);P_{ik} 为第 i 地区第 k 类作物的平均单价(元/kg);Y_{ik} 为第 i 地区第 k 类作物的单位面积产量(kg/hm²);m_{ik} 为第 i 地区第 k 类作物的毛

灌溉定额（m³/hm²）；C_i 为第 i 地区种植业的中间消耗（元）；A_{max} 为最大总种植面积（hm²）；$a_{ik,min}$、$a_{ik,max}$ 分别为第 i 地区第 k 类作物的最小、最大种植面积（hm²）；X_{i1} 为配水模型结果中的农业配水量（m³）；$A_{k_{粮},min}$ 为第 $k_{粮}$ 类粮食作物的最小总种植面积（hm²）。

2.4　结果分析与讨论

2.4.1　黑河中游产业结构配水结果分析与讨论

1）净效益系数计算

甘州区、临泽县、高台县的用水成本分别为 0.53 亿元、0.28 亿元、0.17 亿元，地下水可供水量为 4.72 亿 m³。表 2-1 为计算得到的 3 个区（县）4 个用水部门的用水净效益系数及需水情况。根据 2009~2011 年的张掖市统计年鉴，选用小麦、大麦、夏杂、水稻、玉米、谷子、大豆、薯类、棉花、油料、蔬菜和瓜类 12 种作物的产量和种植面积数据，计算得到 3 个区（县）的灌溉效益分摊系数为 0.52、0.7 和 0.36。工业用水效益计算中，选用采矿业、制造业、电力业和建筑业 4 个行业，各行业的综合比例系数和用水分摊系数分别取 0.1 和 0.2[7]。根据生活用水水价（0.85 元/m³）和用水成本（0.3 元/m³），计算得到 3 个区（县）的生活用水净效益系数为 0.55。在生态部门净效益系数中，选取 3 个区（县）的森林、草地、农田、湿地、水体和荒漠 6 类用地，其中农田用地主要考虑小麦和玉米的产量与用地，根据"中国陆地生态系统单位面积生态服务价值当量表"[10]来估算 3 个区（县）的生态用水净效益系数。

表 2-1　各用水部门净效益系数和需水数据

区（县）	净效益系数/(元/m³)				需水/万 m³			
	农业	工业	生活	生态	农业	工业	生活	生态
甘州区	0.30	0.53	0.55	0.31	8.93	0.26	0.37	0.47
临泽县	0.21	0.53	0.55	0.30	3.99	0.07	0.05	0.57
高台县	0.32	0.53	0.55	0.33	5.10	0.08	0.09	0.29

2）TLFWM 模型配水结果分析与讨论

根据交互式模糊算法，得到 $\max z_0 = 46.6859$ 元/m³，$\min z_0 = 2.2430$ 元/m³。表 2-2 展示了下层规划不同用水部门以不同区（县）发展为侧重的配水方案。当以甘州区为发展重点时，甘州区、临泽县和高台县的经济效益分别为 62.3090 亿元、4.4957 亿元和 4.4957 亿元；当以临泽县为发展重点时，甘州区、临泽县和高台县的经济效益分别为 1.7655 亿元、25.8542 亿元和 1.7859 亿元；当以高台县为发展重点时，甘州区、临泽县和高台县的经济效益分别为 3.9249 亿元、4.8718 亿元和 86.9423 亿元。这些假设重点发展某一区域经济而不考虑其他区域经济发展的结果，显然不合理，需要与上层规划交互，达到三个区（县）的协调发展。假设 DM_0 指定的 $[\Delta_L, \Delta_U] = [0.6, 1.0]$，满意度初值为 $\delta = 0.75$，δ 根据 DM_0 和 DM_i 不断协调和寻优的结果而确定。甘州区、临泽县、高台县的重要性权重根据 AHP 法确定，计算结果分别为 0.4330、0.2681、0.2988。表 2-3 展示了 TLFWM 模型配水结果。其中 $t^* = 0.2342$，$z_0(x^*) = 46.3638$，$z_1(x^*) = 45.2192$，$z_2(x^*) = 22.9025$，$z_3(x^*) = 86.9423$，$\mu_{z_0} = 0.95$，$\mu_{z_1} = 0.7044$，$\mu_{z_2} = 0.8775$，$\mu_{z_3} = 1$，$\Delta = 0.8834 \in [\Delta_L, \Delta_U] = [0.6, 1]$。

表 2-2　下层规划的配水方案

区（县）	部门	x_1/亿 m³	x_2/亿 m³	x_3/亿 m³
甘州区	农业	8.9275	7.3086	7.3086
	工业	0.2633	0.2107	0.2107
	生活	0.3683	0.3308	0.3308
	生态	0.4288	0.3766	0.3766
临泽县	农业	3.1882	3.6827	3.3672
	工业	0.0349	0.0699	0.0559
	生活	0.0378	0.0529	0.0475
	生态	0.2827	0.5344	0.4523
高台县	农业	2.5518	4.1812	4.2660
	工业	0.0376	0.0601	0.0752
	生活	0.0451	0.0817	0.0902
	生态	0.1455	0.2327	0.2719

注：x_1、x_2、x_3 分别代表以甘州区、临泽县、高台县为发展重点的各区域各部门配水量。

表 2-3　TLFWM 模型配水结果

区（县）	结果	农业	工业	生活	生态
甘州区	y^*/亿 m³	1.5372	0.0617	0.0764	0.1103
	x^*/亿 m³	6.5629	0.2633	0.3264	0.4708
临泽县	y^*/亿 m³	0.8347	0.0164	0.0124	0.1252
	x^*/亿 m³	3.5637	0.0699	0.0529	0.5344
高台县	y^*/亿 m³	1.1954	0.0176	0.0211	0.0637
	x^*/亿 m³	5.1037	0.0752	0.0902	0.2719

注：x^* 为 TLFWM 模型求解得到的最优的配水量；y^* 为在求解 x^* 的过程中的中间变量，具体转化过程见 2.2.1 节。

3）TLFWM 模型与实际配水情况和单层线性分式规划模型的比较

将 TLFWM 模型的优化结果与实际配水情况及单层线性分式规划的结果进行对比，见表 2-4，单层线性分式规划只考虑整体的综合效益最优，表达形式为式（2-21）。从表 2-4 中可以看出，在同样的总配水量（17.62 亿 m³）情况下，无论是单层线性分式规划还是双层线性分式规划的单方水净效益都高于实际情况，表明线性分式规划用于提高水分利用效率的优越性，同时能够量化多目标问题，即最小用水和最大收益。将 TLFWM 模型与实际配水情况进行对比，TLFWM 模型的总配水为 17.38 亿 m³，比实际配水节省了 0.24 亿 m³，其中生态配水比实际多配 0.1 亿 m³，这将有助于黑河中游的生态健康发展。TLFWM 模型优化得到的现状年（2011 年）农业用水比例为 87.6%，比实际情况的 89%降低了 1.4 个百分点，降低的农业用水用以补充生态用水。3 个模型的单方水净效益差异不大，TLFWM 模型的单方水净效益略大于实际情况，但略小于单层线性分式规划，这是由于 TLFWM 模型不仅考虑配水效率，同时也考虑不同层次决策之间的平衡与协调以寻求能够兼顾上下层配水方案的最佳方案。TLFWM 模型和单层线性分式规划模型［即式（2-21）］较实际情况的总配水均有所减少，同时配水效率增加，这样的配水结果对缺水地区是有利的，在生态用水增加的同时总配水降低，单方水净效益也有少量增加。

表 2-4 TLFWM 模型与实际配水情况及单层线性分式规划的结果

用水部门及指标	实际配水方案/亿 m³			单层线性分式规划结果/亿 m³			双层线性分式规划结果/亿 m³		
	甘州区	临泽县	高台县	甘州区	临泽县	高台县	甘州区	临泽县	高台县
农业	7.38	3.60	4.68	8.36	2.00	5.10	6.56	3.56	5.10
工业	0.22	0.06	0.07	0.26	0.07	0.08	0.26	0.07	0.08
生活	0.30	0.05	0.08	0.37	0.05	0.09	0.33	0.05	0.09
生态	0.39	0.51	0.27	0.43	0.53	0.27	0.47	0.53	0.27
总配水量/亿 m³	17.62			17.62			17.38		
总效益/亿元	5.27			5.45			5.24		
单方水净效益/(元/m³)	0.299			0.309			0.302		

4）STLFCWM 模型结果分析与比较

求解 STLFCWM 模型得到不同流量水平和不同违规概率下的配水方案。本节采用第 1 章的经验频率分析方法将莺落峡断面的流量分为 5 个流量水平以便能够更详细地展示不同流量水平下的配水方案。$P<12.5\%$对应特丰流量（$h=1$），

12.5%≤P＜37.5% 对应偏丰流量（h＝2）， 37.5%≤P＜62.5% 对应中等流量（h＝3）， 62.5%≤P＜87.5% 对应偏枯流量（h＝4）， P≥87.5% 对应特枯流量（h＝5）。本书中的灌区尺度对应 3 个流量水平，将区域尺度的配水结果输入到灌区尺度，再将 5 个流量水平的结果整合到 3 个流量水平上。5 个流量水平下，甘州区、临泽县和高台县 3 个区（县）可利用的总地表水资源分别为 14.73 亿 m³、12.89 亿 m³、11.58 亿 m³、10.13 亿 m³ 和 9.51 亿 m³，5 个流量水平发生的概率分别为 12%、22%、33%、20% 和 13%。4 个违规概率设定为 0.05、0.1、0.15、0.2。违规概率表示约束条件左端项不满足右端项的概率水平，如 $\Pr\left\{\sum_{j=1}^{J}X_{ijh}\leq TW_{ih}\right\}\geq 1-q$ 中，$q=0.05$ 代表 $\sum_{j=1}^{J}X_{ijh}\leq TW_{ih}$ 的可能性为 95%。图 2-2 展示了不同流量水平不同违规概率条件下的农业配水结果。以特丰流量为例，违规概率越高，总配水越高，这由 CCP 的性质决定。越高的违规概率代表约束左端项满足约束右端项的可能性越小，即代表可供利用的水量越大，但同时所承受的缺水风险也越大，因为在规划年来水有可能达不到违规概率下的流量水平。图 2-3 给出了 STLFCWM 模型不同违规概率下上层规划目标函数值，即净效益与缺水量的比值。同样，高的违规概率对应高的目标比率。目标比率可以反映系统效率，与配水结果变化趋势相同，高的违规概率会产生高的系统效率，但随之而来的缺水风险也就越大。因此，面对不同违规概率下对应的系统效率和配水方案，风险规避的决策者倾向于选择较低的违规概率，从而会经历较小的缺水风险，但同时获得的净效益和效率也会偏低。相反，乐观的决策者更倾向于高的违规概率下的配水方案，以获得较高的效益或系统效率，但同时所面临的缺水风险也会变高。

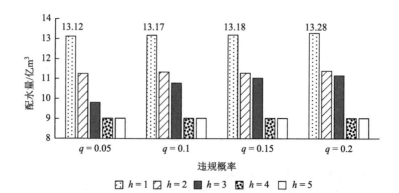

图 2-2　不同流量水平不同违规概率条件下的农业配水结果

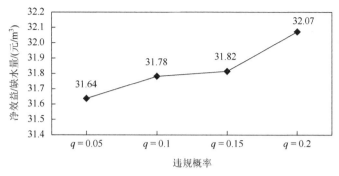

图 2-3　不同违规概率下净效益与缺水量比值

5）TLFWM 模型和 STLFCWM 模型的特点与对比

综上所述，TLFWM 模型的优点表现在：①可以在一个系统内，协调综合上下层次的决策方案以获得最佳方案，促进区域可持续发展；②定量处理多目标问题；③反映系统效率。将 STLFCWM 模型与 TLFWM 模型进行比较，STLFCWM模型除具有 TLFWM 模型的优点外，还在模型中引入了随机变量，能够反映不同流量水平和不同违规概率下配水方案，有助于决策者对区域水资源进行规划。并且，STLFCWM 模型只需计算一次即可获得某一特定违规概率水平下不同流量水平的配水方案，减少了计算量。两个模型都有助于促进区域可持续发展，若由于水资源短缺严重导致经济损失过大或者要优化某一特定年份的区域配水方案（特定年份的流量水平已知），这种情况下，决策者可以选择 TLFWM 模型，因为TLFWM 模型没有引入随机参数，所需输入参数较少且计算相对简单。若需要未来情况时间段的规划方案，决策者应该选择 STLFCWM 模型，因为 STLFCWM 模型可以将不同流量水平的决策方案一次性展现出来，方便决策者挑选以做出最终决策。事实上，TLFWM 模型是 STLFCWM 模型的特例，决策者需根据具体要求选取合适的模型对区域水资源进行优化。

2.4.2　黑河中游种植结构优化结果分析与讨论

本章种植结构的优化对象为甘州区、临泽县和高台县的 3 类主要种植作物：夏禾、秋禾和经济作物。夏禾包括小麦、大麦和夏杂，秋禾包括大田玉米、制种玉米、其他秋禾等，经济作物主要指瓜菜，优化典型年为 2011 年。区域整体规划者注重的是全区域的综合效益最大，但是各子单元的规划者希望自己的区域获得最大的综合效益，因此有必要将上层决策者的规划与下层决策者的规划进行妥协整合，所以本节将上层规划的目标函数定为甘州区、临泽县、高台县 3 区（县）单位灌溉水量的最大种植效益，下层规划为 3 个区（县）各自的单位灌溉水量的最大种植效益。

1）种植结构优化模型的输入

模型目标函数及约束条件的基础数据见表 2-5 和表 2-6。根据实地调研确定各类作物的单位面积用水定额数据，单位面积产量数据根据《张掖统计年鉴 2011》中各区（县）各类作物的产量及种植面积数据计算得到，张掖盛产小麦、玉米、大麦、番茄、甜菜、油料、苹果等，其中，小麦、大麦属于夏禾，玉米属于秋禾，番茄、甜菜、油料、苹果属于经济作物类。因此，以上述各种作物作为每类作物的典型作物来计算作物的平均价格，其中每种作物的价格数据来自农产品信息网，每类作物的价格按照所包含的各种作物的产量比例进行加权。各区（县）种植业中间消耗数据来自《张掖统计年鉴 2011》。3 个区（县）的最大总种植面积为 $1.246 \times 10^5 \text{hm}^2$。

表 2-5　种植结构优化模型基础数据- Ⅰ

区（县）	单位面积毛用水量/(m³/hm²)			单位面积产量/(kg/hm²)			平均单价/(元/kg)		
	夏禾	秋禾	经济作物	夏禾	秋禾	经济作物	夏禾	秋禾	经济作物
甘州区	2779.34	8780.17	11823.12	7513.86	8753.17	46865.29			
临泽县	2650.91	11285.51	12272.73	3510.96	8372.44	44177.39	2.38	2.27	3.45
高台县	4236.80	10491.33	12742.45	6676.02	8431.19	37604.79			

表 2-6　种植结构优化模型基础数据- Ⅱ

区（县）	夏禾最小值种植面积/万 hm²	秋禾最小值面积/万 hm²	经济作物最小值面积 /hm²	种植业中间消耗/万元
甘州区	1.13	3.94	7.5×10^3	7.1844
临泽县	0.87	1.68	0	4.3594
高台县	0	1.47	0	5.9631

注：甘州、临泽、高台 3 个区（县）经济作物最大总种植面积为 2.54 万 hm²，高台县 3 类作物最大总种植面积为 3.01 万 hm²。

2）种植结构优化模型求解过程

基于双层分式规划的种植结构模型框架以及表 2-5 和表 2-6 提供的模型目标函数和约束条件的基础参数，并根据交互式模糊规划的双层线性分式规划原理对模型进行求解。首先建立各层规划的隶属度函数，对于上层规划 D_0，经计算得到 $z^* = \max z_0(\boldsymbol{a}) = 3.6051 元 / \text{m}^3$，相应地，$\boldsymbol{a}^* = (a_{11}, a_{12}, a_{13}, a_{21}, a_{22}, a_{23}, a_{31}, a_{32}, a_{33}) = (1.1281 \times 10^4, 3.9411 \times 10^4, 1.8289 \times 10^4, 8.6860 \times 10^3, 1.6783 \times 10^4, 0, 8.3620 \times 10^3, 1.4681 \times 10^4, 7.0680 \times 10^3)(\text{hm}^2)$，$z^m = \min z_0(\boldsymbol{a}) = 1.4235 元 / \text{m}^3$，相应地，$\boldsymbol{a}^m = (1.1281 \times 10^4, 3.9411 \times 10^4, 0.7506 \times 10^3, 8.686 \times 10^4, 1.6783 \times 10^4, 0, 0, 3.0111 \times 10^3, 0)(\text{hm}^2)$。

其中，$a_{11},a_{12},a_{13},a_{21},a_{22},a_{23},a_{31},a_{32},a_{33}$ 分别代表甘州夏禾、甘州秋禾、甘州经济作物、临泽夏禾、临泽秋禾、临泽经济作物、高台夏禾、高台秋禾、高台经济作物。分别计算上下层规划目标函数的隶属度函数。下层规划（D_i）的种植面积见表 2-7。假设 D_0 指定 $[\Delta_L,\Delta_U]=[0.5,1.0]$，$\delta=0.96$。其中，$\delta$ 在不断的优选中得到。关于 3 个区（县）的重要性权重，根据专家意见及实地调研情况通过 AHP 计算获得，判断矩阵 $\boldsymbol{B}=(b_{ij})_{n\times n}$ 及权重计算相关结果如表 2-8 所示。通过计算可得甘州区、临泽县、高台县的重要性权重分别为 0.4330、0.2681、0.2988。对判断矩阵进行一致性检验，通过计算得到最大特征根 $\lambda_{\max}=\left(\sum_{i=1}^{n}\boldsymbol{B}W_i\,/\,\omega_i\right)\Big/n=3.0118$，其中 W_i 为相应的特征向量。一致性指标 $C_I=(\lambda_{\max}-n)\,/\,(n-1)=0.005892$，平均一致性指标 $R_I=0.52$，所以判断矩阵的一致性比率 $C_R=C_I\,/\,R_I=0.01133<0.1$，满足一致性要求。

表 2-7 下层规划的种植面积

	a_1	a_2	a_3
a_{11} /hm²	1.1281×10^4	1.1281×10^4	1.1281×10^4
a_{12} /hm²	3.9411×10^4	3.9411×10^4	3.9411×10^4
a_{13} /hm²	1.8289×10^4	0.7506×10^4	0.7506×10^4
a_{21} /hm²	8.6860×10^3	8.6860×10^3	8.6860×10^3
a_{22} /hm²	1.6783×10^4	1.6783×10^4	1.6783×10^4
a_{23} /hm²	0	1.0783×10^4	0
a_{31} /hm²	1.5430×10^4	1.5430×10^4	0
a_{32} /hm²	1.4681×10^4	1.4681×10^4	1.4681×10^4
a_{33} /hm²	0	0	1.7851×10^4

注：a_1、a_2、a_3 分别代表以甘州区、临泽县、高台县为发展重点的各区域所有研究作物的种植面积。

表 2-8 AHP 判断矩阵及权重计算相关结果

	z_1	z_2	z_3	指标权重 ω_i
z_1	1	1.8	1.3	0.4330
z_2	0.5556	1	1	0.2681
z_3	0.7692	1	1	0.2988

注：z_1、z_2、z_3 分别代表甘州区、临泽县、高台县；$\omega_i=W_i\,/\sum_{i=1}^{n}\overline{W}_i$ 且 $\overline{W}_i=\sqrt[n]{\prod_{j=1}^{n}b_{ij}}$，$b_{ij}$ 为判断矩阵中的元素。

根据双层分式规划模型转换成双层线性规划模型的方法原理将所构建模型转化成普通线性规划模型，记 $\boldsymbol{y}^*$、t^* 为模型的最优解：

$$\max = \lambda$$

结构约束：

$$y_{11}+y_{12}+y_{13}+y_{21}+y_{22}+y_{31}+y_{32}+y_{33}-12.46t \leqslant 0$$

$$-y_{31}-y_{32}-y_{33}+3.01t \leqslant 0$$

$$y_{13}+y_{23}+y_{33}-2.54t \leqslant 0$$

$$2779y_{11}+8780y_{12}+11823y_{13}+2651y_{21}+11286y_{22}+12273y_{23}$$
$$+4237y_{31}+10491y_{32}+12743y_{33}-152339t \leqslant 0$$

$$-y_{11}+1.13t \leqslant 0 - y_{12}+3.94t \leqslant 0 - y_{13}+0.75t \leqslant 0$$

$$-y_{21}+0.87t \leqslant 0 - y_{22}+0.68t \leqslant 0 - y_{23}+1.47t \leqslant 0$$

转换约束：

$$2.1816 \times (2779y_{11}+8780y_{12}+11823y_{13}+2651y_{21}+11286y_{22}+12273y_{23}$$
$$+4237y_{31}+10491y_{32}+12743y_{33}) \leqslant 1$$

$$2.2551 \times (2779y_{11}+8780y_{12}+11823y_{13}) \leqslant 1$$

$$4.8471 \times (2651y_{21}+11286y_{22}+12273y_{23}) \leqslant 1$$

$$5.5640 \times (4237y_{31}+10491y_{32}+12743y_{33}) \leqslant 1$$

上层规划的最小满意度约束：

$$8106y_{11}-11017y_{12}+120093y_{13}-969y_{21}-20695y_{22}+109239y_{23}$$
$$+985y_{31}-17768y_{32}+84911y_{33}-175069t \geqslant 0$$

妥协约束：

$$13927a_{11}+7372a_{12}+144856a_{13}+4583a_{21}+2941a_{22}+134942a_{23}$$
$$+9858a_{31}+4204a_{32}+111598a_{33}-175069t-\lambda \geqslant 0$$

$$12760a_{11}+3686a_{12}+139893a_{13}-71844t-0.43\lambda \geqslant 0$$

$$8910a_{21}+21364a_{22}+154977a_{23}-43594t-0.27\lambda \geqslant 0$$

$$17244a_{31}+22494a_{32}+133813a_{33}-59631t-0.3\lambda \geqslant 0$$

非负约束：

$$y_{ik} \geqslant 0 \ (i=1,2,3; k=1,2,3) \qquad \lambda \geqslant 0, t > 0$$

3）结果分析及讨论

本章构建的种植结构优化模型求解结果及与实际情况对比见表 2-9。其中，$t^*=4.216\times 10^{-6}$，$\lambda=0.9303$，相应地，$z_0(\boldsymbol{a}^*)=3.5666$，$z_1(\boldsymbol{a}^*)=4.7464$，

$z_2(\boldsymbol{a}^*) = 2.0820$，$z_3(\boldsymbol{a}^*) = 2.6121$。$\mu_{z_0}(z_0) = 0.9823$，$\mu_{z_1}(z_1) = 0.6968$，$\mu_{z_2}(z_2) = 0.4735$，$\mu_{z_3}(z_3) = 0.5298$，$\Delta = 0.6 \in [0.5, 1.0]$。将优化的种植结构结果与实际情况进行比较，如表 2-9 和图 2-4 所示。在 3 个区（县）作物总种植面积不变的情况下对各区（县）的夏禾、秋禾及经济作物进行优化调整，在有限水资源约束及保证当地粮食产量的情况下，获得了单位用水量下的最大种植效益，并得到了兼顾整体和局部规划的决策方案。从图 2-4 可以看出，甘州区优化的种植效益比实际情况提高了 10.15 亿元，临泽县减少了 1.72 亿元，高台县减少了 5.23 亿元，3 个区（县）优化的整体效益比实际情况提高了 3.2 亿元。在种植结构调整的基础上，甘州区的用水增加了 0.58 亿 m^3，临泽县减少了 0.23 亿 m^3，高台县减少了 0.48 亿 m^3，整体用水减少 0.13 亿 m^3，如图 2-4 所示。整体单位水效益优化结果比实际增加了 1.94 元/m^3。

表 2-9 模型求解种植面积及与实际情况对比 （单位：hm^2）

	y^*		$a^* = y^*/t^*$	2011 年优化	2011 年实际
y_{11}	0.04756	a_{11}		1.13×10^4	1.19×10^4
y_{12}	0.16615	a_{12}		3.94×10^4	4.15×10^4
y_{13}	0.06089	a_{13}		1.45×10^4	7.90×10^3
y_{21}	0.03662	a_{21}		8.70×10^3	9.10×10^3
y_{22}	0.07075	a_{22}		1.68×10^4	1.77×10^4
y_{23}	0.01621	a_{23}		3.80×10^3	4.80×10^3
y_{31}	0.03525	a_{31}		8.40×10^3	4.80×10^3
y_{32}	0.06189	a_{32}		1.47×10^4	1.55×10^4
y_{33}	0.02980	a_{33}		7.10×10^3	1.15×10^4
总计				1.247×10^5	1.247×10^5

注：$\boldsymbol{a}^*$ 为 TLFWM 模型求解得到的各区（县）各作物的最优种植面积的向量，$\boldsymbol{y}^*$ 为在求解 $\boldsymbol{a}^*$ 的过程中的中间变量，具体转化过程见 2.2.1 小节。

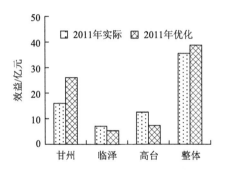
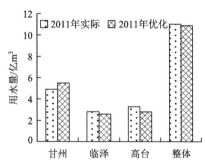

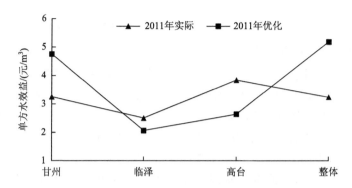

图 2-4　2011 年基于优化种植结构调整与实际种植结构的单方水效益比较

　　针对种植结构优化的多目标性及空间关联性，构建了基于双层分式规划的种植结构多目标模型，并对其解法进行系统研究，该模型可以实现在兼顾和协调上下层管理决策方案的情况下，获得最小用水量下的最大种植效益以及相应的各类作物的最优种植方案，使其能够满足区域可持续发展要求。将所建立的模型及相应求解方法应用于黑河中游的甘州区、临泽县和高台县的种植结构优化中，并与当地的实际情况进行对比，优化的结果整体用水减少，效益增加显著，单位用水效益增加，并得到了各类作物种植面积的调整方案。得到的结果验证了所构建的模型以及将基于交互式模糊规划的双层线性分式规划原理应用于种植结构优化上的可行性。

参 考 文 献

[1]　傅冬绵. 关于区域水资源的优化配置模型. 国土资源科技管理，2001，18（4）：15-18.

[2]　Kurek W，Ostfeld A. Multi-objective water distribution systems control of pumping cost，water quality，and storage-reliability constraints. Journal of Water Resources Planning and Management，2014，140（2）：184-193.

[3]　Rothman D W，Mays L W. Water resources sustainability：Development of a multi-objective optimization model. Journal of Water Resources Planning and Management，2013，140（12）：4014039.

[4]　Lu S S，Guan X L，Zhou M，et al. Land resources allocation strategies in an urban area involving uncertainty：A case study of Suzhou，in the Yangtze River Delta of China. Environmental Management，2014，53（5）：894-912.

[5]　Chen W B，Carsjens G J，Zhao L H，et al. A spatial optimization model for sustainable land use at regional level in China：A case study for Poyang Lake Region. Sustainability，2015，7（1）：35-55.

[6]　李晓洋，成自勇，张芮，等. 河西走廊石羊河流域民勤县水资源优化配置研究. 干旱地区农业研究，2013，31（3）：217-221.

[7]　朱九龙，陶晓燕，王世军，等. 淮河流域水资源价值测算与分析. 自然资源学报，2005，20（1）：126-131.

[8]　Costanza R，d'Arge R，Groot R D，et al. The value of the world's ecosystem services and natural capital. Ecological Economics，1997，25（1）：3-15.

[9]　谢高地，肖玉，甄霖，等. 我国粮食生产的生态服务价值研究. 中国生态农业学报，2005，13（3）：10-13.

[10]　谢高地，鲁春霞，冷允法，等. 青藏高原生态资产的价值评估. 自然资源学报，2003，18（2）：189-196.

[11] Sakawa M，Katagiri H，Matsui T. Stackelberg solutions for fuzzy random two-level linear programming through probability maximization with possibility. Fuzzy Sets and Systems，2012，188（1）：45-57.

[12] 杨丰梅. 线性分式-二次双层规划的一个充要条件. 系统工程理论与实践，2000，20（3）：113-115.

[13] Emam O E. Interactive approach to bi-level integer multi-objective fractional programming problem. Applied Mathematics and Computation，2013，223：17-24.

[14] Chakraborty M，Gupta S. Fuzzy mathematical programming for multi-objective linear fractional programming problem. Fuzzy Sets and Systems，2002，125（3）：335-342.

[15] Mehmet A，Fatma T. Interactive fuzzy programming for decentralized two-level linear fractional programming （DTLLFP）problems. Omega，2007，35（4）：432-450.

[16] Shih H S. An interactive approach for integrated multilevel systems in a fuzzy environment. Mathematical and Computer Modeling，2002，36（4-5）：569-585.

[17] Morgan D R，Eheart J W，Valocchi A J. Aquifer remediation design under uncertainty using a new chance constrained programming technique. Water Resources Research，1993，29（3）：551-568.

[18] Huang G. A hybrid inexact-stochastic water management model. European Journal of Operational Research，1998，107（1）：135-158.

[19] 曾赵婷. 石羊河流域灌区用水管理不确定性规划模型研究及系统实现. 北京：中国农业大学，2011.

[20] Li Y P，Huang G H，Yang Z F，et al. IFTCIP：An integrated optimization model for environmental management under uncertainty. Environmental Modeling & Assessment，2009，14（3）：315-332.

[21] Guo P，Huang G H. Two-stage fuzzy chance-constrained programming：Application to water resources management under dual uncertainties. Stochastic Environmental Research Risk Assessment，2009，23（3）：349-359.

[22] 金菊良，张礼兵，张少文，等. 层次分析法在水资源工程环境影响评价中的应用. 系统工程理论方法应用，2004，13（2）：187-192.

[23] Srdjevic B，Medeiros Y D P. Fuzzy AHP assessment of water management plans. Water Resources Management，2008，22（7）：877-894.

[24] 张晨光，吴泽宁. 层次分析法（AHP）比例标度的分析与改进. 郑州工业大学学报，2000，21（6）：85-87.

第3章 基于随机模拟的灌区水资源优化配置

灌区水资源合理配置是提高灌区水资源利用效率和实现灌区水资源可持续利用的有效调控措施。对于灌区水资源优化配置，更多的水量意味着更大的经济效益。然而，灌区水资源受来水流量水平影响严重，在枯水期可能会面临因缺水导致的水量减少的风险，因而造成经济损失。相应地，适当降低配水目标也就降低了缺水损失风险，但同时效益也会相应减少。如何通过建立优化模型来平衡灌区水资源管理中的效益与缺水损失，是灌区水资源管理者需要考虑的问题。

灌区水资源管理系统存在诸多不确定性，如有效降水量、需水量、可供水量等[1]。将供需水不确定性纳入灌区水资源规划与管理具有重要的科学意义[2]。不确定条件下的农业水资源管理已有很多应用研究。例如，Wang 等开发了一个 II 型模糊区间规划方法并应用于漳卫南运河水系的地表水地下水联合调试[3]。Niu 等开发了一个交互两阶段模糊随机规划方法并应用于河套灌区[4]。Zeng 等开发了不确定条件下联合概率区间分段规划方法并用于水资源规划管理[5]。Liu 等开发了模糊边界区间规划方法并应用于三峡库区湘西流域规划水质的管理[6]。这些实例应用涉及区间、模糊等不确定性优化技术，能够将复杂的优化问题转变为区间解等简单的表达形式，但这些方法能够表达的信息有限。虽然精确测定和计算灌溉量、有效降水量、作物需水量对管理者实现更高效的水资源管理是非常重要的[1]，但对于大面积灌区管理不够现实。为更详细地描述不确定条件下的灌区水资源管理问题，可采用以概率和统计理论方法为基础的计算方法，如蒙特卡罗模拟法[7]。

3.1 农业灌溉供需水随机模拟

农业灌溉可利用水量和需水量是灌区水资源配置非常重要的两项参数，二者都具有随机特性，然而通常获得随机变量的概率密度函数比较困难，对农业灌溉供需水进行随机模拟可以有效克服这种困难。一般随机参数都满足特定的概率分布，如正态分布、极值分布、伽马（Gamma）分布、逻辑斯谛（Logistic）分布、帕累托（Pareto）分布等。不同的概率分布对应不同的随机模拟公式，皮尔逊-III型分布（三参数伽马分布，P-III分布）适合我国水文要素的概率分布，而正态分布具有很多良好的性质[8]，因此本章主要针对以上两种概率分布类型来阐述农业供需水的随机模拟原理。

3.1.1　农业灌溉可利用水量的随机模拟

1）正态分布

很多方法可用来模拟服从正态分布的随机数，如中心极限定理、Box-Muller 方法、Ziggurat 方法等。其中，Box-Muller 方法由于计算简便且模拟相对准确被广泛应用。令 Q 代表服从正态分布的农业灌溉水资源可利用量，根据 Box-Muller 方法，相应的随机模拟公式可表示为

$$Q = \mu_Q + \sigma_Q \sqrt{\frac{-2\ln[(2U_1-1)^2+(2U_2-1)^2]}{(2U_1-1)^2+(2U_2-1)^2}}(2U_1-1) \tag{3-1}$$

式中，μ_Q 和 σ_Q 分别为随机变量 Q 的均值和标准差；U_1、U_2 为一对服从均匀分布的随机数，且满足 $(2U_1-1)^2+(2U_2-1)^2 \leqslant 1$。

2）P-III分布

对于 P-III 分布，可以采用舍选法生成 P-III 型随机数，计算方法可表示为[9]

$$x_t = \alpha_0 + \frac{1}{\beta}\left[1 - \sum_{k=1}^{[\alpha]}\ln u_k - B_t \ln u_{[\alpha]+3}\right] \tag{3-2}$$

$$\alpha = \frac{4}{C_s^2},\ \beta = \frac{2}{\bar{x}C_v C_s},\ \alpha_0 = \bar{x}\left[1 - \frac{2C_v}{C_s}\right],\ B_t = \frac{u_{[\alpha]+1}^{1/r}}{u_{[\alpha]+1}^{1/r}+u_{[\alpha]+2}^{1/s}} \tag{3-3}$$

式中，$[\alpha]$ 为等于或小于 α 的最大整数；x_t 为生成的第 t 个随机数；$u_k(k=1,2,\cdots,[\alpha]+3)$ 为均匀分布随机数，取值 $[0,1]$；$\bar{x}$、C_v、C_s 分别为随机变量的均值、变差系数、偏态系数；$u_{[\alpha]+1}$ 和 $u_{[\alpha]+2}$ 为一对随机数；$r=\alpha-[\alpha]$；$s=1-r$。

3.1.2　农业灌溉需水量的随机模拟

农业灌溉需水量为随机变量，然而关于农业灌溉需水量的时间序列长度通常没有农业灌溉供水量序列长，而用短序列数据无论是拟合概率分布函数还是根据概率分布进行随机模拟都会对结果造成较大的影响，最终影响整个配水结果。模糊理论可以有效处理具有短序列随机变量的随机模拟问题。三角模糊数由于计算简单且具有代表性而被广泛应用，三角模糊数的分布可近似看成是正态分布，令 D_L、D_M、D_H 分别表示模糊数 $\tilde{D}$（令 D 代表农业灌溉需水量）的最小可能发生值、最可信值、最大可能发生值，则模糊数 $\tilde{D}=(D_L, D_M, D_H)$ 的隶属度函数 $\mu_{\tilde{D}}(x)$ 可表示为

$$\mu_{\tilde{D}}(x) = \begin{cases} (x - D_{\mathrm{L}})/(D_{\mathrm{M}} - D_{\mathrm{L}}) & D_{\mathrm{L}} \leqslant x < D_{\mathrm{M}} \\ (D_{\mathrm{H}} - x)/(D_{\mathrm{H}} - D_{\mathrm{M}}) & D_{\mathrm{M}} \leqslant x \leqslant D_{\mathrm{H}} \\ 0 & x < D_{\mathrm{L}} \ \text{或} \ x > D_{\mathrm{H}} \end{cases} \tag{3-4}$$

式中，x 为模糊数 $\tilde{D}$ 的可能发生值，则模糊数 $\tilde{D}$ 的概率密度函数，即隶属度函数与 x 轴构成的区域面积的表达式可表述为

$$f_{\tilde{D}}(x) = \begin{cases} 2(x - D_{\mathrm{L}})/[(D_{\mathrm{M}} - D_{\mathrm{L}})(D_{\mathrm{H}} - D_{\mathrm{L}})] & D_{\mathrm{L}} \leqslant x < D_{\mathrm{M}} \\ 2(D_{\mathrm{H}} - x)/[(D_{\mathrm{H}} - D_{\mathrm{M}})(D_{\mathrm{H}} - D_{\mathrm{L}})] & D_{\mathrm{M}} \leqslant x \leqslant D_{\mathrm{H}} \\ 0 & x < D_{\mathrm{L}} \ \text{或} \ x > D_{\mathrm{H}} \end{cases} \tag{3-5}$$

农业灌溉需水量的随机模拟公式即为上述概率密度函数的分布函数，可通过反转法实现，转换后的随机模拟公式如下[10]：

$$x = \begin{cases} D_{\mathrm{L}} + [\varepsilon(D_{\mathrm{M}} - D_{\mathrm{L}})(D_{\mathrm{H}} - D_{\mathrm{L}})]^{0.5} & \varepsilon \leqslant (D_{\mathrm{M}} - D_{\mathrm{L}})/(D_{\mathrm{H}} - D_{\mathrm{L}}) \\ D_{\mathrm{H}} - [(1 - \varepsilon)/(D_{\mathrm{H}} - D_{\mathrm{M}})(D_{\mathrm{H}} - D_{\mathrm{L}})]^{0.5} & \varepsilon > (D_{\mathrm{M}} - D_{\mathrm{L}})/(D_{\mathrm{H}} - D_{\mathrm{L}}) \end{cases} \tag{3-6}$$

式中，ε 为在 [0,1] 区间上服从均匀分布的随机数。

3.1.3　区间两阶段随机规划模型

区间两阶段随机规划（inexact two-stage stochastic programming，ITSP）是区间线性规划（interval linear programming，ILP）和两阶段随机规划（two-stage stochastic programming，TSP）的耦合。因此，ITSP 模型具有 ILP 和 TSP 两个规划的特点，ITSP 可权衡与协调事先预定的配置方案与当随机事件发生时所产生的惩罚，从而对配置方案做相应调整，同时反映决策系统中的灰色不确定性。TSP 可表述为

$$\max f = \boldsymbol{c}\boldsymbol{x} - E[Q(\boldsymbol{x}, \boldsymbol{\xi})] \tag{3-7}$$

$$\boldsymbol{A}\boldsymbol{x} \leqslant \boldsymbol{b} \tag{3-8}$$

$$\boldsymbol{x} \geqslant 0 \tag{3-9}$$

式中，$\boldsymbol{x}$ 为第一阶段决策变量；$\boldsymbol{\xi} \in \Omega$ 为随机变量；$\boldsymbol{c}$ 为目标函数中决策变量前系数向量；$\boldsymbol{A}$ 为约束条件中决策变量前系数矩阵；$\boldsymbol{b}$ 为约束右端向量；$Q(\boldsymbol{x}, \boldsymbol{\xi})$ 为下述非线性规划的最优值。

$$\min q(\boldsymbol{y}, \boldsymbol{\xi}) \tag{3-10}$$

$$W(\boldsymbol{\xi})\boldsymbol{y} = h(\boldsymbol{\xi}) - T(\boldsymbol{\xi})\boldsymbol{x} \tag{3-11}$$

$$\boldsymbol{y} \geqslant 0 \tag{3-12}$$

式中，$\boldsymbol{y}$ 为第二阶段的决策变量，与随机事件发生与否有关；$q(\boldsymbol{y}, \boldsymbol{\xi})$ 为第二阶段的花费函数；$\{T(\boldsymbol{\xi}), W(\boldsymbol{\xi}), h(\boldsymbol{\xi}) \,|\, \boldsymbol{\xi} \in \Omega\}$ 为随机变量 $\boldsymbol{\xi}$ 的函数。在随机事件发生之前，进行第一阶段决策。之后，当随机事件发生时，在满足 $W(\boldsymbol{\xi})\boldsymbol{y} = h(\boldsymbol{\xi}) - T(\boldsymbol{\xi})\boldsymbol{x}, \boldsymbol{y} \geqslant 0$ 的

情况下，差异可能会在 $h(\xi)$ 和 $T(\xi)x$ 之间产生以达到最小化 $q(y,\xi)$ 的目的，从而会产生一些损失。因此，TSP 可以写成

$$\max f = cx - E\big[\min\{q(y,\xi)x + W(\xi)y = h(\xi)\}\big] \tag{3-13}$$

$$Ax \leqslant b \tag{3-14}$$

$$x \geqslant 0 \tag{3-15}$$

由于随机变量连续型的概率分布很难在优化模型中被定量表征，因此，设随机变量 $x \geqslant 0$ 在概率水平为 $p_l\left(p_l > 0, \sum_l p_l = 1\right)$ $(l=1,2,\cdots,n)$ 下对应的数值为 ξ_l，因此，TSP 第二阶段的优化问题可以被描述成

$$EQ(x) = E[Q(x,w)] = \sum_{l=1}^{n} p_l Q(x,\xi_l) \tag{3-16}$$

对任一可定量表征的随机变量 ξ_l，都存在一个第二阶段的决策变量 y_l，第二阶段的优化问题因此可被表征为

$$\min q(y_l,\xi_l) \tag{3-17}$$

$$W(\xi_l)y_l = h(\xi_l) - T(\xi_l)x \qquad \forall l=1,2,\cdots,n \tag{3-18}$$

$$y_l \geqslant 0 \tag{3-19}$$

将上面各模型结合，最原始的 TSP 模型可以简化成如下形式：

$$\max f = cx - \sum_{l=1}^{n} p_l q(y_l,\xi_l) \tag{3-20}$$

$$Ax \leqslant b \tag{3-21}$$

$$T(\xi_l)x + W(\xi_l)y_l = h(\xi_l) \qquad \forall l=1,2,\cdots,n \tag{3-22}$$

$$x \geqslant 0, \quad y_l \geqslant 0 \tag{3-23}$$

TSP 能够很好地处理约束条件右端项的随机不确定性，但不能处理约束条件左端项和目标函数中的不确定性问题，为解决此类问题，将区间参数规划（interval parameter programming，IPP）与 TSP 结合构成 ITSP，其形式如下：

$$\max f^{\pm} = c^{\pm}x^{\pm} - \sum_{l=1}^{N} p_l q(y_l^{\pm},\xi_l^{\pm}) \tag{3-24}$$

$$A^{\pm}x^{\pm} \leqslant b^{\pm} \tag{3-25}$$

$$T(\xi_l^{\pm})x^{\pm} + W(\xi_l^{\pm})y_l^{\pm} = h(\xi_l^{\pm}) \qquad \forall l=1,2,\cdots,n \tag{3-26}$$

$$x^{\pm} \geqslant 0, \quad y_l^{\pm} \geqslant 0 \tag{3-27}$$

令 α 表示一个确定数，$\alpha^{\pm} = [\alpha^-, \alpha^+]$ 则表示具有下限（α^-）和上限（α^+）的区间数。当 $\alpha^- = \alpha^+$ 时，$\alpha^{\pm}$ 即为确定数。式（3-24）中，$x^{\pm}$ 为第一阶段决策变量，

$y^{\pm}$ 为第二阶段决策变量。上述 ITSP 模型为非线性的不确定性模型，为求解该模型，引入决策变量 z 将目标函数中的区间参数转换成线性表达形式，令 $x^{\pm} = x^- + \Delta xz$，其中，$\Delta x = x^+ - x^-$ 且 $z \in [0,1]$，同时根据 Huang 等提出的用来求解 IPP 的交互式算法[11]，上述 ITSP 模型可转化成如下两个确定性的子模型。其中上限子模型可表示为

$$\max f^+ = c^+(x^- + \Delta xz) - \sum_{l=1}^{N} p_l q(y_l^-, \xi_l^-) \tag{3-28}$$

$$A^-(x^- + \Delta xz) \leqslant b^+ \tag{3-29}$$

$$T(\xi_l^-)(x^- + \Delta xz) + W(\xi_l^-)y_l^- = h(\xi_l^-) \qquad \forall l = 1, 2, \cdots, N \tag{3-30}$$

$$\Delta x = x^+ - x^- \tag{3-31}$$

$$0 \leqslant z \leqslant 1 \tag{3-32}$$

$$y_l^- \geqslant 0 \tag{3-33}$$

式中，z 和 y_l^- 为决策变量，上限子模型的最优解为 z_{opt}、$y_{l\text{opt}}^-$、f_{opt}^+，则 $x_{\text{opt}}^{\pm} = x^- + \Delta xz_{\text{opt}}$。在此基础上下限子模型的形式可表示为

$$\max f^- = c^-(x^- + \Delta xz_{\text{opt}}) - \sum_{l=1}^{N} p_l q(y_l^+, \xi_l^+) \tag{3-34}$$

$$A^+(x^- + \Delta xz_{\text{opt}}) \leqslant b^- \tag{3-35}$$

$$T(\xi_l^+)(x^- + \Delta xz) + W(\xi_l^+)y_l^+ = h(\xi_l^+) \qquad \forall l = 1, 2, \cdots, N \tag{3-36}$$

$$\Delta x = x^+ - x^- \tag{3-37}$$

$$0 \leqslant y_{l\text{opt}}^- \leqslant y_l^+ \leqslant x^- + \Delta xz_{\text{opt}} \tag{3-38}$$

下限子模型的最优解为 $y_{l\text{opt}}^+$ 和 f_{opt}^-。综合上下子模型，ITSP 模型的最优解为 $f_{\text{opt}}^{\pm} = [f_{\text{opt}}^-, f_{\text{opt}}^+]$，$x_{\text{opt}}^{\pm} = x^- + \Delta xz_{\text{opt}}$，$y_{l\text{opt}}^{\pm} = [y_{l\text{opt}}^-, y_{l\text{opt}}^+]$。

3.1.4　基于供需水随机模拟的灌区水资源优化配置随机规划模型

根据灌区配水特点，将 ITSP 与机会约束规划（chance-constrained programming，CCP）结合，构成区间两阶段随机机会约束规划（inexact two-stage stochastic chance-constrained programming，ITSCCP）模型，其建模思想为通过对灌区进行优化配水以获得系统最大收益的同时减少缺水损失。该模型同时满足：①某一时段的总用水不能超过该时段的可利用数量和上一时段的余水量；②某一特定时段的余水量等于上一时段余水量加上该时段的可利用水量减去分配的水量，第一时段的余水量为 0；③分配给每个灌区的水量应该大于其最小需水量数值以满足灌区的正常发展及保障粮食安全。ITSCCP 模型的表达形式如下：

$$F_{w-a}^{\pm} = \max\left(\sum_{l=1}^{L} \sum_{t=1}^{T} B_l^{\pm} D_{lt}^{R} - \sum_{l=1}^{L} \sum_{t=1}^{T} \sum_{h=1}^{H} p_h \mathrm{BP}_l^{\pm} S_{lth}^{R} \right) \qquad (3\text{-}39)$$

可利用水量约束：

$$\Pr\left\{ \sum_{l=1}^{L} (D_{lt}^{R} - S_{lth}^{R}) / \eta_l^{\pm} \leqslant Q_{th}^{R} + R_{(t-1)h}^{R} \right\} \geqslant 1 - q \qquad \forall t, h \qquad (3\text{-}40)$$

水量平衡约束：

$$R_{(t-1)h}^{R} = R_{(t-2)h}^{R} + Q_{(t-1)h}^{R} - \sum_{i=1}^{I} (D_{l(t-1)}^{R} - S_{l(t-1)h}^{R}) / \eta_l^{\pm} \qquad R_{0h}^{R} = 0, \quad \forall t, h \qquad (3\text{-}41)$$

最小需水量约束：

$$(D_{lt}^{R} - S_{lth}^{R}) / \eta_l \geqslant Q_{\min,th}^{R} \qquad \forall l, t, h \qquad (3\text{-}42)$$

非负约束：

$$S_{lth}^{R} \geqslant 0 \qquad \forall l, t, h \qquad (3\text{-}43)$$

式中，$F_{w-a}^{\pm}$ 为期望的系统效益（元）；$\sum_{l=1}^{L} \sum_{t=1}^{T} B_l^{\pm} D_{lt}^{R}$ 为系统效益（元）；$\sum_{l=1}^{L} \sum_{t=1}^{T} \sum_{h=1}^{H} p_h \mathrm{BP}_l^{\pm} S_{lth}^{R}$ 为缺水损失（元）；l 为研究的灌区；t 为时间段；h 为流量水平，其中，$h=1$、$h=2$ 和 $h=3$ 分别为高流量、中流量和低流量水平；$B_l^{\pm}$ 为第 l 灌区单方水灌溉效益（元/m³）；D_{lt}^{R}、$D_{l(t-1)}^{R}$ 分别为第 l 灌区第 t 时段、第 $t-1$ 时段的灌溉需水量（m³）；p_h 为 h 流量水平的发生概率；$\mathrm{BP}_l^{\pm}$ 为第 l 灌区的缺水惩罚系数（元/m³）；S_{lth}^{R}、$S_{l(t-1)h}^{R}$ 分别为 h 流量水平下第 l 灌区在第 t 时段、第 $t-1$ 时段的缺水量（m³）；$\Pr\{\cdot\}$ 代表随机事件 $\{\cdot\}$ 的可能性；Q_{th}^{R}、$Q_{(t-1)h}^{R}$ 分别为 h 流量水平下第 t 时段、第 $t-1$ 时段的农业灌溉可利用水量（m³），由各流量水平下的来水乘以对应农业灌溉用水比例获得；$R_{(t-1)h}^{R}$、$R_{(t-2)h}^{R}$ 分别为 h 流量水平下第 $t-1$ 时段、第 $t-2$ 时段的余水量（m³）；$q(q \in [0,1])$ 为违规风险概率；$\eta_l^{\pm}$ 为第 l 灌区的灌溉水利用系数；$Q_{\min,th}^{R}$ 为第 t 时段第 h 流量水平下的最小配水量（m³）。一般，用 x 表示某一参数/变量，则 x^R 表示服从某一随机分布的随机数。

根据前述原理可求解得到 ITSCCP 配水模型的最优解，包括系统效益 $F_{w-a,\mathrm{opt}}^{\pm} = [F_{w-a,\mathrm{opt}}^{-}, F_{w-a,\mathrm{opt}}^{+}]$、缺水量 $S_{lth,\mathrm{opt}}^{\pm} = [S_{lth,\mathrm{opt}}^{-}, S_{lth,\mathrm{opt}}^{+}]$，则最优分配的农业灌溉水量可表示为 $\mathrm{WA}_{lth,\mathrm{opt}}^{\pm} = [\mathrm{WA}_{lth,\mathrm{opt}}^{-}, \mathrm{WA}_{lth,\mathrm{opt}}^{+}] = [D_{lt}^{R} - S_{lth,\mathrm{opt}}^{+}, D_{lt}^{R} - S_{lth,\mathrm{opt}}^{-}]$。

3.1.5 基于蒙特卡罗模拟法的农业水资源优化分配模型

1. 目标函数

农业系统中，大多数的系统目标都与经济有关，通常都是为了实现系统收益的最大化。本章也以当地居民的最大收益为系统目标，如下所示：

$$\max f^* = \sum_{i=1}^{\text{iCrop}} \sum_{j=1}^{\text{iSubarea}} C_{\text{C},i}^* A_{ij}^* Y_{m,i} \prod_{k=1}^{\text{iStage}_i} \left(\frac{\text{ET}_{\text{c},ijk}^*}{\text{ET}_{\text{cm},ik}} \right)^{\lambda_{ik}}$$

$$- \sum_{i=1}^{\text{iCrop}} \sum_{j=1}^{\text{iSubarea}} \sum_{k=1}^{\text{iStage}_i} \text{CW}_{\text{s},j} \text{Ws}_{ijk}^* - \sum_{i=1}^{\text{iCrop}} \sum_{j=1}^{\text{iSubarea}} \sum_{k=1}^{\text{iStage}_i} \text{CW}_{\text{g}} \text{Wg}_{ijk}^* \tag{3-44}$$

式中，i 为农作物的编号（$i = 1, 2, \cdots, \text{iCrop}$）；$j$ 为子区的编号（$j = 1, 2, \cdots, \text{iSubarea}$）；$k$ 为农作物 i 的生育阶段编号（$k = 1, 2, \cdots, \text{iStage}_i$）；$f^*$ 为当地居民的不确定性收益（元）；$C_{\text{C},i}^*$ 为收购价格（元/kg）；A_{ij}^* 为农作物 i 的不确定性种植面积（hm^2）；$Y_{m,i}$ 为农作物 i 在最优灌溉条件下的最大产量（kg/hm^2）；$\text{ET}_{\text{c},ijk}^*$ 为不确定性的实际蒸散发量（mm）；$\text{ET}_{\text{cm},ik}$ 为最大蒸散发量（mm）；λ_{ik} 为农作物 i 在其第 k 个生育阶段的水分胁迫敏感系数；$\text{CW}_{\text{s},j}$ 为子区 j 的地表水资源价格（元/m^3）；Ws_{ijk}^* 为子区 j 内农作物 i 在其第 k 个生育阶段内的地表水灌溉量（m^3）；CW_{g} 为当地居民的地下水收费标准（元/m^3）；Wg_{ijk}^* 为子区 j 内农作物 i 在其第 k 个生育阶段内的地下水灌溉量（m^3）。

在系统目标中，通过 Jensen 模型计算农作物的产量，再通过农产品的收购价格转变为系统收益，然后减去地表水的灌溉成本 $\sum_{i=1}^{\text{iCrop}} \sum_{j=1}^{\text{iSubarea}} \sum_{k=1}^{\text{iStage}_i} \text{CW}_{\text{s},j} \text{Ws}_{ijk}^*$ 及地下水的灌溉成本 $\sum_{i=1}^{\text{iCrop}} \sum_{j=1}^{\text{iSubarea}} \sum_{k=1}^{\text{iStage}_i} \text{CW}_{\text{g}} \text{Wg}_{ijk}^*$，即得到当地居民的最大收益。

2. 约束条件

模型约束条件包括蒸散发量约束、可用水量约束、非负约束等。

（1）蒸散发量约束：

$$\text{ET}_{\text{c},ijk}^* \geqslant \text{ET}_{\text{cmin},ik} \qquad \forall i,j,k \tag{3-45}$$

$$\text{ET}_{\text{c},ijk}^* \leqslant \text{ET}_{\text{cm},ik} \qquad \forall i,j,k \tag{3-46}$$

$$\text{ET}_{\text{c},ijk}^* = 0.1 \frac{\text{Ws}_{ijk}^* + \text{Wg}_{ijk}^*}{A_{ij}} + P_{ijk}^* \qquad \forall i,j,k \tag{3-47}$$

式中，P_{ijk}^* 为子区 j 内农作物 i 在其第 k 个生育阶段内的有效降水量（mm）；$\text{ET}_{\text{cmin},ik}$ 为最小蒸散发量（mm）。

此约束限制了 $\text{ET}_{\text{c},ijk}^*$ 的取值范围，必须满足最小蒸散发量要求且不能大于最大的蒸散发量。

（2）地表水可用水量约束：

$$\sum_{i=1}^{\text{iCrop}} \sum_{j=1}^{\text{iSubarea}} \sum_{k=1}^{\text{iStage}_i} \frac{\text{Ws}_{ijk}^*}{\eta_{\text{s},j}} \leqslant W_{\text{sa}} \tag{3-48}$$

式中，$\eta_{s,j}$ 为子区 j 的地表水利用系数；W_{sa} 为地表水引水指标（m^3）。

此约束规定了总的地表水可用量。

（3）地下水可用水量约束：

$$\sum_{i=1}^{iCrop}\sum_{k=1}^{iStage_i}\frac{Wg_{ijk}^*}{\eta_{g,j}}\leqslant Wg_{a_j}\qquad\forall j\qquad(3\text{-}49)$$

式中，$\eta_{g,j}$ 为子区 j 的地下水利用系数；Wg_{a_j} 为子区 j 的地下水允许开采量（m^3）。

此约束规定了各子区的地下水可用量。

（4）非负约束：

$$Ws_{ijk}^*\geqslant 0\qquad\forall i,j,k\qquad(3\text{-}50)$$

$$Wg_{ijk}^*\geqslant 0\qquad\forall i,j,k\qquad(3\text{-}51)$$

此约束要求决定了变量必然为非负值。

3.2　结果分析与讨论

3.2.1　基于供需水随机模拟的灌区水资源优化配置

基于供需水随机模拟的灌区水资源优化配置随机规划模型应用于黑河干流直接供水的 12 个灌区。

1. 径流频率曲线拟合与供需水随机模拟

灌区尺度的研究对象为黑河干流直接供水的 12 个大型灌区，地表水供水来源于莺落峡断面的径流量，根据莺落峡断面 1944~2012 年的年和月径流量数据，选定典型水文频率曲线类型来拟合莺落峡断面年和月的水文概率分布曲线。常见的水文频率分布模型主要包括正态分布类（正态分布、对数正态分布）、伽马分布类（指数分布、两参数伽马分布、P-III 分布）、极值分布类（极值 I 型分布、对数极值 I 型分布、广义极值分布、Weibull 分布），以及 Gumbel 分布、Logistic 分布、Pareto 分布等。本章选定的水文频率曲线包括正态分布、对数正态分布、两参数伽马分布、P-III 分布、Weibull 分布、指数分布、Gumbel 分布，并将上述各理论频率曲线与经验频率曲线进行拟合，其中，经验频率曲线采用经验频率方法计算。在拟合过程中，指数分布和 Weibull 分布拟合效果很差，将此两种分布曲线去掉，并将剩余五种分布与经验分布进行比较，如图 3-1 所示。

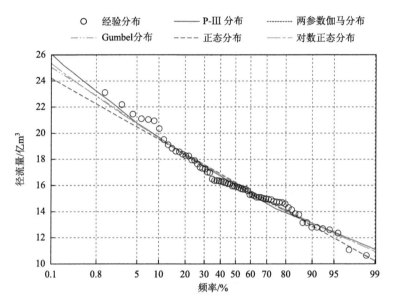

图 3-1　莺落峡断面年径流频率曲线拟合

　　根据各流量水平划分标准及发生概率的计算方法（见第 1 章），得到莺落峡断面高流量、中流量、低流量水平年均径流量分别为 18.85 亿 m^3、15.02 亿 m^3、12.73 亿 m^3，对应的发生概率分别为 25%、50%、25%。从图 3-1 可以看出，对于年径流，上述 5 种理论频率曲线线型在概率水平 10%～90%与经验分布拟合较好，当概率水平<5%时，P-III 分布拟合最好，当概率水平>95%时，正态分布拟合得更好。由于黑河流域处于干旱半干旱地区，决策者更加注重极端干旱条件下（大概率区域）的农业水土资源配置方案。因此，本章假定莺落峡断面年径流服从正态分布。根据年径流拟合结果，选取正态分布、P-III 分布、Gumbel 分布 3 种典型理论频率线型对莺落峡断面各月份的径流进行拟合，拟合结果见图 3-2，由于 5～8 月为主要的供水时期，同时也为作物需水关键期，这 4 个月的供水量占整个灌溉周期总供水量的近 70%，因此以 5～8 月 4 个月的径流为例拟合频率曲线。类似年径流，在概率水平 5%～95%，即流量水平易发生区间，3 种典型频率线型均拟合较好，然而对月径流来说，对于极端情况，即 $P<5\%$ 或 $P>95\%$，P-III 分布有较好的拟合效果。考虑到：①正态分布是常用的水文频率分布函数，具有良好的数学性质；②根据 χ^2 拟合优度检验方法[12]，得到莺落峡断面月径流在灌溉周期中 8 月和 11 月在 0.001 显著性水平下满足正态分布，其余月份在 0.1 显著性水平下满足正态分布；③本节构建的 ITSCCP 配水模型中涉及的 CCP 的求解方法建立在假设随机变量服从正态分布的基础上，因此，本节在进行随机变量随机模拟时，采用正态分布的随机模拟公式。在确定水文频率分布线型的基础上，根据多年（1944～

2012 年) 各月的径流数值, 可得到各月份径流值的特征值, 即均值和方差, 根据
3.1.1 节介绍的原理进行可利用水量的随机模拟。由第 2 章区域配水模型结果可知,
农业用水在不同流量水平下占年总可供水量的比例分别为 87.6%、84.2% 和 82.4%,
假设各月可利用的农业灌溉水资源量占总可利用水量的比例与年相同, 由此生成
10000 组农业灌溉水可利用水量的随机数。

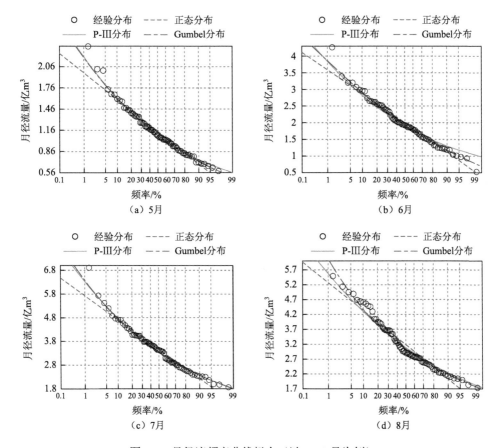

图 3-2　月径流频率曲线拟合 (以 5~8 月为例)

根据《张掖市水资源规划报告》, 以及 2002~2013 年连续 12 年的各灌区灌溉
定额和已有种植面积数据, 得到各灌区的需水量数据, 由于数据资料仅有 12 年的
短序列数据, 不足以拟合参数的概率密度函数, 但已有数据可拟合隶属度函数。
因此本章将灌区需水量看作模糊数 $(\bar{D} - 2\sigma_D, \bar{D}, \bar{D} + 2\sigma_D)$, 其中, $\bar{D}$ 和 σ_D 分别为
需水量的均值和标准差。因此, 在前面阐述的原理的基础上, 可生成 10000 组各
灌区需水量的随机数。

2. 灌溉水资源优化配置结果

求解 ITSCCP 模型，得到一系列不同流量水平和违规概率下的优化结果，包括系统效益上下限值、农业灌溉缺水量和配水量上下限。图 3-3 展示了当违规概率为 0（即 $q=0$）时的系统效益上下限的概率密度，$q=0$ 代表配置水量完全在可利用水量范围内。从图 3-3 可以看出，系统效益上限值集中在 23.9 亿元，下限值集中在 20.9 亿元。图 3-4 展现了不同违规概率和不同流量水平的系统效益和 12 个灌区的总缺水量，从图中可以明显地看到，高流量水平下的缺水量最小，其次是中流量水平，低流量水平下的缺水量最大，符合客观供水规律。随着可利用水量违规概率的增加，农业灌溉配水量减少，系统效益增加，这是由于大的违规概率代表着高的农业灌溉水资源可利用量。以中流量水平为例，违规概率 q 为 0.05、0.10、0.15、0.20 时对应的流量分别为 15.13 亿 m^3、15.23 亿 m^3、15.31 亿 m^3、15.42 亿 m^3。因此，越大的违规概率值代表能够分配给灌区的水量越多，从而灌区整体缺水越小，效益越大。然而，即使是在 $q=0.20$ 时，由于需水量大于可利用水量，仍然存在水短缺现象，决策者会面临要么多开采地下水，要么引入外调水的选择，以便能够尽可能地满足需水量要求，这样就会产生更多的花费。尽管 $q=0.20$ 时的供水也不能满足灌区需水量要求，决策者可能还是会倾向于选择某一违规概率下的配水方案以减少花费，然而新的问题产生了，究竟选择哪个违规概率才合适呢？从图 3-4 可以看出，尽管随着违规概率 q 的增加，系统效益也增加，但增加的幅度是不同的。以 $q=0$ 为基准，系统效益在 q 为 0.05、$q=0.10$、$q=0.15$、$q=0.20$ 时增加的幅度分别为 2.27 元/m^3、2.79 元/m^3、3.75 元/m^3、3.15 元/m^3，系统效益增加趋势先升高后降低，$q=0.15$ 为一拐点，因此就本章的研究来讲，$q=0.15$ 可被决策者选择。

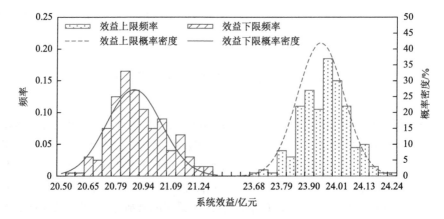

图 3-3　系统效益分布图

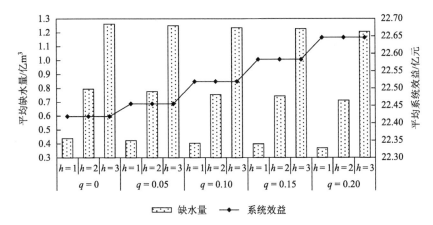

图 3-4　不同流量水平不同违规概率下的缺水量和系统效益

（其中，$h=1$、$h=2$、$h=3$ 分别代表高流量水平、中流量水平、低流量水平）

以 $q=0.15$ 为例，图 3-5 展现了不同流量水平下农业灌溉水资源优化配置的概率分布。其中，低流量配水量范围为 7.7 亿～7.99 亿 m^3，中流量配水量范围为 8.16 亿～8.45 亿 m^3，高流量配水量范围为 8.53 亿～8.82 亿 m^3。图 3-5 的结果可以很直观地帮助决策者了解农业灌溉配水量的概率分布。以低流量水平为例，灌溉配水量的范围为 7.7 亿～7.99 亿 m^3，配水量在 7.8 亿～7.9 亿 m^3 内的概率占整个配水区间的 80% 以上。因此，决策者在进行决策时会更倾向于为各灌区分配 7.8 亿～7.9 亿 m^3 的水量。然而，面对不同的优化配水量区间，风险规避者会倾向于选择配水量区间下限值以避免较高的缺水风险，同时，获得的系统效益也相对较低。相反地，乐观的决策者则会倾向于选择配水量区间上限值以获得较高的系统效益，但同时所承担的缺水风险也会较高。以中流量水平为例，不同灌区不同月份的需水、配水和缺水情况如图 3-6 所示。图 3-7 展示了不同灌区不同流量水平下缺水情况。如图 3-6 和图 3-7 所示，大满灌区、盈科灌区和西浚灌区的缺水量几乎为 0，友联灌区缺水量最多，主要原因是友联灌区的单方水效益参数值最小，同时友联灌区的灌溉水利用系数也偏低，这直接导致其缺水量最多。友联灌区是个大灌区，友联灌区的缺水量是最多的，友联灌区的配水也是本章所研究各灌区中最多的。友联灌区位于黑河中游段中靠近下游的区域，具有相对较多的土地资源，但是黑河中游的上中游段离水源近，导致友联灌区的可利用水资源量也相对较低。从第 2 章对 2.3.1 节和 2.3.2 节模型的区域配水结果中也可以看出，黑河中游的可利用水量会优先满足甘州区的用水需求，因此，如果甘州区和临泽县的用水量过多，会直接影响位于高台县的友联灌区的配水量。同时，友联灌区地广人稀，灌区水资源的综合管理比较落后，这些都是友联灌区这个大灌区缺水的主要原因。因此，提高友联灌区的灌溉水资源综合管理水平至关重要。以友联灌区为例，图 3-8 为友联灌区各月份配水上下限的概率分布。配水周期为 3～11 月，如图 3-8 所示，7 月和 8 月为配水高峰期，8～11 月配水量的上限和下限值相等，表明从 8 月开始需水量可被满足，不存在缺水现象。

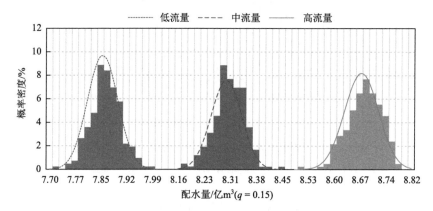

图 3-5　不同流量水平下的配水概率分布

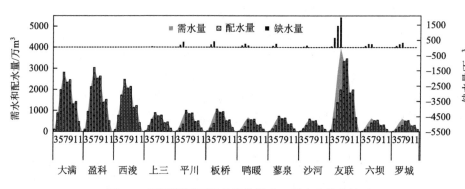

图 3-6　不同灌区不同月份的需水、配水和缺水情况

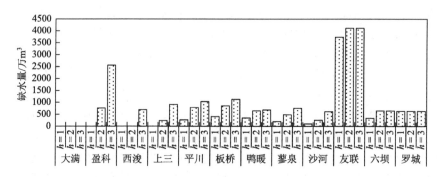

图 3-7　不同灌区不同流量水平下缺水情况

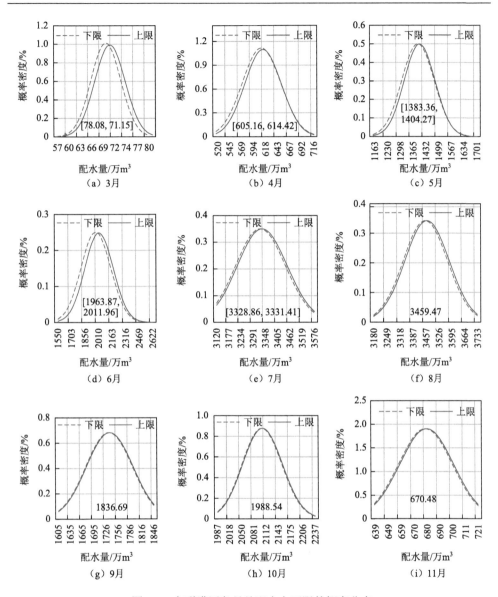

图 3-8　友联灌区各月份配水上下限的概率分布

3.2.2　基于蒙特卡罗模拟法的农业水资源优化分配

基于蒙特卡罗（MC）模拟法的农业水资源优化分配模型应用于石津灌区。石津灌区的主要农作物为冬小麦、玉米，另外还存在少量的棉花和大豆等。10月至次年6月为冬小麦种植时间，6～9月为玉米种植时间。大多数的地块采用冬小麦和玉米轮作的方式。由于近些年来农作物种植面积有所减少，仅选取灌溉系统中的五个主要灌溉区域作为研究对象。研究区域渠系分布及子区分区见图3-9。

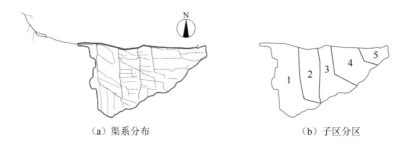

(a) 渠系分布   (b) 子区分区

图 3-9   研究区域渠系分布及子区分区

图3-9 (a) 展示了与上游水库相连的渠系分布及研究范围的边界，农业灌溉主要集中在灌区南部的区域。灌区渠系的分布为枝状结构，包含总干渠、干渠、分干渠、支渠、斗渠、农渠、毛渠等级别。总干渠水流向为自西向东，干渠水流向为自北向南。根据各自干渠的控制面积，划分为5个灌溉子区，如图3-9 (b) 所示。

1. 基本参数处理

由于冬小麦和玉米在当地占据了绝大部分种植面积，故仅对这两种农作物展开研究。令 iCrop = 2，$i = 1$ 代表冬小麦，$i = 2$ 代表玉米。根据干渠分布划分为5个子区，即 iSubarea = 5；另外 $iStage_1 = 6$，代表冬小麦的6个生育阶段；$iStage_2 = 4$，代表玉米的4个生育阶段。农作物的 Jensen 模型生长参数见表3-1。

表 3-1   农作物生育期内降水的伽马分布参数

冬小麦			玉米		
生育阶段	形状参数	尺度参数	生育阶段	形状参数	尺度参数
苗期	1.536	2.213	苗期	2.235	2.383
越冬期	1.525	0.441	拔节期	8.303	1.551
返青期	0.814	1.497	抽雄期	5.863	1.154
拔节期	1.517	1.300	成熟期	11.211	0.995
抽穗期	3.443	0.757			
成熟期	3.214	2.063			

模型中存在诸多不确定性参数，如降水量、地下水可用量、农产品收购价格、种植面积。而 MC 模拟法成功应用的关键就在于能正确分析数学模型中的多种不

确定性参数，并且有效地描述这些不确定性参数的取值范围及分布特性。因此，本书将尽可能真实具体地反映多种不确定性参数的特点，以利于 MC 模拟法的顺利操作。

大气降水具有随机性，可能会呈现对数正态分布[13]。我国大部分地区夏季降水基本与正态分布相符，而冬季降水则大多数属于非正态分布[14]。石津灌区属于温带季风气候，根据当地 2002～2013 年的降水资料序列分析，该地的降水严重偏离正态分布，但用伽马分布来描述效果很好[15]。对农作物各个生育阶段内的有效降水量进行拟合，得到伽马参数，如表 3-1 所示。

当地的地下水灌溉量同样存在不确定性。根据历年的地下水灌溉量统计数据，因统计数量还不足以形成如正态分布那样具体的分布形式，故将其视为区间分布，各子区地下水可用量见表 3-2。

表 3-2　各子区地下水可用量

子区编号	地下水可用量/$10^6 m^3$
1	[19.29, 21.45]
2	[14.61, 23.40]
3	[5.97, 7.70]
4	[6.86, 7.14]
5	[12.06, 21.41]

为便于年份之间的比较，选择冬小麦和玉米采摘的月份作为农产品收购价格的来源，即冬小麦选择河北省 6 月的收购价格，玉米选择河北省 10 月的收购价格。如表 3-3 所示，收购价格以区间的形式统计，C_w 表示冬小麦的收购价格，C_m 表示玉米的收购价格。另外，2016 年的冬小麦和玉米的收购价格选择 2016 年 4 月的统计数据。

表 3-3　农产品收购价格　　　　（单位：元/kg）

年份	冬小麦收购价格 C_w	玉米收购价格 C_m
2003	[1.04, 1.07]	[1.30, 1.34]
2004	[1.54, 1.60]	[1.30, 1.35]
2005	[1.48, 1.51]	[1.40, 1.42]
2006	[1.40, 1.45]	[1.58, 1.60]
2007	[1.66, 1.70]	[1.79, 1.81]
2008	[1.68, 1.70]	[1.55, 1.58]
2009	[2.04, 2.10]	[1.60, 1.63]

年份	冬小麦收购价格 C_w	玉米收购价格 C_m
2010	[2.08, 2.14]	[2.05, 2.08]
2011	[2.10, 2.12]	[2.20, 2.21]
2012	[1.90, 2.10]	[1.90, 1.93]
2013	[2.50, 2.52]	[2.28, 2.29]
2016	[2.40, 2.46]	[1.50, 1.67]

同样，根据往年的种植面积统计情况分析，各子区的冬小麦和玉米种植面积接近正态分布，见表3-4。虽然2016年玉米的收购价格下降明显，但在本章优化时不考虑玉米收购价格对玉米种植面积的影响，仍用往年的的面积数据作为参数。主要是基于以下几方面考虑：第一，当地的农户已经习惯了多年来的种植结构，价格突然发生这么大的波动，究竟种植多大的面积合适，没有经验可以参考；第二，玉米生育期内降水基本充足，即使不灌水，多少也可以获得一些收成，多种玉米肯定比不种玉米要收入高。因此农民在心理上仍然会保持大面积种植玉米的意愿。

表 3-4　　农作物种植面积　　　　　　　　（单位：hm²）

子区编号	冬小麦种植面积分布	玉米种植面积分布
1	$N(13752.42, 239.462)$	$N(13914.13, 91.602)$
2	$N(8236.83, 232.432)$	$N(8225.17, 223.912)$
3	$N(12887.85, 545.342)$	$N(12887.85, 545.342)$
4	$N(9417.83, 19.002)$	$N(9760.17, 124.332)$
5	$N(8449.10, 832.302)$	$N(8449.10, 832.302)$

综上，模型中的不确定性参数汇总见表3-5。可见该模型中的4种不确定性参数中就具有3种分布形式的特点，如用以往常见的方法求解模型，难度及工作量都很大。因此用MC模拟法是一种正确的选择。

表 3-5　　不确定性参数汇总

不确定性参数	分布形式
有效降水量	伽马分布
地下水可用量	区间分布
农产品收购价格	区间分布
农作物种植面积	正态分布

2. 灌溉水量分配与系统效益分析

根据 MC 模拟法的操作方法，将不确定性参数按照各自的分布特点分别离散组成若干参数，并对随机生成的多组输入参数分别优化，得到对应的优化解。下面，本节将对这些优化解进行综合分析讨论。

1）2003～2013 年数据优化结果分析

根据历年的降水、经济等不确定性参数，对历年的配水进行优化，得到 2003～2013 年系统效益与地表水、地下水灌溉量的关系，如图 3-10 所示。图 3-10（a）为冬小麦生育期的地表水、地下水灌溉量与系统效益的关系，图 3-10（b）为玉米生育期的地表水、地下水灌溉量与系统效益的关系，图 3-10（c）为冬小麦、玉米生育期的地表水、地下水灌溉量与系统效益的关系，其灌溉量为冬小麦与玉米的总和。

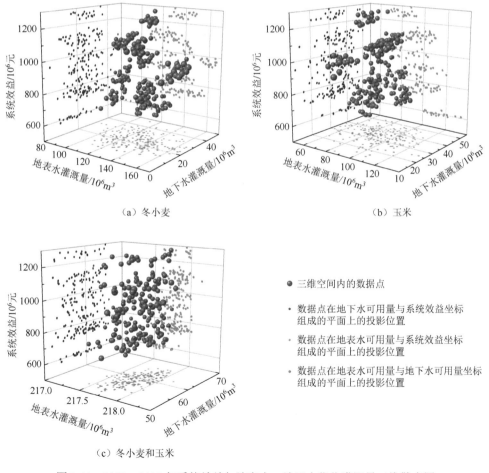

（a）冬小麦　　　　　　　　　　　　　　　　（b）玉米

（c）冬小麦和玉米

- 三维空间内的数据点
- 数据点在地下水可用量与系统效益坐标组成的平面上的投影位置
- 数据点在地表水可用量与系统效益坐标组成的平面上的投影位置
- 数据点在地表水可用量与地下水可用量坐标组成的平面上的投影位置

图 3-10　2003～2013 年系统效益与地表水、地下水优化灌溉量三维散点图

从图 3-10（a）可以看出，在冬小麦生育期内：地表水灌溉量平均为 $129.445 \times 10^6 m^3$，最小为 $84.775 \times 10^6 m^3$，最大为 $166.000 \times 10^6 m^3$；地下水灌溉量平均为 $24.511 \times 10^6 m^3$，最小为 $4.198 \times 10^6 m^3$，最大为 $47.410 \times 10^6 m^3$；系统效益平均为 911.084×10^6 元，最小为 583.183×10^6 元，最大为 1295.569×10^6 元。从图 3-10（a）还可以看到，数据点在系统效益的坐标线上呈现层状结构。其原因是模型的经济参数为分段的区间分布形式，见表 3-3。农作物收购价格的不连续性导致在使用 MC 模拟时随机产生的数据也会以区间离散的形式分布，特别是 2003 年和 2013 年的收购价格与其他年相比有很大的差异。农作物的收购价格在 2003 年最低，冬小麦的收购价格仅为[1.04, 1.07]元/kg，这也导致了优化的结果集中在图 3-10（a）的底部位置，即集中在系统效益为 600.786×10^6 元的位置。2013 年，农作物的收购价格最高，冬小麦的收购价格为[2.50, 2.52]元/kg，因此优化的数据集中在图 3-10（a）的顶部位置，即集中在系统效益为 1255.797×10^6 元的位置。

从图 3-10（b）可以看出，玉米生育期：地表水灌溉量平均为 $88.329 \times 10^6 m^3$，最小为 $51.927 \times 10^6 m^3$，最大为 $132.761 \times 10^6 m^3$；地下水灌溉量平均为 $34.733 \times 10^6 m^3$，最小为 $12.168 \times 10^6 m^3$，最大为 $51.024 \times 10^6 m^3$。可见以往年的情况，玉米的总优化灌溉水量要小于冬小麦的优化灌溉水量。玉米的生育期主要集中在雨水充足的夏秋两季，冬小麦的生育期则主要在相对比较干旱的冬季和春季。冬小麦生育期耗水量大大超过有效降水量，因此补充灌溉对冬小麦生产有重要的作用[16]。而玉米的生长期内雨水充足，在相同的水量灌溉条件下，玉米由于具有更高的作物水分生产率，只需要少量的灌溉水就可以生产更多的粮食[17]。另外，冬小麦与玉米的历年销售价格基本持平，销售价格并不是影响水量分配的主要原因。

如图 3-10（c）所示，综合考虑冬小麦和玉米：总的地表水灌溉水量比较集中，保持在[217.440, 218.136]$\times 10^6 m^3$ 的范围内，平均为 $217.774 \times 10^6 m^3$；而地下水灌溉水量则平均分布在[51.765, 66.266]$\times 10^6 m^3$ 的范围内。从数据点的分布上看，由于同时考虑到了冬小麦和玉米两种农作物，地表水和地下水利用的总量分配比较良好，数据点基本呈现集中分布。

2）2016 年数据优化结果分析

由于 2016 年中央一号文件的发布，玉米的收购价格大幅下降。如表 3-3 所示，2016 年 4 月冬小麦收购价格为[2.40, 2.46]元/kg，玉米收购价格为[1.50, 1.67]元/kg，其价格差了近 0.9 元/kg，而 2003～2013 年的冬小麦与玉米的价格是基本相等的，差距最大的也就是 2009 年，差距约为 0.4 元/kg。在新的政策条件下，玉米价格的大幅下降带来的影响也会非常明显。根据 2016 年 4 月统计的农产品销售价格，优化的系统效益与地表水、地下水优化可用水量三维散点图如图 3-11 所示。

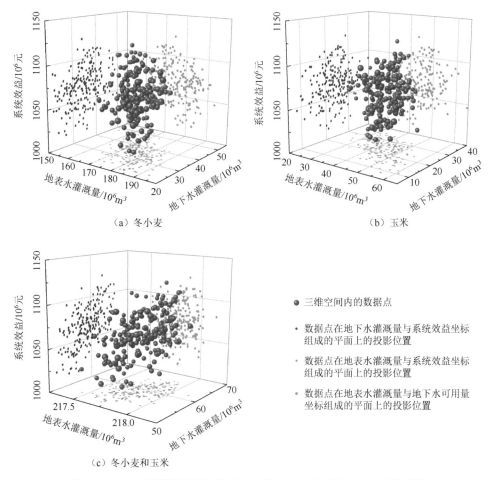

（a）冬小麦

（b）玉米

（c）冬小麦和玉米

● 三维空间内的数据点

· 数据点在地下水灌溉量与系统效益坐标组成的平面上的投影位置

· 数据点在地表水灌溉量与系统效益坐标组成的平面上的投影位置

· 数据点在地表水灌溉量与地下水可用量坐标组成的平面上的投影位置

图 3-11　2016 年系统效益与地表水、地下水优化可用水量三维散点图

从图 3-11（a）可以看出，在 2016 年新的经济形势下，冬小麦灌溉期间：地表水灌溉量平均为 174.905×10⁶m³，最小为 153.108×10⁶m³，最大为 192.992×10⁶m³；地下水灌溉量平均为 35.379×10⁶m³，最小为 22.326×10⁶m³，最大为 52.933×10⁶m³；系统效益平均为 1066.755×10⁶ 元，最小为 1012.847×10⁶ 元，最大为 1123.634×10⁶ 元。

从图 3-11（b）可以看出，玉米灌溉期间：地表水灌溉量平均为 42.846×10⁶m³，最小为 24.637×10⁶m³，最大为 64.658×10⁶m³；地下水灌溉量平均为 23.865×10⁶m³，最小为 8.427×10⁶m³，最大为 39.755×10⁶m³。玉米的灌溉水量与冬小麦的灌溉水量相比明显较少。这是由 2016 年的农产品收购价格决定的。同样的水量，玉米产出的经济价格不如冬小麦，因此水资源的分配朝冬小麦转移。

在综合考虑冬小麦和玉米的条件下，数据点的分布也较为集中，如图 3-11（c）

所示。总的地表水灌溉水量平均保持在 $217.751\times10^6\mathrm{m}^3$，最小值为 $217.460\times10^6\mathrm{m}^3$，最大值为 $218.017\times10^6\mathrm{m}^3$；而地下水灌溉水量则平均分布在 $51.765\times10^6\sim66.266\times10^6\mathrm{m}^3$。

3）优化结果比较

2013 年与 2016 年的优化结果相比，2016 年系统效益稍有下降，由系统效益大约为 1255.797×10^6 元降至 1066.755×10^6 元。原因主要是玉米的价格有较大幅度的下降，2016 年与 2013 年玉米的收购价格相比，下降了 30%左右，同时冬小麦的价格保持稳定，因此总体上拉低了系统总效益。从水资源的分配上看，更多的水资源分配给冬小麦，分配给冬小麦的水资源由往年的 $153.956\times10^6\mathrm{m}^3$ 增至 $210.284\times10^6\mathrm{m}^3$ 左右。其原因同样是玉米的价格有较大幅度的下降，使玉米的单位水量的经济产出降低。

3. 各子区灌溉水量分析

为了研究新形势下各个子区的地表水和地下水灌溉水量的分配情况，将优化后的各子区水量分配绘制成散点图，2016 年各子区的灌溉水量分配如图 3-12 所示。图中点线代表最优范围的中位线，虚线之间代表置信水平为 50%的区间范围，实线之间代表置信水平为 95%的区间范围。每幅图的标号中的第一个字母代表农作物，W 代表冬小麦，M 代表玉米；标号中第二个数字为子区的标号。

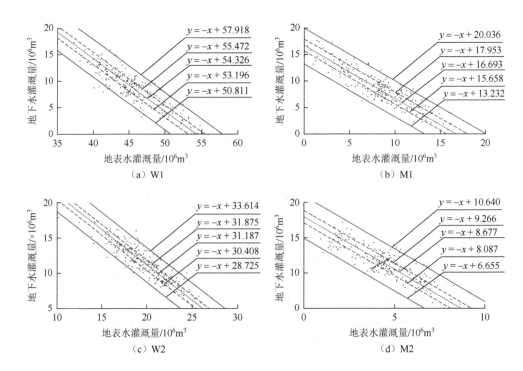

（a）W1

（b）M1

（c）W2

（d）M2

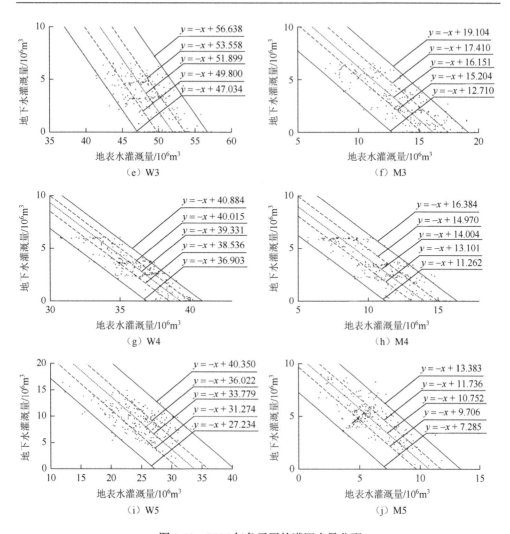

图 3-12　2016 年各子区的灌溉水量分配

　　由于地表水和地下水对灌区农作物灌溉具有同等重要的作用，因此，在趋势线拟合时采用 $y = -x + c$ 的形式。式中的 x 和 y 分别表示地表水可用水量和地下水可用水量，c 则代表地表水和地下水的可用水量之和。

　　由图 3-12 可知，五个子区优化的冬小麦平均灌溉水量分别为 $54.326 \times 10^6 \mathrm{m}^3$、$31.187 \times 10^6 \mathrm{m}^3$、$51.899 \times 10^6 \mathrm{m}^3$、$39.331 \times 10^6 \mathrm{m}^3$、$33.779 \times 10^6 \mathrm{m}^3$，优化的玉米平均灌溉水量分别为 $16.693 \times 10^6 \mathrm{m}^3$、$8.677 \times 10^6 \mathrm{m}^3$、$16.151 \times 10^6 \mathrm{m}^3$、$14.004 \times 10^6 \mathrm{m}^3$、$10.752 \times 10^6 \mathrm{m}^3$。在所有子区上，冬小麦的灌溉水量均大于玉米的灌溉水量，灌溉水量之比在 3∶1 左右。图中同时标出了置信水平为 95% 和 50% 的区间范围。例如，五

个子区对冬小麦的灌溉水量为50%置信水平的区间集中在[53.196, 55.472]×10⁶m³、[30.408, 31.875]×10⁶m³、[49.800, 53.558]×10⁶m³、[38.536, 40.015]×10⁶m³、[31.274, 36.022]×10⁶m³。玉米的灌溉水量为 50%置信水平的区间集中在[15.658, 17.953]×10⁶m³、[8.087, 9.266]×10⁶m³、[15.204, 17.410]×10⁶m³、[13.101, 14.970]×10⁶m³、[9.706, 11.736]×10⁶m³。冬小麦的区间宽度大约为 2.746×10⁶m³，玉米由于灌溉水量较小，区间宽度略小，约为 1.916×10⁶m³。

图3-13 给出了不同作物优化配置水量比较。2016 年水资源总用水量基本保持不变。如图中 TS 所示，所有农作物地表水优化水量之和与往年相比，接近总可用地表水水量上限；TG 同样显示所有农作物地下水优化水量接近总可用地下水量上限。但是水资源在分配方面明显向冬小麦倾斜，冬小麦的平均地表水优化水量由往年的 129.445×10⁶m³ 变为 2016 年的 174.905×10⁶m³，增长了约 1/3，平均地下水优化水量由往年的 24.511×10⁶m³ 变为 2016 年的 35.379×10⁶m³。而玉米的平均地表水优化水量由往年的 88.329×10⁶m³ 缩减为 2016 年的 42.846×10⁶m³，平均地下水优化水量由往年的 34.733×10⁶m³ 缩减为 2016 年的 23.865×10⁶m³。玉米的大幅度降价对水量分配的影响非常明显。

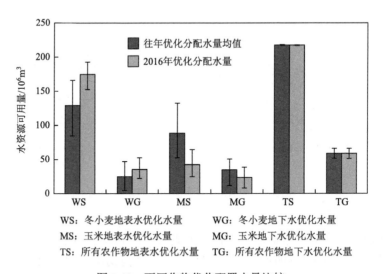

图3-13　不同作物优化配置水量比较

4. 农作物可供水量累积分布

为了直观表示 2016 年农作物的水量分配情况，绘制农作物水量累积分布曲线，如图3-14 所示。图中显示了冬小麦、玉米与地表水、地下水之间的累积分布关系，据此可得到任一累积分布条件下农作物水资源分配情况。例如，当累积分布为 50%时，分配给冬小麦的地表水可用水量上限为 $174.688 \times 10^6 \text{m}^3$，分配给冬小麦的地下水可用水量上限为 $35.466 \times 10^6 \text{m}^3$，分配给玉米的地表水可用水量上限为 $42.979 \times 10^6 \text{m}^3$，分配给玉米的地下水可用水量上限为 $24.198 \times 10^6 \text{m}^3$。

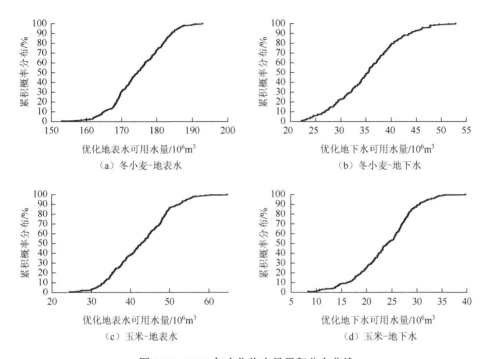

图 3-14　2016 年农作物水量累积分布曲线

5. 农产品收购价格对水量配置的影响

由于农产品收购价格直接影响农产品的经济收益，进而影响对各农作物分配的水资源量。为了分析农产品收购价格对冬小麦与玉米之间优化水量分配的影响关系，将 2003～2013 年、2016 年优化的农产品收购价格差值与水量分配差值绘制成图，如图 3-15 所示。图中，ΔC 为冬小麦收购价格与玉米收购价格之差，计算公式为 $\Delta C = C_W - C_m$；ΔS 为冬小麦的优化灌溉水量与玉米的优化灌溉水量之差，计算公式为 $\Delta S = S_W - S_m$。

从图 3-15 可以看出，农产品收购价格差值 ΔC 与水量分配差值 ΔS 基本保持线性关系。其拟合公式为 $\Delta S = 130.733\Delta C + 29.975$。相关系数 $R^2 = 0.935$，可见该数据分布符合线性特点，线性公式可以很好地描述农产品收购价格与水量分配之间的关系。

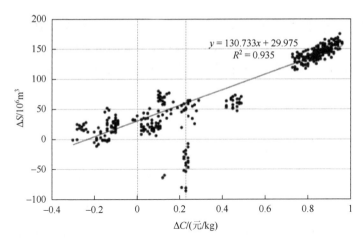

图 3-15　农产品收购价格与水量分配的影响关系

在 $\Delta C = 0$ 处，即冬小麦与玉米的收购价格相等时，$\Delta S = 22.190 \times 10^6 \text{m}^3$，即玉米的优化分配水量应比冬小麦的优化分配水量多 $22.190 \times 10^6 \text{m}^3$。从图 3-15 还可以看出，在 $\Delta C = 0.23$ 元/kg 处，ΔS 具有很大的自由度，说明此处水资源可以在冬小麦和玉米之间较大幅度地调整。其原因可能是当冬小麦的收购价格比玉米的收购价格高 0.23 元/kg 时，冬小麦的系统效益与玉米的系统效益大致相等，水资源在两种作物间可以适量调整。

往年冬小麦和玉米的收购价格基本持平，但是 2016 年玉米的价格大幅度下降，4 月的收购价格下限就相差了 0.90 元/kg。其巨大的价格差是历史罕见的。从图 3-15 也可以看到，该价格下的散点均出现在图形的右侧，与往年的情况相差较大，其优化结果在往年的统计结果中也没有接近的实际情况进行参考。2016 年，农民在灌溉时无论是按照往年的经验还是由新的收购价格确定灌溉水量都存在很大的不确定性。总之，还需要今后多年的数据验证。

参 考 文 献

[1] Mun S，Sassenrath G F，Schmidt A M，et al. Uncertainty analysis of an irrigation scheduling model for water management in crop production. Agricultural Water Management，2015，155：100-112.

[2] Hassanzadeh E，Elshorbagy A，Wheater H，et al. Integrating supply uncertainties from stochastic modeling into integrated water resource management：Case study of the Saskatchewan River Basin. Journal of Water Resources Planning and Management，2015，142（2）：581-590.

[3] Wang C X，Li Y P，Huang G H，et al. A type-2 fuzzy interval programming approach for conjunctive use of surface water and groundwater under uncertainty. Information Sciences，2016，340：209-227.

[4] Niu G，Li Y P，Huang G H，et al. Crop planning and water resource allocation for sustainable development of an irrigation region in China under multiple uncertainties. Agricultural Water Management，2016，166：53-69.

[5] Zeng X T，Li Y P，Huang G H，et al. Modeling water trading under uncertainty for supporting water resources

management in an arid region. Journal of Water Resources Planning and Management，2016，142（2）：1061-1071.

[6] Liu J，Li Y P，Huang G H，et al. Development of a fuzzy-boundary interval programming method for water quality management under uncertainty. Water Resources Management，2015，29（4）：1169-1191.

[7] Metropolis N，Ulam S. The Monte Carlo method. Journal of the American Statistical Association，1949，44（247）：335-341.

[8] 詹道江，叶守泽. 工程水文学. 北京：水利水电出版社，2000.

[9] 顾文权，邵东国，黄显峰，等. 水资源优化配置多目标风险分析方法研究. 水利学报，2008，39（3）：339-345.

[10] 金菊良，吴开亚，李如忠. 水环境风险评价的随机模拟与三角模糊数耦合模型. 水利学报，2008，39（11）：1257-1261.

[11] Huang G，Loucks D P. An inexact two-stage stochastic programming model for water resources management under uncertainty. Civil Engineering and Environmental Systems，2000，17（2）：95-118.

[12] 庄楚强，何春雄. 应用数理统计基础. 4 版. 广州：华南理工大学出版社，2013.

[13] 陈锡文. 去玉米库存必须挡住替代品进口. 吉林畜牧兽医，2016，（1）：55.

[14] 曹杰，陶云. 中国的降水量符合正态分布吗？. 自然灾害学报，2002，11（3）：115-120.

[15] 廖要明，张强，陈德亮. 中国天气发生器的降水模拟. 地理学报，2004，59（4）：417-426.

[16] Liu C M，Zhang X Y，Zhang Y Q. Determination of daily evaporation and evapotranspiration of winter wheat and maize by large-scale weighing lysimeter and micro-lysimeter. Agricultural & Forest Meteorology，2002，111（2）：109-120.

[17] Zwart S J，Bastiaanssen W G M. Review of measured crop water productivity values for irrigated wheat，rice，cotton and maize. Agricultural Water Management，2004，69（2）：115-133.

第4章　随机–模糊–区间耦合不确定性下的灌区水土资源优化配置

灌区水土资源优化配置是指在整个灌溉季节，如何将灌区可利用的、有限的水资源在时空上进行合理的分配，使全灌区获得最高的产量或收益。其不仅直接关系水资源和土地资源的高效利用，还可能影响到灌区产业结构发展与生态环境保护等重大问题。农业用水的分布情况在本质上与粮食生产相关，它是所有用水部门中最大的。随着人口的不断增长和社会经济的发展，日益减少的可用水资源量与日益增加的用水需求之间的矛盾已越来越明显[1]。可通过一些技术方法来构建高效的水资源优化管理系统，提高灌溉水需求管理水平，如减少灌溉配水的损失、改进灌溉策略、改变种植模式等[2]。种植结构规划是灌区灌溉用水管理中不可或缺的环节之一，是制订灌区年用水计划的基础，与灌区水资源优化配置紧密相关、相互依存。灌区水土资源的配置将直接影响到渠系和田间的水土资源管理，对综合评价农业系统的效率具有至关重要的作用。

灌区水土资源优化配置系统中存在诸多不确定性参数，如可用水量、经济成本、水环境容量、需水量、灌溉时间等[3]。确定性的规划方法对具备不确定性模型参数的水土资源管理系统来说略显不足，在应用上存在较大缺陷[3]。为处理这些不确定性，可采用模糊规划、区间规划或随机规划等方法。在这些不确定性的规划方法中，区间规划方法应用很广，当所得到的数据不足以生成一个分布或者隶属函数时，就经常采用区间数的方法来描述这些不确定的参数。但是当规划模型的右端项存在高度不确定性时，其模型解可能是不合理、甚至是无完全解的。另外，区间解只能表示区间，对于上下限之间的信息无法详细描述。这些不足限制了决策者对区间规划的应用。模糊规划方法提供了一种处理具有模糊数优化问题的方法，常用于用模糊隶属函数描述不确定性的参数。模糊数可有效地表示具有不确定性的或者不精确特点的可用水资源量。模糊数比区间数要更加严格，因为它需要更多的信息描述模糊隶属函数。模糊数方法的应用也常常需要管理者的一些主观决定，并不能准确反映特定的参数信息。随机数学方法可以准确地描述不确定信息的概率密度分布，但它同样需要大量的客观数据。因此，在实际的灌区水土资源配置中，常根据参数的性质，将区间、模糊与随机方法相耦合来全面反映灌区水土资源配置的输入不确定性。

4.1　随机-模糊-区间耦合不确定性下的种植结构优化模型

4.1.1　双向随机模糊机会约束规划方法

第 3 章介绍的机会约束规划（CCP）是处理约束条件中具有随机参数的数学规划的有效方法，同时能够反映供水风险。为解决约束条件中由于主客观原因导致随机变量同时具有模糊性质的问题，本章将随机模糊数（random fuzzy variable，RFV）与 CCP 进行耦合，同时考虑约束左右端项的随机模糊性质，形成双向随机模糊机会约束规划（RFV-CCP）模型，其基本形式如下：

$$\min f(\boldsymbol{X}) \tag{4-1}$$

$$\Pr\{t \mid A_{\mathrm{RFV}}(t)\boldsymbol{X} \leqslant B_{\mathrm{RFV}}(t)\} \geqslant 1-q \tag{4-2}$$

$$\boldsymbol{X} \geqslant 0 \tag{4-3}$$

式中，$f(\boldsymbol{X})$ 为目标函数；$\boldsymbol{X}$ 为决策变量；$\Pr\{\cdot\}$ 为随机事件 $\{\cdot\}$ 发生的可能性；$A_{\mathrm{RFV}}(t)$ 和 $B_{\mathrm{RFV}}(t)$ 为随机模糊数，本章以正态分布为例，令 $A_{\mathrm{RFV}}(t)$ 和 $B_{\mathrm{RFV}}(t)$ 分别为服从正态分布 $N(\tilde{m}_A, \tilde{\delta}_A^2)$ 和 $N(\tilde{m}_B, \tilde{\delta}_B^2)$ 的随机模糊数，$\tilde{m}$（$\tilde{m}_A$ 和 $\tilde{m}_B$）和 $\tilde{\delta}$（$\tilde{\delta}_A$ 和 $\tilde{\delta}_B$）分别为均值和标准差，$\tilde{m}$ 和 $\tilde{\delta}$ 为隶属度函数分别为 $\mu(\tilde{m})$ $[\mu(\tilde{m}_A)$ 和 $\mu(\tilde{m}_B)]$ 和 $\mu(\tilde{\delta})$ $[\mu(\tilde{\delta}_A)$ 和 $\mu(\tilde{\delta}_B)]$ 的模糊数；$q(q \in [0,1])$ 为设定的概率水平。

为求解双向 RFV-CCP 模型，首先将 RFV-CCP 不确定性模型转换成确定性模型[4]。令 $Y_{\mathrm{RFV}}(t) = A_{\mathrm{RFV}}(t)\boldsymbol{X} - B_{\mathrm{RFV}}(t)$，即 $Y_{\mathrm{RFV}}(t) \sim N\left(\tilde{m}_A\boldsymbol{X} - \tilde{m}_B, \sqrt{(\tilde{\delta}_A)^2\boldsymbol{X}^2 + (\tilde{\delta}_B)^2}\right)$ 和 $\dfrac{Y_{\mathrm{RFV}}(t) - (\tilde{m}_A\boldsymbol{X} - \tilde{m}_B)}{\sqrt{(\tilde{\delta}_A)^2\boldsymbol{X}^2 + (\tilde{\delta}_B)^2}} \sim N(0,1)$。因此有

$$\Pr\{t \mid A_{\mathrm{RFV}}(t)\boldsymbol{X} \leqslant B_{\mathrm{RFV}}(t)\} \geqslant 1-q \Longleftrightarrow \Pr\{t \mid Y_{\mathrm{RFV}}(t) \leqslant 0\} \geqslant 1-q$$

$$\Longleftrightarrow \Pr\left\{t \left| \frac{Y_{\mathrm{RFV}}(t) - (\tilde{m}_A\boldsymbol{X} - \tilde{m}_B)}{\sqrt{\tilde{\delta}_A^2\boldsymbol{X}^2 + \tilde{\delta}_B^2}} \leqslant \frac{-(\tilde{m}_A\boldsymbol{X} - \tilde{m}_B)}{\sqrt{\tilde{\delta}_A^2\boldsymbol{X}^2 + \tilde{\delta}_B^2}} \right. \right\} \geqslant 1-q$$

$$\Longleftrightarrow \Phi\left(\frac{-(\tilde{m}_A\boldsymbol{X} - \tilde{m}_B)}{\sqrt{\tilde{\delta}_A^2\boldsymbol{X}^2 + \tilde{\delta}_B^2}}\right) \geqslant 1-q$$

$$\Longleftrightarrow \frac{-(\tilde{m}_A\boldsymbol{X} - \tilde{m}_B)}{\sqrt{\tilde{\delta}_A^2\boldsymbol{X}^2 + \tilde{\delta}_B^2}} \geqslant \Phi^{-1}(1-q)$$

$$\Longleftrightarrow \tilde{m}_A\boldsymbol{X} + \Phi^{-1}(1-q)\sqrt{\tilde{\delta}_A^2\boldsymbol{X}^2 + \tilde{\delta}_B^2} \leqslant \tilde{m}_B$$

式中，$\Phi^{-1}(1-q)$ 为随机变量标准正态分布的反函数。

上述模型中，RFV 的特征值为模糊数，要用到模糊理论将其转换为确定数。本

章中，$(\tilde{m})_h$（$(\tilde{m}_A)_h$、$(\tilde{m}_{A'})_h$、$(\tilde{m}_B)_h$）和$(\tilde{\delta})_h$（$(\tilde{\delta}_A)_h$、$(\tilde{\delta}_{A'})_h$、$(\tilde{\delta}_B)_h$）均设为三角模糊数。一般地，令$\tilde{F}$为三角模糊数，则$\tilde{F}$在任一α_l水平下的最小可能发生值（F_L）、最可信值（F_M）和最大可能发生值（F_R）可以表示成一个闭合的区间数$[F^-, F^+] = [(1-\alpha_l)F_L + \alpha_l F_M, (1-\alpha_l)F_R + \alpha_l F_M]$，三角模糊数$\tilde{F}$的隶属度函数见图4-1。

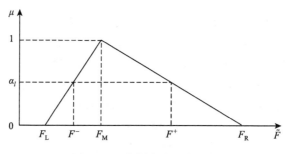

图4-1　三角模糊隶属度函数

4.1.2　RFV-ITSCCP 种植结构优化模型

RFV-ITSCCP 种植结构优化模型的框架为区间两阶段随机规划模型，如第3章所述。在种植结构优化中，灌溉定额和可供水量均为随机数，然而灌溉定额的历史数据较少，用历史数据计算灌溉定额服从分布的特征值，将会存在很大误差，可供水量的历史数据虽然较灌溉定额多，但也不能避免在计算过程中存在的主观因素。本节种植结构可利用水量约束左端项中的灌溉定额和右端项中的可利用水量均用 RFV 表示，同时可利用水量约束本身用 CCP 表示。因此，本节所构建的灌区尺度农业土地资源规划模型为将 ITSP 和双向 RFV-CCP 结合的 RFV-ITSCCP 模型。RFV-ITSCCP 模型的表达形式如下：

$$F_{l-a}^{\pm} = \max\left(\sum_{l=1}^{L}\sum_{k=1}^{K} M_{lk}^{\pm} Y_{lk}^{\pm} LT_{lk}^{\pm} - \sum_{l=1}^{L}\sum_{k=1}^{K}\sum_{h=1}^{H} p_h MP_{lk}^{\pm} LS_{lkh}^{\pm} \right) \tag{4-4}$$

式中，$\sum_{l=1}^{L}\sum_{k=1}^{K} M_{lk}^{\pm} Y_{lk}^{\pm} LT_{lk}^{\pm}$为按规划计算获得的种植效益（元）；$\sum_{l=1}^{L}\sum_{k=1}^{K}\sum_{h=1}^{H} p_h MP_{lk}^{\pm} LS_{lkh}^{\pm}$为由缺水导致的种植面积减少从而引起的效益损失（元）；$F_{l-a}^{\pm}$为系统通过分配土地资源而获得的效益（元）；k为作物种类；$M_{lk}^{\pm}$为第l灌区第k作物的市场价格（元/kg）；$Y_{lk}^{\pm}$为第l灌区第k作物单位面积产量（kg/hm²）；$LT_{lk}^{\pm}$为第l灌区第k作物农业种植用地目标值（hm²）；$MP_{lk}^{\pm}$为第l灌区第k作物当被分配的用地没有满足目标时所引发的单位面积效益损失值（元/hm²）；$LS_{lkh}^{\pm}$为第l灌区第k作物h流量水平下与其目标值相比的用地缺失量（hm²）。

可利用水量约束表示为

$$\sum_{k=1}^{K}(\mathrm{IQ_{RFV}})_{lkh}(\mathrm{LT}_{lk}^{\pm}-\mathrm{LS}_{lkh}^{\pm})\leqslant\sum_{t=1}^{T}(\mathrm{WA_{RFV}})_{lth,\mathrm{opt}}\qquad\forall l,h\qquad（4\text{-}5）$$

最大最小农业种植用地约束表示为

$$L_{\min,lk}\leqslant\mathrm{LT}_{lk}^{\pm}-\mathrm{LS}_{lkh}^{\pm}\leqslant L_{\max,lk}\qquad\forall l,k,h\qquad（4\text{-}6）$$

其中，

$$\sum_{l=1}^{L}L_{\max,lk}\leqslant a_{1k}\qquad\forall l=1,2,3,4$$

$$\sum_{l=1}^{L}L_{\max,lk}\leqslant a_{2k}\qquad\forall l=5,6,\cdots,9$$

$$\sum_{l=1}^{L}L_{\max,lk}\leqslant a_{3k}\qquad\forall l=10,11,12$$

非负约束：

$$\mathrm{LS}_{lkh}^{\pm}\geqslant 0\qquad\forall l,k,h\qquad（4\text{-}7）$$

式中，$(\mathrm{IQ_{RFV}})_{lk}$ 为第 l 灌区第 k 作物 h 流量水平下的灌溉定额（m³/hm²）；$(\mathrm{WA_{RFV}})_{lth}$ 为第 l 灌区第 t 时段 h 流量水平下的可利用水量（m³），即为 ITSCCP 模型的优化结果；$L_{\min,lk}$、$L_{\max,lk}$ 分别为第 l 灌区第 k 作物的最小、最大农业种植用地需求量（hm²）；a_{1k}、a_{2k}、a_{3k} 分别为甘州区、临泽县、高台县第 k 作物的种植面积，由第 3 章种植结构优化模型结果提供。

根据 ITSP 及双向 RFV-CCP 方法，求解上述 RFV-ITSCCP 模型。模型的最优解为 $F_{l-a,\mathrm{opt}}^{\pm}=[F_{l-a,\mathrm{opt}}^{-},F_{l-a,\mathrm{opt}}^{+}]$，$\mathrm{LS}_{lkh,\mathrm{opt}}^{\pm}=[\mathrm{LS}_{lkh,\mathrm{opt}}^{-},\mathrm{LS}_{lkh,\mathrm{opt}}^{+}]$，则最优的各灌区各作物的优化农业用地为 $\mathrm{LA}_{lkh,\mathrm{opt}}^{\pm}=[\mathrm{LA}_{lkh,\mathrm{opt}}^{-},\mathrm{LA}_{lkh,\mathrm{opt}}^{+}]=[\mathrm{LT}_{lk}^{-}+\Delta\mathrm{LT}_{lk}z_{ij,\mathrm{opt}}-\mathrm{LS}_{ijh,\mathrm{opt}}^{+},\mathrm{LT}_{lk}^{-}+\Delta\mathrm{LT}_{lk}z_{lk,\mathrm{opt}}-\mathrm{LS}_{lkh,\mathrm{opt}}^{-}]$，其中，$\mathrm{LA}_{lkh,\mathrm{opt}}^{\pm}$ 为第 l 灌区第 k 作物 h 流量水平下的最优土地分配量（hm²）。

4.2　模糊-区间耦合不确定性下的灌区水资源优化配置

在现有的农业灌溉系统模型中，很多参数都具有自己的特性，由于监测方法和设备的限制，不可能获得完全精确的确定性数据，难免会有一定的误差[5]。对于此类问题，可以采用区间分析的数学方法求解。区间分析是一种有效的数学工具，它用数字区间的位置和大小来描述这些参数的不确定性，表示了数据变化的波动范围，而忽略了数据在该区间内的变化规律。因为这些规律往往是不确定的，尤其是在数据观测不够充分的情况下，很难清楚地描述这些数据变化规律。区间数学规划的方法能够合理地运用这些不确定性参数，得到准确的优化结果[6,7]。此外，模糊数可以很好地表示具有不确定性的或者不精确特点的可用水资源量。模糊数比区间数要更加严格一些，因为它需要相对更多的信息描述模糊隶属函数。建立数学模型时要综合考虑当地的发展规划及当地的地表水、地下水等相关资源的限制条件。决策者主要考虑两方面的问题：①如何用更加经济的方式优化配置多个水源；②如何合理分配农作物生长周期内的水资源量，以达到更高的系统效益。针对这些问题，本节建立了非线性模糊区间灌溉水优化模型（nonlinear fuzzy interval irrigation optimization model，NFIIOM）。

4.2.1　目标函数

对大多数的农业规划系统来说，主要目的是实现经济利益的最大化，如整个系统收益的最大化或者系统花费成本最小化[8]。本节将从农户的角度出发，以实现农民的最大收益为目的，具体目标描述如下：

$$\max f_1^{\pm} = \sum_{i=1}^{\text{iCrop}} \sum_{j=1}^{\text{iSubarea}} C_{\text{C},i}^{\pm} A_{ij} Y_{\text{m},i} \prod_{l=1}^{\text{iStage}_i} \left(\frac{\text{ET}_{\text{c},ijl}^{\pm}}{\text{ET}_{\text{cm},il}} \right)^{\lambda_{il}} - \sum_{i=1}^{\text{iCrop}} \sum_{j=1}^{\text{iSubarea}} \sum_{k=1}^{\text{iStage}} \sum_{l=1}^{\text{iSource}} C_{\text{W},j} W_{ijkl}^{\pm} \qquad (4\text{-}8)$$

式中，$f_1^{\pm}$ 为当地农户的收益（元）；i 为农作物的编号（$i = 1, 2, \cdots, \text{iCrop}$）；$j$ 为子区的编号（$j = 1, 2, \cdots, \text{iSubarea}$）；$k$ 为各农作物的生育阶段编号（$k = 1, 2, \cdots, \text{iStage}_i$）；$l$ 为水源来源编号（$l = 1, 2, \cdots, \text{iSource}$）；iCrop 为农作物的物种数量；iSubarea 为子区的总数；iStage_i 为农作物 i 的生育阶段划分数量；iSource 为水源来源的总数；$C_{\text{C},i}^{\pm}$ 为农作物 i 的农产品市场销售价格（元/kg）；A_{ij} 为农作物 i 在子区 j 的种植面积（hm²）；$Y_{\text{m},i}$ 为理想条件下农作物 i 的最大单位种植面积产量（kg/hm²）；$\text{ET}_{\text{c},ijl}^{\pm}$ 为年蒸散发量（mm）；$\text{ET}_{\text{cm},il}$ 为水资源不限制条件下各生育阶段内的最大蒸散发量（mm）；λ_{il} 为农作物 i 在生育阶段 l 内对水的敏感系数；$C_{\text{W},j}$ 为子区 j 的输配水成本（元/m³）；$W_{ijkl}^{\pm}$ 为农作物 i 在子区 j 从水源 k 取水在生育阶段 l 内的配水量（m³）。标号及其表示意义见表 4-1。

表 4-1　各标号及其表示意义

标号	限值	表示意义
i	iCrop = 3	$i = 1$ 冬小麦 $i = 2$ 夏玉米 $i = 3$ 棉花
j	iSubarea = 8	8 个子区
k	$\text{iStage}_1 = 6$	$i = 1$ 冬小麦的 6 个生育阶段：苗期、越冬期、返青期、拔节期、抽穗期和成熟期
	$\text{iStage}_2 = 4$	$i = 2$ 夏玉米的 4 个生育阶段：苗期、拔节期、抽雄期和成熟期
	$\text{iStage}_3 = 4$	$i = 3$ 棉花的 4 个生育阶段：苗期、蕾期、花铃期和吐絮期
l	iSource = 2	$l = 1$ 水库供水 $l = 2$ 地下水供水

在这个模型中，目标函数为实现当地农作物最大经济产量，决策变量为 $W_{ijkl}^{\pm}$。在这个目标中，农作物的产量根据 Jensen 模型计算，再转化为经济产出，扣除种植成本，得到当地农民的经济收入。

4.2.2 约束条件

模型的约束条件包括：地表水可用水量约束、地下水可用水量约束、蒸散发量约束、地表水优先使用约束、公平约束和技术方面的约束。这些约束条件共同限定了决策变量、中间变量的合理取值范围。

（1）蒸散发量约束：

$$\mathrm{ET}_{\mathrm{c},ijk}^{\pm} \geqslant \mathrm{ET}_{\mathrm{cmin},ik} \qquad \forall i,j,k \qquad (4\text{-}9)$$

$$\mathrm{ET}_{\mathrm{c},ijk}^{\pm} \leqslant \mathrm{ET}_{\mathrm{cm},ik} \qquad \forall i,j,k \qquad (4\text{-}10)$$

$$\mathrm{ET}_{\mathrm{c},ijk}^{\pm} = \begin{cases} \mathrm{ET}_{\mathrm{cm},ik} & \tilde{P}_{ijk}+\Delta R_{ijk} > \mathrm{ET}_{\mathrm{cm},ik} \\ 0.1\dfrac{\sum\limits_{l=1}^{\mathrm{iSource}} W_{ijk1}^{\pm}}{A_{ij}} + \tilde{P}_{ijk}+\Delta R_{ijk} & \text{其他} \end{cases} \quad \forall i,j,k \qquad (4\text{-}11)$$

式中，$\mathrm{ET}_{\mathrm{cmin},ik}$ 为保证农作物生长的最小蒸散发量（mm）；$\tilde{P}_{ijk}$ 为子区 j 的农作物 i 在其第 k 个生育阶段内发生的降水总量（mm）；ΔR_{ijk} 为子区 j 的农作物 i 在其第 k 个生育阶段内的其他水量变化（mm），由地下水补给量、径流量、深层渗漏量等决定；0.1 为单位换算系数。

为保证农作物不旱死，其必须满足蒸散发量 $\mathrm{ET}_{\mathrm{c},ijk}^{\pm} \geqslant$ 最小蒸散发量 $\mathrm{ET}_{\mathrm{cmin},ik}$ 的要求。同时，如果有过多的降水、灌溉水以及地下水补给，超出的部分将通过排水渠排走，即 $\mathrm{ET}_{\mathrm{c},ijk}^{\pm} \leqslant \mathrm{ET}_{\mathrm{cm},ik}$。

（2）可用地表水水量约束：

$$W_{ijkl}^{\pm} \begin{cases} =0 & \tilde{P}_{ijk}+\Delta R_{ijk} > \mathrm{ET}_{\mathrm{cm},ik} \text{ 或 } \beta_{ik}=0 \\ \leqslant Q_{\mathrm{max},jl}T_{ik} & \text{其他} \end{cases} \quad l=1, \quad \forall i,j,k \qquad (4\text{-}12)$$

$$\sum_{i=1}^{\mathrm{iCrop}}\sum_{j=1}^{\mathrm{iSubarea}}\sum_{k=1}^{\mathrm{iStage}_i}\frac{W_{ijkl}^{\pm}}{\eta_{jl}} \leqslant \tilde{W}_R \quad l=1 \qquad (4\text{-}13)$$

式中，β_{ik} 为 0～1 变量（无量纲数），表示农作物 i 在其第 k 个生育阶段内是否为灌溉期，是否可以从水库直接取水灌溉；$Q_{\mathrm{max},jl}$ 为子区 j 从水源 l 取水所允许的渠系最大流量（m^3/d）；T_{ik} 为农作物 i 的第 k 个生育阶段的天数（d）；η_{jl} 为子区 j 从水源 l 取水的输配水效率；$\tilde{W}_R$ 为水库的可用于灌溉的供水总量（m^3）。

$\beta_{ik}=0$ 表示在农作物 i 的第 k 个生育周期内不允许从水库调水灌溉；相反，$\beta_{ik}=1$

表示在农作物 i 的第 k 个生育周期内允许从水库调水灌溉。在非灌溉时间内，即 $\beta_{ik}=0$，水库的灌溉调水 $W_{ijkl}^{\pm}$（$l=1$）为 0。另外，当降水和地下水补给量充足时（$\tilde{P}_{ijk}+\Delta R_{ijk}>\mathrm{ET}_{\mathrm{cm},ik}$），也无须再从水库调水，即 $W_{ijkl}^{\pm}$（$l=1$）为 0。对于各个子区，在每个生长阶段内水库调水总量必须小于等于相应灌溉渠系的最大供水能力（$Q_{\max,jl}T_{ik}$）（$l=1$），而且规划得到的各水区水库的供水量之和也不得超过允许的灌溉指标 $\tilde{W}_R$。

（3）地下水可供水量约束：

$$W_{ijkl}^{\pm}\begin{cases}=0 & \tilde{P}_{ijk}+\Delta R_{ijk}>\mathrm{ET}_{\mathrm{cm},ik}\\ \leqslant \eta_{jl}\tilde{W}_{\mathrm{w},j} & \text{其他}\end{cases}\quad l=2,\quad \forall i,j,k \qquad (4\text{-}14)$$

$$\sum_{i=1}^{\mathrm{iCrop}}\sum_{k=1}^{\mathrm{iStage}_i}\frac{W_{ijkl}^{\pm}}{\eta_{jl}}\leqslant \tilde{W}_{\mathrm{w},j}\quad l=2,\quad \forall j \qquad (4\text{-}15)$$

式中，$\tilde{W}_{\mathrm{w},j}$ 为子区 j 用于灌溉农作物所允许的当地最大地下水开采量（m^3）。

当有效降水量和地下水补给量充足时，即 $\tilde{P}_{ijk}+\Delta R_{ijk}>\mathrm{ET}_{\mathrm{cm},ik}$ 时，无须继续开采地下水灌溉，即 $W_{ijkl}^{\pm}$（$k=2$）为 0。在各个子区内，地下水的开采应遵循地下水开发利用规划的要求，不得超过地下水允许开采量 $\tilde{W}_{\mathrm{w},j}$。

（4）优先采用地表水灌溉约束：

$$W_{ijk2}^{\pm}\begin{cases}=0 & W_{ijk1}^{\pm}<Q_{\max,j1}T_{ik}\ \text{和}\ \beta_{ik}=1\\ \leqslant Q_{\max,j2}T_{ik} & \text{其他}\end{cases}\quad \forall i,j,k \qquad (4\text{-}16)$$

地面沉降与深层地下水开采量的不断增加有关[9]，地下水过度开采会直接导致地下水位下降，严重的地区会引起地面沉降[10]。为了防止地下水过度开采，有效控制地表下陷和保护地下水源，决策者应优先考虑开发利用地表水资源，同时限制地下水资源的开采。在这个水资源配置系统中，当所需的地表水供水量 $W_{ijkl}^{\pm}$（$l=1$）小于最大的渠系供水能量（$Q_{\max,jl}T_{ik}$），且在该供水阶段内允许从水库调水给农作物 i（$\beta_{ik}=1$）时，地下水的供水量 $W_{ijkl}^{\pm}$（$l=2$）为 0。也就是说，在这种情况下，只允许从水库直接调水，而不允许从地下水抽水灌溉。

（5）公平性约束：

$$\frac{\sum\limits_{j_1}^{\mathrm{iSubarea}}\sum\limits_{j_2}^{\mathrm{iSubarea}}\left|\sum\limits_{k=1}^{\mathrm{iStage}_i}\mathrm{ET}_{\mathrm{c},ijk1}^{\pm}-\sum\limits_{l=1}^{\mathrm{iStage}_i}\mathrm{ET}_{\mathrm{c},ijk2}^{\pm}\right|}{2N^2\mu_i}\leqslant G_0\quad \forall i \qquad (4\text{-}17)$$

式中，j_1 和 j_2 为子区的编号（$j_1,j_2=1,2,\cdots,\mathrm{iSubarea}$）；$N$ 为子区总数量；μ_i 为农作物 i 的平均 $\mathrm{ET}_{\mathrm{c},ijk}^{\pm}$（$\mathrm{mm}$）；$G_0$ 为 Gini 系数规定的上限值。

由于距离水源地近的农民输配水成本低，更易于实现最大的灌溉效率，所以如果单纯为实现最大的经济效益而不考虑公平性原则，那么必然会导致水资源分配上的不公平，距离水源地近的农户单位农作物经济产量会较高，而那些偏远地区的农户收入则会比较低下。这对于灌区整体的经济水平、当地农民种植农作物的积极性都非常不利，但是如果完全按照种植面积的大小对农户平均分配水资源，又不利于整个灌区的经济效率。为了实现整个地区的水资源公平分配，同时又尽可能实现较大的经济产值，本节引入了 Gini 系数。Gini 系数广泛应用于经济不公平分配的研究中，表示在整体样本的经济价值中，用于不平均分配的那部分经济价值所占的比例[11]。Gini 系数最大值为 1，最小值为 0，数值越大表示分配越不公平。Gini 系数为 0，意味着完全平等；Gini 系数为 1，意味着完全不平等。根据联合国开发计划署等组织的规定，Gini 系数小于 0.2 代表绝对平均，0.2～0.3 代表相对公平，0.3～0.4 代表基本合理，0.4～0.5 代表差距较大，0.5 以上代表很不公平[11]。绝对平均意味着每一个农民在单位种植面积上赚的钱是完全一样的，相对平均意味着每个农民在单位种植面积上赚的钱几乎相同，正常情况下我们认为基本合理都是可以接受的。

由于国际上统一把 Gini 系数 0.4 作为警戒标准[12]，在这个系统中也令约束中的参数 $G_0 = 0.4$。另外，μ_i 的计算方法如下：

$$\mu_i = \frac{\sum_j^{iSubarea} \sum_k^{iStage_i} ET_{c,ijk}^{\pm}}{N} \quad \forall i \qquad (4\text{-}18)$$

（6）非负约束：

$$W_{ijkl}^{\pm} \geqslant 0 \quad \forall i,j,k,l \qquad (4\text{-}19)$$

农作物 i 在生育阶段 k 内从水源 l 取水对子区 j 灌溉的水量 $W_{ijkl}^{\pm}$ 也必然是非负的。

综上，为实现农户的最大收益，建立的模糊区间模型目标为式（4-8），约束条件为式（4-9）～式（4-19）。在这个模型中，决策变量 $W_{ijkl}^{\pm}$ 是主要的控制参数，中间变量为 $ET_{c,ijk}^{\pm}$，是在模型优化过程中用到的变量，其余参数均为输入参数。

4.2.3　基于模糊区间的模型求解方法

系统中的一些参数是模糊数。有很多方法可以处理这些模糊数，其中一种常用的方法就是三角模糊数的数学方法[13]，其模型的求解方法是将模糊数进行解模糊化或解随机化，如采用 α-cut 水平（α-cut level），α-cut 水平也称作 α 水平截集，它可以很好地描述隶属函数的模糊程度[14]。从实际的操作上看，α-cut 水平在模糊事件的量化方面是非常重要的，尤其是对 α 最大时的情况。图 4-2 显示了三角形隶属函数及相对应的 α-cut 水平区间。因此，对一个常见的模糊数 X 来说，它可以用一个三角形模糊数 $\tilde{X} = (X, X{-}X_{\min}, X_{\max}{-}X)$ 来表示[14]，在 α 水平下 α-cut 区间为 $[X_\alpha^-, X_\alpha^+]$，其对应的三角形隶属函数见式（4-20）。不同的 α-cut 水平能够反映不确定程度下优化解的变化趋势。

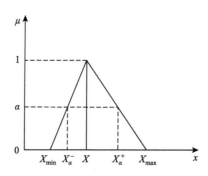

图 4-2　三角形隶属函数及相对应的 α-cut 水平区间

$$\mu(x) = \begin{cases} 0 & x \leqslant X_{\min} \\ \dfrac{x - X_{\min}}{X - X_{\min}} & X_{\min} < x \leqslant X \\ \dfrac{X_{\max} - x}{X_{\max} - X} & X < x \leqslant X_{\max} \\ 0 & X_{\max} < x \end{cases} \qquad （4\text{-}20）$$

式中，$\mu(x)$ 为成员函数；x 为变量；X 为可能度最高（α-cut 水平为 1）时的变量值；$X_{\min}$ 为 $\tilde{X}$ 的下限值；$X_{\max}$ 为 $\tilde{X}$ 的上限值。

将上述模型应用于石津灌区。灌区经过改扩建、节水改造等工程，各子区具有完整的降水统计数据，且年有效降水量呈离散形式波动。由于统计数据有限，适用于模糊参数的方法来描述，因此该模型中将有效降水量作为模糊参数 $\tilde{P}_{ijk}$ 来处理并用三角形隶属函数来描述。根据历年的统计数据，分别确定降水模糊数的上边界 P_{ijk}^+、下边界 P_{ijk}^-、可能度最大值 P_{ijk}。

1. 常规两步求解算法

区间规划是用于处理模型中表现为区间数的不确定信息的主要优化方法[15]。它能够处理模型目标函数和约束条件中包含的不确定性，不需要参数的具体概率分布就可为决策者提供较为稳定的解，帮助决策者决策。两步法在处理不确定性优化模型方面已经有很多成功的实例应用，上述模型也可以采用 Huang 提出的两步法（two-stage method，TSM）求解[16]。根据两步法的原理，最初的区间模型将基于交互式算法转化为两个确定性的中间子模型。对上述的最大化问题的模型来说，转化后的第一个子模型可以获得系统效益的上限值，另一个子模型可以获得系统效益的下限边界。通过顺序求解这两个子模型，再将它们的解联立起来，得到最终的决策变量的区间解以及目标值[17]。

当模型为最大化问题时，ILP 模型可用下面形式表示：

$$\max f^{\pm} = \boldsymbol{C}^{\pm} \boldsymbol{X}^{\pm} \tag{4-21}$$

s.t.

$$\boldsymbol{A}^{\pm} \boldsymbol{X}^{\pm} \leqslant \boldsymbol{B}^{\pm} \tag{4-22}$$

$$\boldsymbol{X}^{\pm} \geqslant 0 \tag{4-23}$$

式中，$\boldsymbol{A}^{\pm} \in \{\boldsymbol{R}^{\pm}\}^{m \times n}$；$\boldsymbol{B}^{\pm} \in \{\boldsymbol{R}^{\pm}\}^{m \times k}$；$\boldsymbol{C}^{\pm} \in \{\boldsymbol{R}^{\pm}\}^{k \times n}$；$\boldsymbol{X}^{\pm} \in \{\boldsymbol{R}^{\pm}\}^{n \times k}$，$\boldsymbol{R}^{\pm}$ 为实数集。

对此 ILP 模型的处理，常用的方法是两步法，包括两个主要步骤，即分成下面两个子模型。

子模型 A：

$$\max f^{+} = \sum_{j=1}^{l} c_j^{+} x_j^{+} + \sum_{j=l+1}^{n} c_j^{-} x_j^{-} \tag{4-24}$$

s.t.

$$\sum_{j=1}^{l} \operatorname{sgn}(a_{ij}^{-}) \mid a_{ij} \mid^{-} x_j^{+} + \sum_{j=l+1}^{n} \operatorname{sgn}(a_{ij}^{+}) \mid a_{ij} \mid^{+} x_j^{-} \leqslant b_i^{+} \quad \forall i \tag{4-25}$$

$$x_j^{+} \geqslant 0, x_j^{-} \geqslant 0 \quad \forall j \tag{4-26}$$

子模型 B：

$$\max f^{-} = \sum_{j=1}^{l} c_j^{-} x_j^{-} + \sum_{j=l+1}^{n} c_j^{-} x_j^{+} \tag{4-27}$$

s.t.

$$\sum_{j=1}^{l} \operatorname{sgn}(a_{ij}^{+}) \mid a_{ij} \mid^{+} x_j^{-} + \sum_{j=l+1}^{n} \operatorname{sgn}(a_{ij}^{-}) \mid a_{ij} \mid^{-} x_j^{+} \leqslant b_i^{-} \quad \forall i \tag{4-28}$$

$$x_j^{-} \leqslant x_{\text{opt}, j}^{+} \quad j = 1, 2, \cdots, l \tag{4-29}$$

$$x_j^{+} \geqslant x_{\text{opt}, j}^{-} \quad j = l+1, l+2, \cdots, n \tag{4-30}$$

$$x_j^{+} \geqslant 0, x_j^{-} \geqslant 0 \quad \forall j \tag{4-31}$$

式中，c_j^{+}，$j = 1, 2, \cdots, l$，为正区间数；c_j^{-}，$j = l+1, l+2, \cdots, n$ 为负区间数；c_j^{+} 为 c_j^{-} 的上边界；c_j^{-} 为 $c_j^{\pm}$ 的下边界；x_j^{+}，$j = 1, 2, \cdots, l$，为系数为正的区间变量；x_j^{-}，$j = l+1, l+2, \cdots, n$，为系数为负的区间变量；x_j^{+} 为 $x_j^{\pm}$ 的上边界；x_j^{-} 为 $x_j^{\pm}$ 的下边界；b_i^{+} 和 b_i^{-} 分别为约束条件右端项的上限值和下限值；$x_{\text{opt}, j}^{+}$ 和 $x_{\text{opt}, j}^{-}$ 为由子

模型 A 求解得到的决策变量最优解的上限值和下限值；$|a_{ij}|^+$ 为 $|a_{ij}|$ 的上边界；$|a_{ij}|^-$ 为 $|a_{ij}|$ 的下边界；$|a_{ij}|$ 为 a_{ij} 的绝对值；$\text{sgn}(a_{ij}^+)$ 为符号函数，如下：

$$\text{sgn}(a_{ij}^+) = \begin{cases} 1 & a_{ij}^+ \geqslant 0 \\ -1 & a_{ij}^+ < 0 \end{cases} \quad (4\text{-}32)$$

通过子模型 A［目标函数为式（4-24），约束条件为式（4-25）和式（4-26）］，可得 f^+ 的解。然后，通过子模型 B［目标函数为式（4-27），约束条件为式（4-28）～式（4-30）］，求得 f^- 的解。如果这两个子模型都有可行解，在顺序求解这两个子模型后，便可联立得到模型的完整区间解。

因此根据两步法的解法步骤，上节所建立的模糊区间优化模型可分解为下述两个子模型（子模型 C 和子模型 D）。

子模型 C：

$$\max f_1^+ = \sum_{i=1}^{i\text{Crop}} \sum_{j=1}^{i\text{Subarea}} C_{C,i}^+ A_{ij} Y_{m,i} \prod_{k=1}^{i\text{Stage}_i} \left(\frac{\text{ET}_{c,ijk}^+}{\text{ET}_{cm,ik}} \right)^{\lambda_{ik}} - \sum_{i=1}^{i\text{Crop}} \sum_{j=1}^{i\text{Subarea}} \sum_{k=1}^{i\text{Stage}_i} \sum_{l=1}^{i\text{Source}} C_{W,j} W_{ijkl}^+ \quad (4\text{-}33)$$

s.t.

$$\text{ET}_{c,ijk}^+ \geqslant \text{ET}_{cmin,ik} \quad \forall i,j,k \quad (4\text{-}34)$$

$$\text{ET}_{c,ijk}^+ \leqslant \text{ET}_{cm,ik} \quad \forall i,j,k \quad (4\text{-}35)$$

$$\text{ET}_{c,ijk}^+ \begin{cases} = \text{ET}_{cm,ik} & (1-\alpha)P_{ijk}^+ + \alpha P_{ijk} + \Delta R_{ijk} > \text{ET}_{cm,ik} \\ = 0.1\dfrac{\sum_{l=1}^{i\text{Source}} W_{ijkl}^+}{A_{ij}} + (1-\alpha)P_{ijk}^+ + \alpha P_{ijk} + \Delta R_{ijk} & \text{其他} \end{cases} \quad \forall i,j,k \quad (4\text{-}36)$$

$$W_{ijkl}^+ \begin{cases} = 0 & (1-\alpha)P_{ijk}^+ + \alpha P_{ijk} + \Delta R_{ijk} > \text{ET}_{cm,ik} \text{ 或 } \beta_{ik}=0 \\ \leqslant Q_{max,jl} T_{ik} & \text{其他} \end{cases} \quad l=1, \quad \forall i,j,k \quad (4\text{-}37)$$

$$\sum_{i=1}^{i\text{Crop}} \sum_{j=1}^{i\text{Subarea}} \sum_{k=1}^{i\text{Stage}_i} \frac{W_{ijkl}^+}{\eta_{jl}} \leqslant (1-\alpha)W_R^+ + \alpha W_R \quad l=1 \quad (4\text{-}38)$$

$$W_{ijkl}^+ \begin{cases} = 0 & (1-\alpha)P_{ijk}^+ + \alpha P_{ijk} + \Delta R_{ijk} > \text{ET}_{cm,ik} \\ \leqslant \eta_{jl}((1-\alpha)W_{W,j}^+ + \alpha W_{W,j}) & \text{其他} \end{cases} \quad l=2, \quad \forall i,j,k \quad (4\text{-}39)$$

$$\sum_{i=1}^{i\text{Crop}} \sum_{k=1}^{i\text{Stage}_i} \frac{W_{ijkl}^+}{\eta_{jl}} \leqslant (1-\alpha)W_{W,j}^+ + \alpha W_{W,j} \quad l=2, \quad \forall j \quad (4\text{-}40)$$

$$W_{ijkl}^+ \begin{cases} = 0 & W_{ijk1}^+ \leqslant Q_{max,jl} T_{ik} \text{ 和 } \beta_{ik}=1 \\ \leqslant Q_{max,jl} T_{ik} & \text{其他} \end{cases} \quad l=2, \quad \forall i,j,k \quad (4\text{-}41)$$

$$\sum_{j_1}^{\text{iSubarea}} \sum_{j_2}^{\text{iSubarea}} \left| \sum_{k=1}^{\text{iStage}_i} \text{ET}_{\text{c},ijk1}^+ - \sum_{k=1}^{\text{iStage}} \text{ET}_{\text{c},ijk2}^+ \right| \leqslant 2NG_0 \sum_{j}^{\text{iSubarea}} \sum_{k}^{\text{iStage}_i} \text{ET}_{\text{c},ijk}^+ \quad \forall i \quad (4\text{-}42)$$

$$W_{ijkl}^+ \geqslant 0 \quad \forall i,j,k,l \quad (4\text{-}43)$$

式中，W_{ijkl}^+ 为决策变量；$\text{ET}_{\text{c},ijk}^+$ 为中间变量；β_{ik} 为 0~1 变量。

根据子模型 C 求得不确定条件下的系统决策变量的上边界 W_{ijkl}^+ 以及相应的目标上限 f_1^+，令其分别为 $W_{ijkl\,\text{opt}}^+$ 和 $f_{1\,\text{opt}}^+$ 并代入子模型 D。

子模型 D：

$$\max f_1^- = \sum_{i=1}^{\text{iCrop}} \sum_{j=1}^{\text{iSubarea}} C_{\text{C},i}^- A_{ij} Y_{\text{m},i} \prod_{k=1}^{\text{iStage}_i} \left(\frac{\text{ET}_{\text{c},ijk}^-}{\text{ET}_{\text{cm},ik}} \right)^{\lambda_{ik}} - \sum_{i=1}^{\text{iCrop}} \sum_{j=1}^{\text{iSubarea}} \sum_{k=1}^{\text{iStage}} \sum_{l=1}^{\text{iSource}} C_{\text{W},j} W_{ijkl}^- \quad (4\text{-}44)$$

s.t.

$$\text{ET}_{\text{c},ijk}^- \geqslant \text{ET}_{\text{cmin},ik} \quad \forall i,j,k \quad (4\text{-}45)$$

$$\text{ET}_{\text{c},ijk}^- \leqslant \text{ET}_{\text{cm},ik} \quad \forall i,j,k \quad (4\text{-}46)$$

$$\text{ET}_{\text{c},ijk}^- \begin{cases} = \text{ET}_{\text{cm},ik} & (1-\alpha)P_{ijk}^- + \alpha P_{ijk} + \Delta R_{ijk} > \text{ET}_{\text{cm},ik} \\ = 0.1\dfrac{\sum_{l=1}^{\text{iSource}} W_{ijk1}^-}{A_{ij}} + (1-\alpha)P_{ijk}^- + \alpha P_{ijk} + \Delta R_{ijk} & \text{其他} \end{cases} \quad \forall i,j,k \quad (4\text{-}47)$$

$$W_{ijkl}^- \begin{cases} = 0 & (1-\alpha)P_{ijk}^- + \alpha P_{ijk} + \Delta R_{ijk} > \text{ET}_{\text{cm},ik} \ \text{或} \ \beta_{ik} = 0 \\ \leqslant Q_{\text{max},jl} T_{ik} & \text{其他} \end{cases} \quad l=1, \quad \forall i,j,k$$

$$(4\text{-}48)$$

$$\sum_{i=1}^{\text{iCrop}} \sum_{j=1}^{\text{iSubarea}} \sum_{k=1}^{\text{iStage}_i} \frac{W_{ijkl}^-}{\eta_{jl}} \leqslant (1-\alpha)W_{\text{R}}^- + \alpha W_{\text{R}} \quad l=1 \quad (4\text{-}49)$$

$$W_{ijkl}^- \begin{cases} = 0 & (1-\alpha)P_{ijk}^- + \alpha P_{ijk} + \Delta R_{ijk} > \text{ET}_{\text{cm},ik} \\ \leqslant \eta_{jl}((1-\alpha)W_{\text{w},j}^- + \alpha W_{\text{w},j}) & \text{其他} \end{cases} \quad l=2, \quad \forall i,j,k \quad (4\text{-}50)$$

$$\sum_{i=1}^{\text{iCrop}} \sum_{k=1}^{\text{iStage}_i} \frac{W_{ijkl}^-}{\eta_{jl}} \leqslant (1-\alpha)W_{\text{w},j}^- + \alpha W_{\text{w},j} \quad l=2, \quad \forall j \quad (4\text{-}51)$$

$$W_{ijkl}^- \begin{cases} = 0 & W_{ijk1}^- \leqslant Q_{\text{max},jl} T_{ik} \ \text{和} \ \beta_{ik} = 1 \\ \leqslant Q_{\text{max},jl} T_{ik} & \text{其他} \end{cases} \quad l=2, \quad \forall i,j,k \quad (4\text{-}52)$$

$$\sum_{j_1}^{\text{iSubarea}} \sum_{j_2}^{\text{iSubarea}} \left| \sum_{k=1}^{\text{iStage}_i} \text{ET}_{\text{c},ijk1}^- - \sum_{k=1}^{\text{iStage}_i} \text{ET}_{\text{c},ijk2}^- \right| \leqslant 2NG_0 \sum_{j}^{\text{iSubarea}} \sum_{l}^{\text{iStage}_i} \text{ET}_{\text{c},ijk}^- \quad \forall i \quad (4\text{-}53)$$

$$W_{ijkl}^- \leqslant W_{ijkl\,\text{opt}}^+ \quad \forall i,j,k,l \quad (4\text{-}54)$$

$$W_{ijkl}^- \geqslant 0 \qquad \forall i,j,k,l \tag{4-55}$$

式中，W_{ijkl}^- 为决策变量；$ET_{c,ijk}^-$ 为中间变量；β_{ik} 为 0～1 变量。

根据子模型 D 求得不确定条件下系统决策变量的下边界 W_{ijkl}^- 以及相应的目标下限值 f_1^-。然后联立两组结果，便得到所需的最终求解方案 $W_{ijkl}^\pm$ 及优化后的目标值 $f_1^\pm$，如下：

$$W_{ijkl}^\pm = [W_{ijkl}^-, W_{ijkl}^+] \qquad \forall i,j,k,l \tag{4-56}$$

$$f_1^\pm = [f_1^-, f_1^+] \tag{4-57}$$

2. 单步法求解算法

在子模型 A 中，当约束条件合理时，经过计算可得到可行解 f^+。将其代入子模型 B 并附加一些额外约束［式（4-29）和式（4-30）］，因此子模型 B 是否有解部分依靠子模型 A 的解。当其约束的右端项存在高度不确定性时，这两个子模型的约束限定的范围会变化很大，即如果约束式（4-22）中的 $B^\pm$ 区间范围比较广，那么在求解子模型 A 时，按照约束式（4-25）所求的解的一个边界很可能会严重偏离优化解的范围。某些时候，将通过子模型 A 求得的一个边界代入子模型 B 时，就会引起约束过紧，无法得到完整的解。如以下模型：

$$\max z = [50,60]x_1^\pm - [11,12]x_2^\pm \tag{4-58}$$

$$[15,20]x_1^\pm - [24,28]x_2^\pm \leqslant [7,9] \tag{4-59}$$

$$[2,3]x_1^\pm + [3,4]x_2^\pm \leqslant [1,4] \tag{4-60}$$

$$x_1^\pm \geqslant 0 \tag{4-61}$$

$$x_2^\pm \geqslant 0 \tag{4-62}$$

按照两步法求解步骤，可以顺利对第一个子模型进行求解，解得 $x_1^+ = 1.28$，$x_2^- = 0.36$，$f^+ = 72.57$。但是在求第二个子模型时，却没办法得到解，这样所得到的不完整解对决策者来说基本没有实际意义。之所以出现这样的情况，是由于约束式（4-60）的右端项[18,19]相比于该约束的系数来说变化范围比较大，右端项的区间数宽度范围为 3，而左端项的系数在 2～4，即出现约束右端项高度不确定性的现象。

为更清楚地说明问题，绘制的按两步法的第一个子模型求解示意图见图 4-3，第二个子模型求解示意图见图 4-4。如图 4-3 所示，线 1 是目标函数的线，线 2 和线 3 是约束线，区域 1 是可行域，点 A 是根据第一个子模型求得的解。同样如图 4-4 所示，线 4～8 是第二个子模型的约束线。而图中点 A 代表着决策变量的上边界或下边界，可以明显看到，在第二个子模型已不存在可行域，因此无法得到第二个子模型的解。

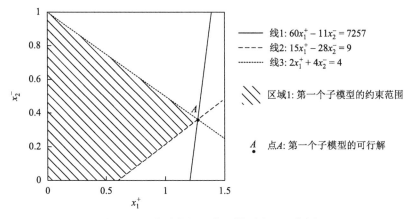

图 4-3　两步法的第一个子模型求解示意图

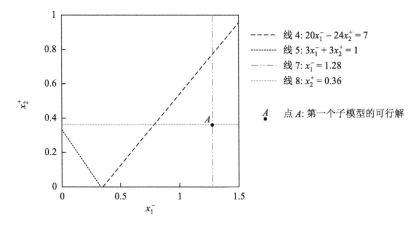

图 4-4　两步法的第二个子模型求解示意图

事实上，上述模型解的范围是客观存在的。采用单步法求解方法可获得上述模型的解。考虑所有目标和约束条件，该模型可作为一个目标规划。通过引入参数 λ，改进后的模型如下：

$$\max z = \lambda f^+ + (1-\lambda) f^- \tag{4-63}$$

s.t.

$$f^+ = \sum_{j=1}^{l} c_j^+ x_j^+ + \sum_{j=l+1}^{n} c_j^+ x_j^- \tag{4-64}$$

$$f^- = \sum_{j=1}^{l} c_j^- x_j^- + \sum_{j=l+1}^{n} c_j^- x_j^+ \tag{4-65}$$

$$\sum_{j=1}^{l} \operatorname{sgn}(a_{ij}^-)\,|a_{ij}|^-\, x_j^+ + \sum_{j=l+1}^{n} \operatorname{sgn}(a_{ij}^+)\,|a_{ij}|^+\, x_j^- \leqslant b_i^+ \quad \forall i \tag{4-66}$$

$$\sum_{j=1}^{l} \mathrm{sgn}(a_{ij}^+)\,|a_{ij}|^+\,x_j^- + \sum_{j=l+1}^{n} \mathrm{sgn}(a_{ij}^-)\,|a_{ij}|^-\,x_j^+ \leqslant b_i^- \quad \forall i \qquad (4\text{-}67)$$

$$x_j^+ \geqslant x_j^- \quad \forall j \qquad (4\text{-}68)$$

$$x_j^- \geqslant 0 \quad \forall j \qquad (4\text{-}69)$$

$$f^+ \geqslant f^- \qquad (4\text{-}70)$$

$$f^- \geqslant 0 \qquad (4\text{-}71)$$

根据半步法的计算步骤，可得 $x_1^\pm = [0.06,\ 1.10]$，$x_2^\pm = 0.27$，$f^\pm = [0.00,\ 63.15]$，其约束范围及求解结果见图 4-5。

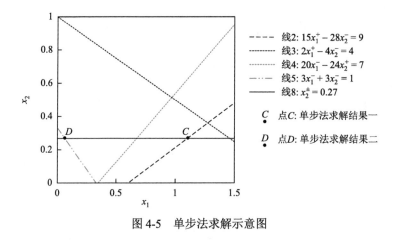

图 4-5　单步法求解示意图

根据 Yang 等的建议，如果想要得到的区间解比较完整，可取 $\lambda = 0.8^{[20]}$。

4.3　多重不确定性相耦合的灌区水资源优化配置

本节研究基于区间机会约束半无限规划等多重不确定性方法的灌区内作物间水资源优化配置问题。遵循可持续发展战略，本节不仅考虑灌区水资源优化配置所带来的最大经济效益，还考虑了灌区水资源优化配置中的社会效益和生态效益，即对研究灌区进行多目标水资源优化配置，并采用最小偏差法对多目标进行求解，最小偏差法最主要的优点在于仅需要分析者和决策者的局部信息，即各个目标函数的最优解，而无须知道它们的相对重要性，克服了传统评价函数因决策者参与的主观因素的影响。

4.3.1　区间随机机会约束规划

对于 CCP 模型，前述章节已有介绍。本节将区间规划和随机机会约束规划结合起来，这是因为 CCP 虽然是解决约束右端项存在不确定性的有效方法，但是对于约束左端项存在的不确定性因素，单纯的 CCP 不能满足[21]，而区间线性规划（ILP）能够很好弥补 CCP 在这方面的缺陷，但是 ILP 不能解决约束中存在的随机问题，因此将 ILP 与 CCP 有效地结合起来，构成区间机会约束规划（interval chance-constrained programming，ICCP）具有重要实际意义。关于区间机会约束规划的研究比较多，大多应用在环境管理、洪水分流[22-25]及水资源优化配置等领域[26, 27]。ICCP 模型是由 CCP 模型和区间规划模型组合成的，求解时将其转化为上限、下限两个确定子模型，同时将 CCP 转化为确定的表达形式。

4.3.2　最小偏差法

最小偏差法是基于理想点法的一种改进算法。一般多目标优化设计问题数学模型可以描述为

$$
V = \begin{cases} \begin{cases} \min F_1(\boldsymbol{X}) = [f_1(\boldsymbol{X}), f_2(\boldsymbol{X}), \cdots, f_k(\boldsymbol{X})]^{\mathrm{T}} \\ \max F_2(\boldsymbol{X}) = [f_{k+1}(\boldsymbol{X}), f_{k+2}(\boldsymbol{X}), \cdots, f_m(\boldsymbol{X})]^{\mathrm{T}} \end{cases} \\ \boldsymbol{X} \in \mathbf{R}^n \\ g_j(\boldsymbol{X}) \geqslant 0 \qquad j = 1, 2, \cdots, p \\ h_l(\boldsymbol{X}) = 0 \qquad l = 1, 2, \cdots, q < n \end{cases} \tag{4-72}
$$

式中，$f_1(\boldsymbol{X}), f_2(\boldsymbol{X}), \cdots, f_k(\boldsymbol{X})$ 为 k 个极小化目标函数；$f_{k+1}(\boldsymbol{X}), f_{k+2}(\boldsymbol{X}), \cdots, f_m(\boldsymbol{X})$ 为 $m-k$ 个极大化目标函数；$\boldsymbol{X} = [x_1, x_2, \cdots, x_n]^{\mathrm{T}}$ 为设计变量。多目标优化问题是一个向量函数的优化，即函数值大小的比较，而向量函数值大小的比较，比单目标优化问题标量函数大小的比较复杂得多。因此，在多目标优化过程中，往往要比较这些向量函数的"大小"，为此需要引入一个"有效解"，即 Pareto 最优解的概念，它是 1951 年由 Koopmans 正式提出的[28]。对于多目标优化问题，设法求解的既是问题的有效解（或弱有效解），又是在某种意义上令决策者满意的解。根据多目标优化问题的特点以及决策者的意图，构造一个统一目标函数：

$$
F'(\boldsymbol{X}) = F'(f_1(\boldsymbol{X}), f_2(\boldsymbol{X}), \cdots, f_M(\boldsymbol{X})) \tag{4-73}
$$

采用不同形式的统一目标函数可求得不同意义的解，并应用不同的求解方法。基于相对偏差的最小偏差法将目标函数统一表示为

$$
\min F'(\boldsymbol{X}) = \sum_{i=1}^{l} \frac{f_i(\boldsymbol{X}) - f_i^*}{f_i' - f_i^*} + \sum_{j=i+1}^{m} \frac{f_j^* - f_j(\boldsymbol{X})}{f_j^* - f_j'} \tag{4-74}
$$

式中，f_i^* 和 f_j^* 分别为多目标优化设计问题的 k 个极小化目标函数 $f_i(\boldsymbol{X})$（$i = 1, 2, \cdots, k$）的最大期望值和 $m-k$ 个极大化目标函数 $f_j(\boldsymbol{X})$（$j = k+1, k+2, \cdots, m$）进

行单目标优化所得最优解的相应函数值；f_i' 和 f_j' 分别为多目标优化设计问题的 k 个极小化目标函数 $f_j(X)$ $(i=1,2,\cdots,k)$ 的最大期望值和 $m-k$ 个极大化目标函数 $f_j(X)$ $(j=k+1,k+2,\cdots,m)$ 的最小期望值，即仅对目标函数 $f_j(X)$ $(i=1,2,\cdots,k)$ 进行单目标优化的最大值和对目标函数 $f_j(X)$ $(j=k+1,k+2,\cdots,m)$ 进行单目标优化的最小值。

　　基于相对偏差的最小偏差法的优点在于：在计算中只要保证 f_i'、f_j' 和 f_i^*、f_j^* 不相等或接近，就能找到 $F'(X)$ 的最优解，而不必考虑 $F'(X)$ 的数学特征。

4.3.3　区间线性半无限规划

　　不确定性参数除了用点区间来表示外，函数区间也是一个很好的表示方法，函数区间是建立在不确定性参数和自变量之间关系的基础上的，分为上限函数和下限函数，将建立的区间函数称为区间线性半无限规划（interval linear semi-infinite programming，ILSIP），ILSIP 主要应用于环境管理中[29-34]。Guo 等[35]将区间线性半无限规划应用到水资源优化配置中，但在灌溉水资源优化配置中还未见。典型的 ILSIP 可以表示如下：

$$\begin{cases} \max f^\pm = C^\pm X^\pm \\ A^\pm(t)X^\pm \leqslant B^\pm(t) \\ t=[t_l,t_u] \\ X^\pm \geqslant 0 \end{cases} \quad (4\text{-}75)$$

式中，$A^\pm(t)\in\{\mathbf{R}^\pm\}^{m\times n}$；$B^\pm(t)\in\{\mathbf{R}^\pm\}^{m\times k}$；$C^\pm\in\{\mathbf{R}^\pm\}^{k\times n}$；$X^\pm\in\{\mathbf{R}^\pm\}^{n\times k}$。$t$ 为自变量，在 $[t_l,t_u]$ 范围内变化，一个随时间变化的区间函数如图 4-6 所示。

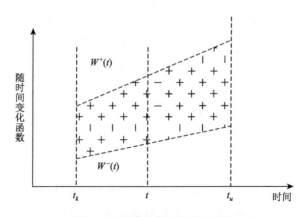

图 4-6　随时间变化的区间函数

4.3.4 不确定性灌区水资源优化配置多目标模型建立

灌区内多种作物之间的优化配水模型可以用来确定水资源在各灌区内作物间的水量最优分配。本节不仅要考虑水资源可供给量约束，还要考虑粮食安全约束，同时考虑地下水的可开采能力。根据实际情况，引入不确定性方法中的机会约束规划、半无限规划、整数规划等建立灌区内作物间水资源优化配置多目标模型，并采用最小偏差法求解。整个多目标模型包括三个目标函数：目标一为经济效益目标，以灌区内作物经济效益最大为目标函数；目标二为社会效益目标，以灌区内作物缺水量最小为目标函数；目标三为生态效益目标，以灌区内不同水源的灌溉水中所含的主要污染物浓度最小为目标函数。建立的模型为区间机会约束半无限混合整数多目标线性规划（interval chance-constrained semi-infinite mixed integer multiple-objective linear programming，ICCSIMLP）模型，具体表达形式如下。

1）目标函数

$$F_{31}^{\pm} = \max\left\{\sum_{j=1}^{J}[G(X_{1j}, X_{2j})a_j^{\pm}Y_{\max,j}T_{1j}^{\pm}] - (C_{q0}^{\pm}+T_{21}^{\pm})\sum_{j=1}^{J}(X_{1j}^{\pm}a_j^{\pm})/\eta_1^{\pm} - (C_{j0}^{\pm}+T_{22}^{\pm})\sum_{j=1}^{J}(X_{2j}^{\pm}a_j^{\pm})/\eta_2^{\pm}\right\}$$

（4-76）

$$F_{32}^{\pm} = \min\left\{\sum_j^J \mathrm{ET}_{\max,j} - \sum_{j=1}^J[I_j\eta_j^{\pm}(X_{1j}^{\pm}/\eta_1^{\pm}+X_{2j}^{\pm}/\eta_2^{\pm}) + (1-I_j)(X_{1j}^{\pm}+X_{2j}^{\pm})]\right\}$$ （4-77）

$$F_{33}^{\pm} = \min\sum_{j=1}^J\left[\left(\sum_{k=1}^K P_k^{\pm}X_1^{\pm} + \sum_{g=1}^G P_g^{\pm}X_2^{\pm}\right)a_j\right]$$ （4-78）

2）约束条件

（1）地表水可供水量约束：

$$0 < \sum_{j=1}^J X_{1j}^{\pm}a_j^{\pm} \leqslant Q_1^{\pm}$$ （4-79）

（2）田间灌溉用水约束：

$$m_{j\min}^{\pm} \leqslant X_{1j}^{\pm}+X_{2j}^{\pm}+R_j \leqslant m_{j\max}^{\pm}$$ （4-80）

（3）粮食安全约束：

$$\mathrm{Pr}\left\{\sum_m^M X_{1m}^{\pm}/\eta_1^{\pm} + \sum_m^M X_{2m}^{\pm}/\eta_2^{\pm} \leqslant Q_m^{\pm}\right\} \geqslant 1-p$$ （4-81）

（4）0~1整数规划约束：$I_j=1$，作物j有节水措施；$I_j=0$，作物j没有节水措施。

（5）地下水污染物环境容量约束：

$$\sum_{j=1}^{J}[P_k^{\pm}\beta_1 X_{1j}^{\pm}/\eta_1^{\pm}+\beta_2(P_k^{\pm}X_{1j}^{\pm}/\eta_1^{\pm}+P_g^{\pm}X_{2j}^{\pm}/\eta_2^{\pm})]a_j^{\pm}\leqslant Q_p^{\pm}C_N\times86.4 \quad (4\text{-}82)$$

（6）地下水可开采量约束：

$$\sum_{j=1}^{J}[X_{2j}^{\pm}a_j^{\pm}/\eta_2^{\pm}-\beta_1 X_{1j}^{\pm}a_j^{\pm}/\eta_1^{\pm}-\beta_2(X_{1j}^{\pm}a_j^{\pm}/\eta_1^{\pm}+X_{2j}^{\pm}a_j^{\pm}/\eta_2^{\pm})-\beta_2 Pa_j^{\pm}-\beta_3 PB+\text{ET}_m']$$

$$\leqslant M^{\pm} \qquad M^{\pm}=(a\Delta h+b)^{\pm}=(ct+d)^{\pm}$$

$$(4\text{-}83)$$

（7）非负约束：

$$X_{1j}^{\pm}\geqslant 0, X_{2j}^{\pm}\geqslant 0 \qquad (4\text{-}84)$$

上述模型各项参数和变量意义见表 4-2。

表 4-2 灌区内作物间水资源优化配置模型相关参数意义说明

参数及变量	意义及说明
j	作物种类
$X_{1j}^{\pm}$、$X_{2j}^{\pm}$	第 j 种作物地表水、地下水的分配水量/(m³/hm²)
$G(X_{1j},X_{2j})$	作物相对产量-灌水量的函数拟合关系
$a_j^{\pm}$	第 j 种作物的种植面积/hm²
$Y_{\max j}$	j 作物的最大产量/(kg/hm²)
T_{1j}	j 作物的市场价格/(元/kg)
$C_{q0}^{\pm}$、$C_{j0}^{\pm}$	地表水、地下水年运行费用/(元/hm²)
$T_{21},T_{22}^{\pm}$	地表水、地下水的水价/(元/m³)
$\eta_1^{\pm}$、$\eta_2^{\pm}$	地表水、地下水的灌溉水分利用效率
$\text{ET}_{\max j}$	j 作物全生育阶段的最大作物需水量/(m³/hm²)
I_j	j 作物是否采用节水措施 0～1 整数决策变量
$\eta_j^{\pm}$	j 作物采用节水措施后的总体节水效率
$P_k^{\pm}$、$P_g^{\pm}$	地表水第 k 种主要污染物、地下水第 g 种主要污染物的浓度/(g/L)
$Q_1^{\pm}$	地表水的可供水量/万 m³
R_j	第 j 种作物的外来水量/(m³/hm²)
$m_{j\min}^{\pm}$、$m_{j\max}^{\pm}$	第 j 种作物的最小、最大需水量约束/(m³/hm²)
m	非粮食作物种类

续表

参数及变量	意义及说明
$Q_m^\pm$	第 m 种非粮食作物的可供水量/(m³/hm²)
p	违规概率水平
Q_p	水体的设计流量/(m³/s)
C_N	水体功能区所规定的某污染物的水质标准/(mg/L)
β_1、β_2、β_3	引水渠道、灌溉土地上、非灌溉土地上的渗漏损失（以百分数计）
P	降水量/mm
ET_m'	地下水水面蒸发量/m³
M	地下水可开采量/亿 m³
B	非灌溉面积/hm²
Δh	地下水位变幅/m
t	时间序列
a、b、c、d	系数

目标二的目标函数中引入了整数规划 I_j，$I_j=1$ 代表第 j 种作物有节水措施，$I_j=0$ 则代表第 j 种作物没有节水措施,有节水措施和没有节水措施的最主要区别在于其节水效率或者是其灌溉水利用效率不同。在模型的约束中，引入了粮食安全约束，如果没有粮食安全约束，水量在很大程度上会分配给那些经济产值高或者需水量小的作物，粮食安全约束可以保证当地居民的最低生活水平，其与当地人口直接相关，用机会约束规划来表示粮食安全约束，能够得到关于不同粮食最低用水量违规风险下的灌区综合效益；约束中的地下水可开采量约束引入了区间半无限规划，将约束右端项的地下水可开采量用地下水位变幅的线性函数表示，而地下水位变幅又是时间的线性函数，这就把离散的地下水可开采量转换成了连续的随时间变化的函数区间的形式，包含的信息更多。

4.4　实例应用

4.4.1　RFV-ITSCCP 种植结构优化模型结果分析

将 RFV-ITSCCP 模型应用于黑河中游干流直接供水的各行政区内各灌区（包括上三灌区、大满灌区、盈科灌区、西浚灌区、平川灌区、板桥灌区、鸭暖灌区、蓼泉灌区、沙河灌区、友联灌区、六坝灌区、罗城灌区）。由于模型性质和输入参数的不确定性，RFV-ITSCCP 模型的结果几乎都用区间数表示，表明 RFV-ITSCCP 模型对实际情况具有很高的敏感性。图 4-7 表示不同 α 水平和不同违规概率下的系统毛效益，随着 α 水平的增加，系统效益的上限值逐渐减小，而系统效益的下限值逐渐增加，这与本章选用的三角模糊隶属度函数的形状有直接关系。对于三角模糊隶属度函数，越大的 α 水平代表模糊事件发生的概率越小，因此随着 α 水平的增加，系统的模糊程度降低，上下限的范围差距变得越来越小，也就是说，越来越接近确定性的模型。$\alpha = 1$ 是随机模糊数的极端情况，代表服从正态分布的可利用水量的均值和标准差为确定值，特征值不存在模糊性。换句话说，在该种情况下，可利用水量仅为单纯的随机数，没有模糊特征。相反地，$\alpha = 0$ 是另一种极端情况，代表可供水量这一随机模糊数的特征值的模糊性最大。另外，在同一 α 水平下，系统效益在不同的违规概率下存在差异。以 α 水平的中间值为例，即 $\alpha = 0.6$，系统效益随着违规概率的增加而增加，其原因与配水模型中关于 CCP 分析的原因一致，即越高的违规概率代表更多的水资源可利用量，但同时也代表更高的缺水风险。

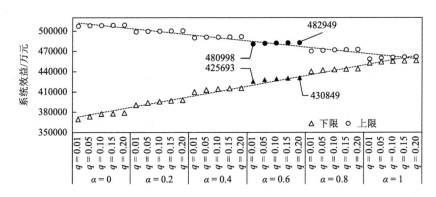

图 4-7 不同 α 水平和不同违规概率下的系统毛效益

令 $\alpha = 0$，$q = 0$，图 4-8 展示了不同灌区不同流量水平下总种植面积的配置结果，可以看出，由于水资源可利用量的有限性，所有作物的土地资源分配均未达到其目标规划值，对任一灌区而言，作物土地资源在不同流量水平下的分配量由大到小为高流量、中流量、低流量。在黑河中游所有灌区中，大满灌区、盈科灌区、西浚灌区和友联灌区为大于 2 万 hm² 的大灌区，尽管友联灌区的水资源配置量比大满灌区、盈科灌区和西浚灌区的配水量分别多 $1.583 \times 10^7 m^3$、$0.548 \times 10^7 m^3$ 和 $3.305 \times 10^7 m^3$，但友联灌区的土地资源分配量比大满灌区、盈科灌区和西浚灌区少 0.90 万 hm²、0.92 万 hm² 和 0.41 万 hm²。这是由于友联灌区作物的单位面积产量比大满、盈科和西浚这 3 个灌区小。由此，有必要对友联灌区采取工程措施来提高其用水效益从而促进产量的增加,如修建温室大棚、增加节水措施等。以中流量为例($h=2$),图4-9为不同灌区不同作物种植面积上、下限值。从图4-9可以看出,秋禾被分配的面积大于夏禾和经济作物。大满灌区的秋禾和夏禾被分配的土地资源量是最多的,而盈科灌区的经济作物被分配的土地资源最多。

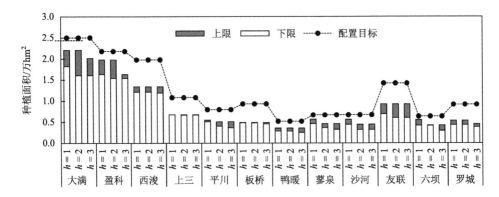

图4-8　不同灌区不同流量水平下总种植面积

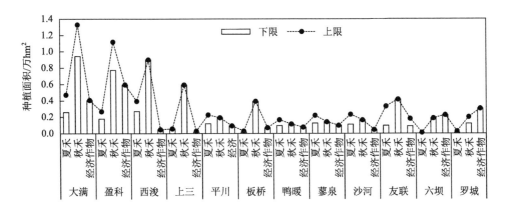

图4-9　$h=2$流量水平下不同灌区不同作物种植面积上、下限值

与实际情况对比,种植面积少了 3.17 万 hm^2,但单位面积效益却提高了 1.28 元/hm^2。从对比结果中可以看出,每个灌区优化后的农业水土资源均较实际情况进行了相应的调整,并且调整后的单方水产值或单位面积产值均较实际情况有所提高。由于本章所研究灌区均位于黑河中游绿洲,属半干旱地区,决策者更注重的是农业水土资源配置的"效率"和节水程度,单纯的"效益"已不能简单地决策黑河中游的灌区农业水土资源的优化配置。RFV-ITSCCP 虽然没有提供给决策者土地资源分配的概率分布,但是优化结果用区间形式表示,表明了结果的

不确定性，可以帮助决策者了解土地资源的实际配置范围。同时引入的 RFV 更能反映灌溉定额和可利用水量的随机和模糊信息，配置结果也说明这两个参数对整个配置结果的重要性，考虑其随机模糊性是必要且重要的。

4.4.2　NFIIOM 水资源配置结果分析

NFIIOM 用于石津灌区，根据各个干渠控制的灌溉面积大小，将一些小的灌溉面积合并，并结合所搜集到的数据，将农作物的种植面积等划分为 8 个子区，如图 4-10 所示。石津灌区的灌溉用水来自多个方面，有黄壁庄水库、岗南水库以及部分地下水。黄壁庄水库和岗南水库串联接入灌区，并且通过渠系分别向所划分的 8 个子区供水。子区内的灌溉水来自上游水库，可灌溉所有子区；距上游水源相对较偏远的地区，由于长距离的输水成本较高，可以采用地下水灌溉，这些子区主要包括子区 2、子区 3、子区 4、子区 6、子区 7 和子区 8 的部分地块。模型中用到的数据参数主要来自当地的实地调查，情境的设置则根据有效降水量的频率分布确定，分为丰平枯三级，在枯水年（发生概率大于 75%），灌区可能仅进行一次灌溉；而在丰水年，灌区可以灌溉 2～3 次。

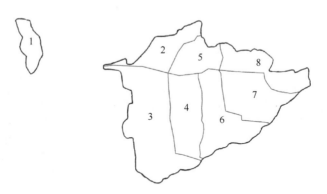

图 4-10　石津灌区地形、水渠分布及区域划分

当地主要有三种农作物，包括冬小麦、夏玉米、棉花。冬小麦和夏玉米采用轮作的方式，其种植面积大致相等。个别区域种有少量的棉花，由于这些区域距离水源较远、输水渠道长、输水成本较大、地势较高，或为适宜种棉花的砂质土壤，棉花生产区域在图 4-11 可以看出。所研究的系统包括三种主要元素：水源、子区和农作物。水源包括地表水和地下水，地表水主要来自黄壁庄水库和岗南水库，地下水仅存在于个别子区。所有子区内均种植有冬小麦和夏玉米，而棉花仅种植在子区 3、子区 4、子区 5、子区 6、子区 7 和子区 8。

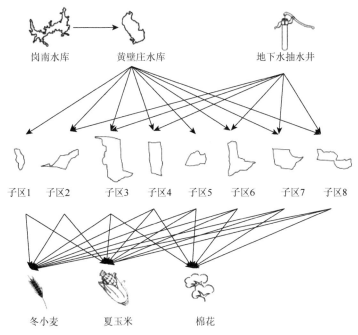

图 4-11 研究区域内农作物、水源、子区之间的关系

由于水资源在空间和时间上的分配是变化的，对应每年的最佳农业灌溉水量也相应会有一些变化。根据石津灌区 2007～2012 年的统计资料，大致可以分为三个主要的灌溉指标：枯水年灌溉指标为 $250×10^6 m^3$，平水年灌溉指标为 $350×10^6 m^3$，丰水年灌溉指标为 $400×10^6 m^3$。子区的一些模型数据见表 4-3。此外，当地的土壤水分利用系数为 0.850，冬小麦的市场销售价格为[2.16, 2.40]元/kg，夏玉米的市场销售价格为[1.96, 2.05]元/kg，棉花的市场销售价格为[7.80, 8.60]元/kg。

表 4-3 各子区输入数据

子区	种植面积/hm²			地下水可用量/$10^6 m^3$	供水成本/(元/m³)	输水效率
	冬小麦	夏玉米	棉花			
1	326.13	326.13	0	0	0.205	0.800
2	39.00	39.00	0	0	0.205	0.800
3	13893.33	14043.20	1255.13	(19.29, 20.79, 21.44)	0.184	0.611
4	8379.33	8339.33	2633.33	(14.61, 18.39, 23.40)	0.190	0.592
5	18.00	18.00	6.20	0	0.205	0.800
6	13549.53	13549.53	7718.93	(5.97, 6.75, 7.70)	0.218	0.627
7	9427.33	9946.67	8614.60	(6.86, 7.08, 7.14)	0.204	0.645
8	9660.07	9660.07	2350.67	(12.06, 16.69, 21.42)	0.198	0.623

注：在地下水可用量一列，括号中的三个数据分别代表最小值、平均值、最大值。

基于水库可用于灌溉的水量设置了三种不同的情境，其可用水标准可以反映各自情境下当地决策者对农作物和可用水资源量的态度。情境 1 为枯水年，年有效降水量不超过 414mm；情境 2 为平水年，年有效降水量不超过 646mm；情境 3 为丰水年，年有效降水量超过 646mm。同时设置 6 种 α-cut 水平（$\alpha = 0.0$、$\alpha = 0.2$、$\alpha = 0.4$、$\alpha = 0.6$、$\alpha = 0.8$、$\alpha = 1.0$）。根据优化后的结果，可获得各预设情境下的系统效率提高的具体方案。不同的情境导致不同的系统效益，进而获得各方案下的经济影响。各 α-cut 水平下石津灌区研究区域的系统效益如图 4-12 所示，在某一种情境下，随着 α-cut 水平的增加，当地农民的收益上限减少，而下限增加。α-cut 水平越趋近于 1，系统效益的下边界和上边界越接近，实际得到的系统效益发生在该区间的可能性也就越低。换句话说，就是系统效益的区间越小。根据所得结果，在枯水年系统效益可达 14 亿元以上，而丰水年系统效益可达 14.9 亿元以上。

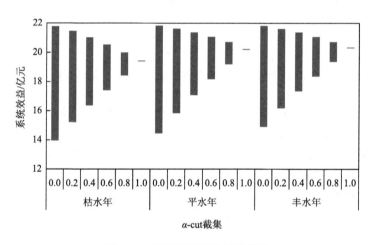

图 4-12　不同情境下的系统效益

从图 4-12 可以明显看出，情境 2 的优化系统效益要优于情境 1 的优化结果，但不及情境 3 的优化结果。在 α-cut 水平为 1 的点位上，枯水年系统效益的上下边界为 19.1 亿元，平水年为 20.2 亿元，丰水年为 20.3 亿元。枯水年与平水年之间的系统效益相差 1.1 亿元，而平水年和丰水年之间则相差不大，仅为 0.1 亿元。据此可知水资源的可利用量越少，对系统经济的影响越严重，而当可用水资源量充足时，对经济影响不明显。同时也表明，在平水年和丰水年，系统基本上都可以达到最大的系统效益。

为了便于比较和分析，选取 $\alpha = 0.4$，以配水最不利情况枯水年为例，分析各子区的水资源配置情况，见图 4-13。

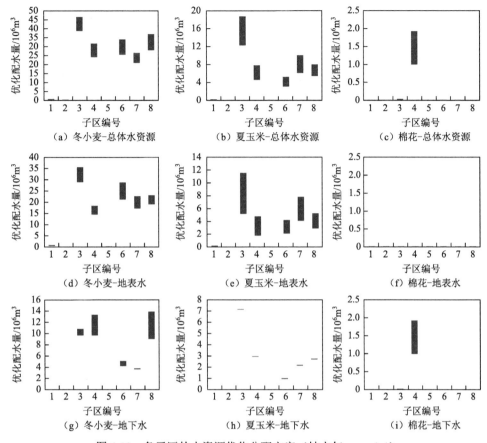

图 4-13　各子区的水资源优化分配方案（枯水年，$\alpha = 0.4$）

比较图 4-13 中的（a）、（d）、（g），可以看出，分配给冬小麦的水量明显多于分配给夏玉米和棉花的量。分配给冬小麦的水库灌溉水量在子区 3 为[29.03, 35.61]×10^6m³，在子区 4 为[14.47, 18.35]×10^6m³，在子区 6 为[21.30, 28.67]×10^6m³，在子区 7 为[17.35, 22.54]×10^6m³；而分配给夏玉米的水库灌溉水量在子区 3 仅为[5.14, 11.51]×10^6m³。另外，分配给棉花的地表水量，所有子区都为 0。同时，分配给冬小麦的地下水的灌溉水量也明显多于分配给夏玉米和棉花的量。例如，地下水分配给冬小麦的总水量在子区 3 为[9.72, 10.82]×10^6m³，在子区 4 为[9.71, 13.27]×10^6m³，在子区 8 为[9.09, 13.86]×10^6m³；分配给夏玉米的地下水的水量在子区 3 为 7.16×10^6m³；分配给棉花的地下水的水量在子区 4 为[1.01, 1.93]×10^6m³。由此可以看到，分配给冬小麦的水量最多，分配给夏玉米的水量最少。上述结果表明，除个别地下水以外大多数决策变量都是呈区间形式的。一般来讲，优化解包含这种区间的形式说明相关的决策对不确定模型中的参数比较敏感[36]。优化结果中，冬小麦的区间变化较大，因此在干旱年的情况下，为保障最低的系统目标，应首先减少分配给冬小麦的水量。而夏玉米则需要保证充足的供水，因为夏玉米消耗灌溉水量少，种植面积大，可以带来较大的收益。

为继续比较枯水年这些子区对水库灌溉用水的依赖程度，绘制圆环图，如图 4-14 所示，其内环代表了水资源分配水量的下边界，外环代表上边界，8 种颜色分别代表 8 个子区。如图 4-14（a）和（d）所示，种植冬小麦和夏玉米且主要消耗水库的灌溉用水的子区有子区 3、子区 4、子区 6、子区 7、子区 8。其中，子区 3 由于种植面积最大消耗的水量也最多。从图 4-14（b）和（e）可以看出，种植冬小麦和夏玉米且主要消耗地下水的子区有子区 3、子区 4、子区 8，这三个子区的占比总和达到了总地下水灌溉水量的 3/4。从图 4-14（g）看出，水库灌溉用水供给棉花的主要子区有子区 3、子区 4、子区 5、子区 6、子区 7、子区 8。图 4-14（a）和（c）的圆环图占比相似，这说明当地冬小麦优化的灌溉水资源主要来自水库灌溉用水，同理夏玉米的灌溉水资源也主要来自水库灌溉用水。从图 4-14（h）看出，棉花的地下用水灌溉主要发生在子区 4。由图 4-14（h）和（i）可知当地的棉花的灌溉水量主要来自地下水。

由于冬小麦和夏玉米在当地是主要的耗水农作物，总的优化分配百分比主要依赖于这些农作物上的水量分配。夏玉米生长期主要在夏季，雨量一般比较充足，所需的额外灌水要小些。因此，对这几种研究农作物来说，主要的优化水资源的分配百分比由冬小麦决定，这也表现为总农作物水量分配占比圆环图与冬小麦的水量分配占比圆环图十分相似。

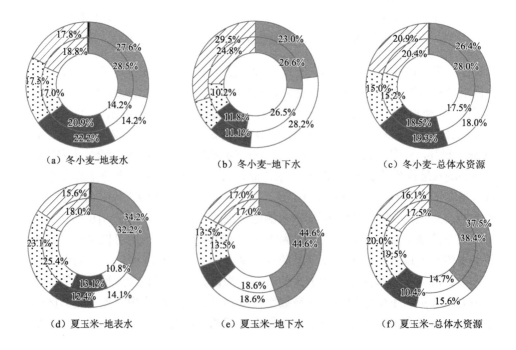

（a）冬小麦-地表水　（b）冬小麦-地下水　（c）冬小麦-总体水资源
（d）夏玉米-地表水　（e）夏玉米-地下水　（f）夏玉米-总体水资源

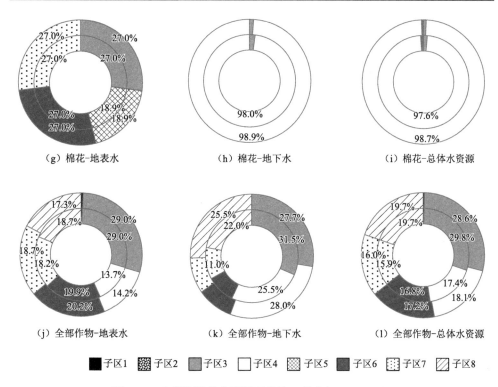

（g）棉花-地表水　　　　（h）棉花-地下水　　　　（i）棉花-总体水资源

（j）全部作物-地表水　　　（k）全部作物-地下水　　　（l）全部作物-总体水资源

■ 子区1　▨ 子区2　▨ 子区3　□ 子区4　▨ 子区5　■ 子区6　▨ 子区7　▨ 子区8

图 4-14　水资源的优化配置百分比（枯水年，$\alpha = 0.4$）

在石津灌区，灌溉通常发生在春秋两季，受影响最大的是冬小麦。冬小麦的生育阶段中有三四个阶段受可用的水库灌溉水的影响较大。相对而言，夏玉米和棉花的水分供应状况就比较简单，因为仅有一个需要地表水灌溉的生育阶段，其他阶段大气降水或少量地下水即可满足灌溉需求。图 4-15 展示了情境 2（平水年）条件下（$\alpha = 0.4$）冬小麦的 6 个生育阶段的灌溉水区间。

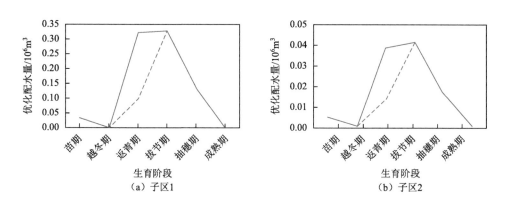

（a）子区1　　　　　　（b）子区2

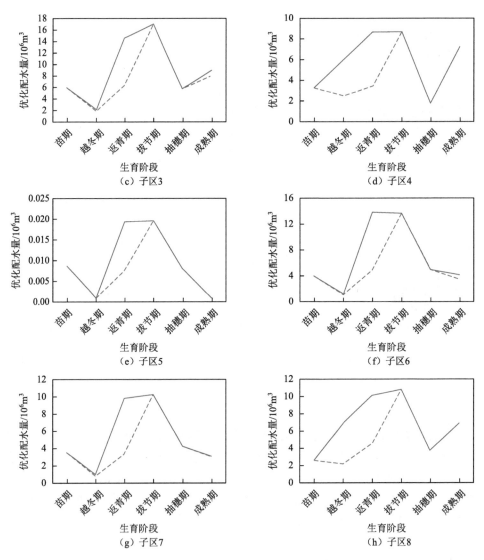

图 4-15　冬小麦生育期内灌水量分配（平水年，$\alpha = 0.4$）

实线代表配水区间的上边界，虚线代表配水区间的下边界

如图 4-15 所示，在 8 个子区上，灌溉水与生育阶段的分布一致性较高，呈现出大致相同的走势。优化配水的上边界在返青期和拔节期保持高位，在苗期和抽穗期保持低位。最大的区间主要发生在返青期，如在子区 3，区间为[6.36, 14.61]×10^6m^3，区间跨度达到了 8.25×10^6m^3，在子区 6，区间为[4.85, 13.84]×10^6m^3，区间跨度达到了 8.99×10^6m^3。相反，在苗期、拔节期和抽穗期几个阶段，其区间范围为 0。从图 4-15 可以清楚地看到，变化主要在越冬期和返青期。因此，在越冬期和返青

期保持较小的水量供水，即保持在区间下限位置，可使系统保障相对低的优化系统效益；而如果在这两个阶段按上限供水，则可能会达到更高的优化系统效益，但同时可能会面临后期水资源短缺的风险。

当可用的水资源有限时，由于农作物的利益影响，农作物之间会相互竞争有限的水资源，从而改变水资源的分配格局。在枯水年，水资源不足以满足三种农作物的高产灌水要求，三种农作物的水的分配量都相对比较低。而在平水年，优化水资源的分配首先要满足夏玉米的需求，因为夏玉米有最高的水资源利用效率，能够用最小的水量实现最多的经济收入，而冬小麦和棉花依然在不足的水的供给条件下，水的分配量比较低。在丰水年，水库的水资源丰沛，所有农作物都不必处于缺水条件，很容易使系统达到最高效益。

图 4-16 比较了实际系统效益与优化后的系统效益。为便于比较，此处仅计算 $\alpha = 1$ 时的系统效益。从图中可以看出，实际系统效益均低于优化后的系统效益。2011 年，实际系统效益为 20.1 亿元，而优化系统效益为 20.2 亿元。2010 年，实际的与优化的系统效益相差较大，相差 2.6 亿元。因此，当前的水资源分配制度可以进一步改进并提高整个系统的效益，以上研究的配水方案就能够提高水资源的利用效率，实现农作物的更高效益。

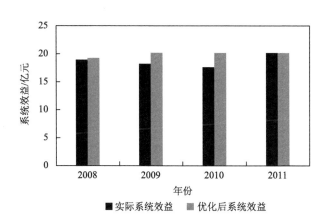

图 4-16　实际系统效益与优化后系统效益比较

经过研究中的模糊区间模型的优化，系统可以更合理地分配子区间的水资源，使系统达到更大效益。以 2009 年为例，该年的实际效益与优化后的效益比较见图 4-17。从图 4-17（a）可以看出，冬小麦实际和优化的结果相差不大，其产量基本相同。相差最大的是子区 2，实际为 7200kg/hm²，优化后为 5759kg/hm²。虽然该子区产量有所降低，但从整体上看相差并不多，子区 8 优化后的产量就要高于实际的产量。夏玉米的产量相对也要减少一些，如图 4-17（b）所示。同时棉花的產量持續增加。在子區 4 和子區 8 上，棉花的產量達到了 4440kg/hm^2。總之，優化後各農作物、各子區的產量基本上變化不大，但由於在時空上的優化配水，總系統效益要高於實際情況。

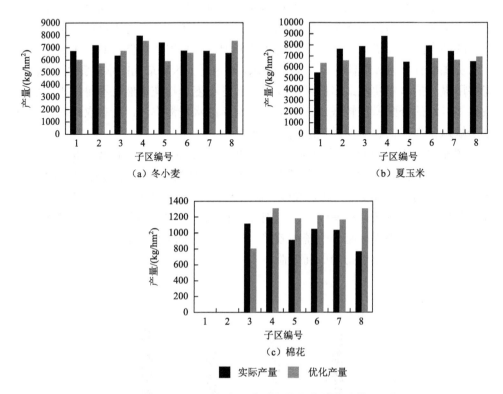

图 4-17　2009 年實際收益與優化收益的比較

　　在石津灌區的實例應用中，為了實現最高的經濟效益，對農業水資源進行優化配置，並且三種不同的情境產生了多組優化結果。管理者可以根據自己的意願，設置不同的 α-cut 水平。該模型考慮了 Gini 系數，可相對公平地實現子區間的水資源分配，因此該解決方案會更易於讓灌區內大多數的農戶所接受。為實現系統的高效益，接近水庫的子區（如子區 1）應比遠離水庫的子區（如子區 7、子區 8）配置更多的水資源。該模型結構有利於當地管理部門的便利操作，容易實現對每個子區分別規劃供水。正常情況下，水資源的分佈會集中在農作物的幾個特定的生育階段內，而降水有時不足以滿足農作物的正常生長需求。在灌溉幾個生育階段內，如果地表水可用水量充足，則優先採用地表水灌溉，只有當地表水可用水量不足或渠系灌溉能力不足時才用地下水補充灌溉。建立的數學模型，可以為灌區各分區各農作物及其各生育階段更準確地提供優化配水的方案。

4.4.3　ICCSIMLP 灌区水资源配置模型结果分析

研究区域为民勤灌区，包括红崖山灌区、环河灌区和昌宁灌区。研究作物选择当地典型作物，分别为粮食作物，春小麦，春玉米；油类作物，胡麻；经济作物，籽瓜。图 4-18（a）为地下水位埋深变幅与时间变化的动态关系，它是根据当地年际地下水位变化情况拟合出来的，图 4-18（b）为地下水可开采量与地下水位埋深变幅之间的函数关系，它是根据已知年的地下水位开采量与地下水位埋深变幅数据拟合出来的，将图 4-18（a）中的函数与图 4-18（b）中的函数结合起来，形成地下水可开采量与时间的函数关系，作为 ICCSIMLP 模型中地下水可开采量约束的右端项，即采用区间半无限规划的方法量化表征地下水可开采量。

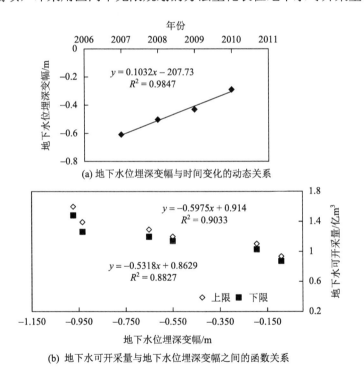

(a) 地下水位埋深变幅与时间变化的动态关系

(b) 地下水可开采量与地下水位埋深变幅之间的函数关系

图 4-18　民勤县地下水位埋深与时间及地下水可开采量与地下水位埋深的变化

表 4-4 为综合效益最优情况下的作物在不同水文年、不同违规概率下的地表水和地下水分配方案，该优化结果与作物相对产量和灌水量之间的函数关系，即 $G(X_{1j}, X_{2j})$ 有着密切的联系。关于 $G(X_{1j}, X_{2j})$ 的确定有以下两步：①根据作物在其各自不同生育阶段的灌溉制度（本书第 4 章优化结果），以配水费用最小为目标

函数，地表地下水可供水量为约束，优化出作物各生育阶段灌溉水中地表水和地下水的比例；②根据作物各个生育阶段不同灌溉水量和其对应的相对产量拟合作物相对产量随作物灌溉水量变化的函数关系。$G(X_{1j}, X_{2j})$ 的形式直接影响着模型的求解结果。

表 4-4 多目标模型优化结果 （单位：m^3/hm^2）

概率	作物	丰水年		平水年		枯水年	
		地表水	地下水	地表水	地下水	地表水	地下水
$P=0$	春小麦	0	[3463, 3538]	0	[3513, 3589]	0	[3563, 3640]
	春玉米	0	[2713, 2773]	0	[2763, 2824]	0	[2813, 2875]
	胡麻	[1729, 1972]	0	[2025.5, 2729]	0	[1967.5, 2771]	0
	籽瓜	[1063, 1090]	0	[1113, 1141]	0	[1963, 2008]	0
$P=0.01$	春小麦	0	[3463, 3538]	0	[3513, 3589]	0	[3563, 3640]
	春玉米	0	[2713, 2773]	0	[2763, 2824]	0	[2813, 2875]
	胡麻	[1734.7, 1978.1]	0	[2031.8, 2736.4]	0	[1975.2, 2779.9]	0
	籽瓜	[1063, 1090]	0	[1113, 1141]	0	[1963, 2008]	0
$P=0.05$	春小麦	0	[3463, 3538]	0	[3513, 3589]	0	[3563, 3640]
	春玉米	0	[2713, 2773]	0	[2763, 2824]	0	[2831, 2875]
	胡麻	[1734.9, 1978.3]	0	[2032, 2736.6]	0	[1975.4, 2780.2]	0
	籽瓜	[1063, 1090]	0	[1113, 1141]	0	[1963, 2008]	0
$P=0.10$	春小麦	0	[3463, 3538]	0	[3513, 3589]	0	[3563, 3640]
	春玉米	0	[2713, 2773]	0	[2763, 2824]	0	[2813, 2875]
	胡麻	[1735.1, 1978.5]	0	[2032.3, 2736.9]	0	[1975.7, 2780.5]	0
	籽瓜	[1063, 1090]	0	[1113, 1141]	0	[1963, 2008]	0
$P=0.15$	春小麦	0	[3463, 3538]	0	[3513, 3589]	0	[3563, 3640]
	春玉米	0	[2713, 2773]	0	[2763, 2824]	0	[2813, 2875]
	胡麻	[1837, 1978.7]	0	[2032.5, 2737.2]	0	[1976, 2780.9]	0
	籽瓜	[1063, 1090]	0	[1113, 1141]	0	[1963, 2008]	0

图 4-19 为民勤县不同水文年不同违规概率下的作物间地表、地下最优配水图。从图中可以看出，分配给作物的地下灌溉水量比地表水要多很多，这与当地的实际情况相关。由于石羊河上游用水量的增加及来水量的减少，民勤的主要灌溉水源由地表水逐渐转变成地下水。图 4-19 还表明，随着违规概率的增加，更多的地

表水被分配给作物，这是因为随着违规概率的增加，粮食安全约束的左端项完全满足右端项的概率会减小，这也就意味着非粮食作物的可供水量会以给定的概率水平增加，本章中非粮食作物指的是胡麻和籽瓜，主要由地表水来灌溉，所以随着违规概率的增加，只有地表水会增加，其中 $P=0$ 是 CCP 的极限情况，即确定性模型的表达形式。以丰水年为例，图 4-20 为民勤县不同水文年不同违规概率下的作物间总配水图。从图 4-20 可以看出，三种典型年的配水量满足：丰水年＜平水年＜枯水年，这是由于在枯水年，降水和径流相对较少，只能靠为作物灌溉较多的水来满足作物生长所需要的水分。模型求解结果显示每个单目标的优化结果都与多目标的不同，生态效益目标在不同违规概率下的优化结果基本上是一样的，

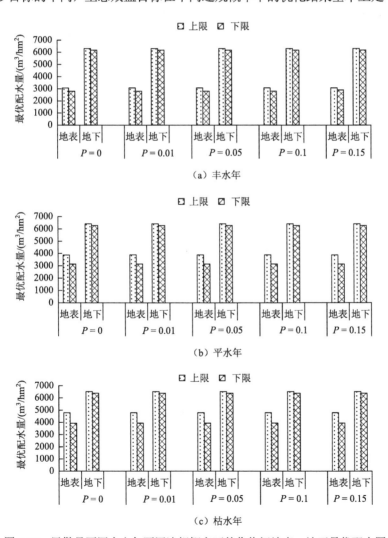

（a）丰水年

（b）平水年

（c）枯水年

图 4-19　民勤县不同水文年不同违规概率下的作物间地表、地下最优配水图

原因是生态目标函数的性质。本章定义的生态目标的目标函数为灌溉水中所含有的主要污染物的最小浓度，在满足每种作物最小需水的情况下，水量会尽可能少地分配给四种作物，所以由违规概率的增加带来的可供水量的增加对该单目标模型的结果没有影响。

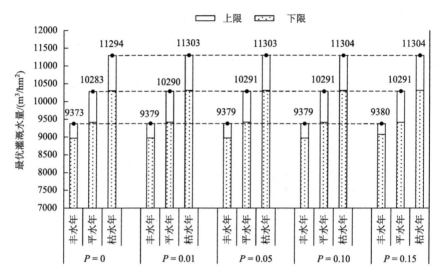

图 4-20　民勤县不同水文年不同违规概率下的作物间总配水图

以丰水年的经济目标为例，图 4-21 表示丰水年在 $P=0$ 情况下民勤县四种作物的总最优配水及最优大经济效益随时间变化的规律。在建立的 ICCSIIMP 模型中，地下水可开采量约束中引入了 ILSIP，基于图 4-18，拟合出了地下水可开采量随时间变化的函数，$M=-0.061662t+125.0327$（上限），$M=-0.054882t+111.3337$（下限）。图 4-21（a）和（b）的趋势基本上是一致的，即 2000~2003 年，最大经济效益以及对应的最优配水是保持不变的，这是由于地下水的可开采量能够满足作物的用水需求；2004~2007 年，最大经济效益以及对应的最优配水呈下降的趋势，这是由于拟合的地下水可开采量随时间变化的函数是一元减函数，随着年份的增加，地下水可开采量变少，已经不能完全满足作物的用水需求；2008~2012 年，最大经济效益以及对应的最优配水保持稳定不变的趋势，这是因为如果该阶段仍然采用拟合的地下水可开采量随时间变化的函数来作为地下水可供水量约束的右端项条件，那么它将不能满足以地下水灌溉为主要水源的春小麦和春玉米的最小需水要求，所以本章以[1.186，1.277]亿 m³ 作为地下水的最小可开采量，这个数值在地下水可开采量随时间变化的函数中所对应的年份大致为 2008 年，所以，在 2008 年之后，时间对模型的求解结果基本无影响。

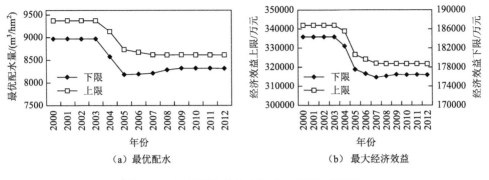

（a）最优配水　　　　　　　　（b）最大经济效益

图 4-21　最优配水及最大经济效益随时间变化

建立的 ICCSIMLP 模型有以下三个特点：①能更好地反映当地灌区的实际情况，符合可持续发展要求；②考虑到灌区内作物间水资源优化配置中存在的不确定性；③模型能够展现优化配水方案随时间变化的动态趋势。

参 考 文 献

[1]　Lu H W，Huang G H，Zeng G M，et al. An inexact two-stage fuzzy-stochastic programming model for water resources management. Water Resources Management，2008，22（8）：991-1016.

[2]　Hamdy A，AbuZeid M，Lacirignola C. Water crisis in the mediterranean：Agricultural water demand management. Water International，1995，20（4）：176-187.

[3]　Hernandes F，Lamata M T，Verdegay J L，et al. The shortest path problem on networks with fuzzy parameters. Fuzzy Sets and Systems，2007，158（14）：1561-1570.

[4]　Liu F，Wen Z，Xu Y. A dual-uncertainty-based chance-constrained model for municipal solid waste management. Applied Mathematical Modelling，2013，37（22）：9147-9159.

[5]　Lu H W，Huang G H，Zhang Y M，et al. Strategic agricultural land-use planning in response to water-supplier variation in a China's rural region. Agricultural Systems，2012，108：19-28.

[6]　Huang G H，Baetz B W，Party G G. A grey fuzzy linear programming approach for municipal solid waste management planning under uncertainty. Civil Engineering Systems，1993，10（2）：123-146.

[7]　Bass B，Huang G H，Russo J. Incorporating climate change into risk assessment using grey mathematical programming. Journal of Environmental Management，1997，49（1）：107-123.

[8]　Tilman D，Cassman K G，Matson P A，et al. Agricultural sustainability and intensive production practices. Nature，2002，418（6898）：671-677.

[9]　Chen C X，Pei S P，Jiao J J. Land subsidence caused by groundwater exploitation in Suzhou city，China. Hydrogeology Journal，2003，11（2）：275-287.

[10]　Zhang D S，Fan G W，Liu Y D，et al. Field trials of aquifer protection in longwall mining of shallow coal seams in China. International Journal of Rock Mechanics and Mining Sciences，2010，47（6）：908-914.

[11]　Lambert P J，Aronson J R. Inequality decomposition analysis and the Gini coefficient revisited. The Economic Journal，1993，103（420）：1221-1227.

[12]　Zhang P，Xu M. The view from the county：China's regional inequalities of socio-economic development. Annals

of Economics and Finance, 2011, 12 (1): 183-198.

[13] Lai Y J, Hwang C L. A new approach to some possibilistic linear programming problems. Fuzzy Sets and Systems, 1992, 49 (2): 121-133.

[14] Chen S H. Ranking fuzzy numbers with maximizing set and minimizing set. Fuzzy Sets and Systems, 1985, 17 (2): 113-129.

[15] Zimmermann H J. Fuzzy Set-Theory and Its Applications. Dordrecht: Springer Science & Business Media, 2011.

[16] Huang G H. Grey mathematical programming and its application to municipal solid waste management planning. Hamilton: McMaster University, 1994.

[17] Huang G H, Cao M F. Analysis of solution methods for interval linear programming. Journal of Environmental Informatics, 2011, 17 (2): 54-64.

[18] Huang G H, Baetz B W, Park S W. Grey fuzzy integer programming-an application to regional waste management planning under uncertainty. Socio-Economic Planning Sciences, 1995, 29 (1): 17-38.

[19] Bao C, Fang C L, Chen F. Mutual optimization of water utilization structure and industrial structure in arid inland river basins of northwest China. Journal of Geographical Sciences, 2006, 16 (1): 87-98.

[20] Yang G Q, Guo P, Li M, et al. An improved solving approach for interval-parameter programming and application to an optimal allocation of irrigation water problem. Water Resources Management, 2016, 30 (2): 701-729.

[21] Li Y P, Huang G H, Nie S L, et al. ITCLP: An inexact two-stage chance-constrained program for planning waste management systems. Resources, Conservation and Recycling, 2007, 49: 284-307.

[22] Qin X S, Huang G H. An inexact chance-constrained quadratic programming model for stream water quality management. Water Resources Management, 2009, 23: 661-695.

[23] Cooper W W, Deng H, Huang Z, et al. Chance constrained programming approaches to congestion in stochastic data envelopment analysis. Central European Journal of Operations Research, 2004, 155: 487-501.

[24] Yang N, Wen F S. A chance constrained programming approach to transmission system expansion planning. Electric Power System Research, 2005, 75: 171-177.

[25] Guo P, Huang G H, Li Y P. An inexact fuzzy-chance-constrained two-stage mixed-integer linear programming approach for flood diversion planning under multiple uncertainties. Advances in Water Resources, 2010, 33: 81-91.

[26] Li Y P, Huang G H, Huang Y F, et al. A multistage fuzzy-stochastic programming model for supporting sustainable water-resources allocation and management. Environmental Modelling & Software, 2009, 24: 786-797.

[27] Li Y P, Huang G H, Chen X. Multistage scenario-based interval-stochastic programming for planning water resources allocation. Stochatic Environmental Research and Risk Assessment, 2009, 23: 781-792.

[28] 魏锋涛, 宋俐, 李言. 最小偏差法在机械多目标优化设计中的应用. 工程图学学报, 2011, 32 (3): 100-104.

[29] He L, Huang G H, Zeng G, et al. Fuzzy inexact mixed-integer semiinfinite programming for municipal solid waste management planning. Journal of Environmental Engineering, 2008, 134 (7): 572-580.

[30] Guo P, Huang G H, He L, et al. ICCSIP: An inexact chance-constrained semi-infinite programming approach for energy systems planning under uncertainty. Energy Sources, 2008, 30: 1345-1366,

[31] Guo P, Huang G H, He L. ISMISIP: An inexact stochastic mixed integer linear semi-infinite programming approach for solid waste management and planning under uncertainty. Stochatic Environmental Research and Risk Assessment, 2008, 22: 759-775.

[32] Guo P, Huang G H, He L, et al. ITSSIP: Interval-parameter two-stage stochastic semi-infinite programming for environmental management under uncertainty. Environmental Modelling & Software, 2008, 23: 1422-1437.

[33] Guo P, Huang G H, He L, et al. Interval-parameter fuzzy-stochastic semi-infinite mixed-integer linear

programming for waste management under uncertainty. Environmental Modeling & Assessment，2009，14：521-537.

[34] He L，Huang G H，Lu H. An interval mixed-integer semi-infinite programming method for municipal solid waste management. Journal of the Air & Waste Management Association，2009，59：236-246.

[35] Guo P，Huang G H，Zhu L H H. Interval-parameter two-stage stochastic semi-infinite programming application to water resources management under uncertainty. Water Resources Management，2009，23：1001-1023.

[36] Huang Y，Li Y P，Chen X，et al. Optimization of the irrigation water resources for agricultural sustainability in Tarim River Basin，China. Agricultural Water Management，2012，107：74-85.

第5章　灌区渠系农业水资源优化配置

　　科学的渠系水资源决策可以减少渠系输配水过程中的渗漏损失和无效弃水,提高灌溉水利用率。渠系优化配水是指在配水渠道过水能力一定的条件下,为满足灌区农作物某次灌水的要求,采取一定的方法与技术,对配水渠道所辖的下级渠道的配水流量和时间进行优化编组,配水时间不超过上级渠道的配水轮期,又使配水渠道的流量过程线与下级渠道闸门的开关次序相匹配,使上下级渠道的配水流量集中,配水时间少,以减少渠系输水损失,提高配水效率[1]。国内外学者对灌溉渠系的优化配水进行了大量研究,按照优化目标的不同可大致分为两类:①以某种指标(配水效益或管理部门的水费收入)最优为目标的灌溉水量分配。②以满足一定约束条件下的渠系水量损失最小或配水时间最短为目标进行优化配水。后者由于考虑的参数比较少,模型相对简单而被广泛使用。上级渠道的配水结果将直接影响各下级渠道的作物种植结构。如何科学合理地对典型灌区各级渠道的流量和时间进行优化,对下级渠道进行优化编组并根据优化结果对下级渠道的种植结构进行调整是本章所要研究的内容。

　　地下水是重要的农业灌溉水资源。近年来,农业用水、城市用水、工业用水等对水资源的需求量日益增加,加剧了对地下水资源量的需求,使许多地区的地下水过度开采,引起地面下陷,同时也因地下水位下降,地下水的抽水成本逐渐增加[2,3]。地表水和地下水联合调度模型仍存在许多问题,大致表现为基于实际建立的非线性模型结构,其求解经常会面临诸多困难[4],所以学者在建立规划模型时往往都将其简化为线性的规划模型[5]。以井灌为例,通常在建立模型时会直接给出一个常数或者直接按照总灌溉水量的一定比例确定地下水的灌溉水量,但是实际情况是,农户的自有土地离散分布在灌区内部,同时灌区内部的地下水井也离散于整个灌区内。对大部分灌区来说,灌区的管理部门可以统一地安排地表水的详细灌溉方案,却无法对地下水的实际使用情况进行控制。其原因是地下水井通常都是离散分布在灌区内部,其基本不受灌溉管理部门的直接监管,灌区的农民在利用地下水时往往具有很大的随意性[6],即表现为地下水应用的不确定性[2,3]。根据经验,地下水的实际灌溉量在灌溉时期内会随时间的延长呈现出逐渐增加的趋势。而绝大多数水资源规划模型都未对地下水的这种不确定性展开过研究,不能够完全真实地反映地下水灌溉的变化情况。考虑地下水实际灌溉量与灌溉时间的不确定性,可使优化模型的结构与实际情况更相符,使模型的优化结果更具有说服力。

5.1　排　队　理　论

　　本章将用排队理论描述灌区渠系水资源配置中地下水用水随时间变化的不确定性。排队现象广泛存在于现实生活中，排队理论也已经在电子商务、企业管理、工业制造等模型研究中获得广泛应用。排队理论是通过对服务对象的到来及服务时间进行科学统计，研究其中的等待时间、排队长度、忙期长短等在内的数量指标的统计规律。排队系统也称作服务系统，其中包括服务机构和服务对象。

　　将排队理论与地下水的研究相结合，从而对水资源的灌溉管理进行优化的研究少见。仅 Batabyal 于 1995 年将排队理论应用到水资源的研究中，研究了在系统效益最大时地下水的供给量和供给强度的问题，但是该研究所用到的排队模型比较简单，仅仅考虑了一个服务机构，即 M/M/1 模型[7]。除此以外，将排队理论与农业灌溉系统中的地下水应用相结合的研究还未见相关报道。

　　对灌区来说，由于地表水经过现成的渠系灌溉大部分农田比较方便，且在地下水位埋深较大的情况下，地表水灌溉成本比地下水灌溉要低得多，因此农户大部分时间会倾向于优先选择地表水。但是在农作物灌溉期间，现有的供水渠系或可用的地表水灌溉水量不足以满足所有的地区同时进行灌溉时，则部分农户会选择使用地下水。由于地下水取水井数量有限，不可能为所有需要的农田同时灌溉，而且使用地下水的农户作为离散的个体，使用地下水灌溉农田时必然会存在着排队现象。在这个灌溉系统中，农户作为服务对象，地下水取水井则作为服务机构，灌溉子区内由于存在多个水井，即该系统中存在多个服务机构。在此，将单位灌溉面积作为一个服务对象，其面积大小相对整个子区灌溉面积来说，显得十分渺小，服务对象的数量也非常大，为计算方便，近似认为服务对象有无穷个。农户决定了何时采用地下水灌溉，即服务系统的时间，而地下水取水井则决定了农户采用地下水灌溉所花费的时间，即占用服务系统的时间。假定农户接受地下水灌溉的时间服从随机分布，且地下水水井的出水量、所灌溉农田的面积大小与地下水灌溉的时间呈一定的比例关系。由于单位灌溉面积与整个子区灌溉面积相比非常小，在整个子区范围内地下水灌溉所花费的时间也可视为服从随机分布。在灌溉初期，由于地表水灌溉方便，大部分农户仍愿意采用地表水灌溉，但是随着地表水灌溉的不及时性，部分农户会转向加入地下水灌溉的队列当中。综上，近似认定地下水的灌溉规律满足 M/M/C:∞/∞/FCFS 排队模型[8]。该模型表示农户进入地下水灌溉的队列和灌溉所花费的时间均服从负指数分布，存在多个地下水取水井作为服务机构，系统队列中能够容纳无限农户，其排队服务的规则是先到先服务。因此，农户相继加入地下水灌溉队列的间隔时间 t 的分布可表示为

$$F_{\mathrm{T}}(t) = \begin{cases} 1 - \mathrm{e}^{-\lambda t} & t \geqslant 0 \\ 0 & t < 0 \end{cases} \qquad (5\text{-}1)$$

式中，t 为时间（d）；λ 为单位时间内加入地下水灌溉队列的农户数量（个）。

该排队系统中存在某个农户数量的概率为

$$P_0 = \left[\sum_{n=0}^{c-1} \frac{\lambda^n}{\mu^n n!} + \frac{1}{c!} \left(\frac{\lambda}{\mu} \right)^c \left(\frac{1}{1-\rho} \right) \right]^{-1} \qquad (5\text{-}2)$$

$$P_n = \frac{\lambda}{\mu \cdot n!} P_0 \qquad (5\text{-}3)$$

式中，μ 为单位时间内使用地下水灌溉完毕的农户数量；c 为灌溉的地下水取水井的数量；ρ 为每个地下水取水井作为服务机构的服务强度；P_0 为系统中没有任何农户的概率；P_n 为系统中平均存在 n 个农户的概率。

本章应用排队理论描述地下水的用水情况，根据水资源在渠首引水、渠系供水、农作物用水等过程确定用水函数，建立基于排队理论的灌区渠系优化供水模型。通过河北省石津灌区的实际应用，证明该模型和求解方法的可行性，提出适合的优化方案。本模型旨在将排队理论与灌区的实际优化供水模型相结合，考虑地下水应用的不确定性，达到更真实地反映我国当前大部分灌区的农户离散地采用地下水灌溉以及相对统一规划的地表水灌溉情况的目的，使模型的优化结果更加合理可靠。

5.2　基于排队理论的渠系水资源优化配置模型

渠系结构一般为枝状结构，包括总干渠、干渠、分干渠、支渠、斗渠、农渠、毛渠等级别。在此，为简化计算，本章的优化模型仅考虑其中的总干渠和干渠两级渠系，如图 5-1 所示。采用地表水灌溉时，地表水经由总干渠 A_1、A_2 流向总干渠 $A_{I_{\max}}$，其间会分配给各个干渠部分水量，再由各个干渠分配给各自对应的灌溉子区。由于系统中的退水渠并未参与到用于农田灌溉的水量分配中，在模型中不考虑退水渠的部分。

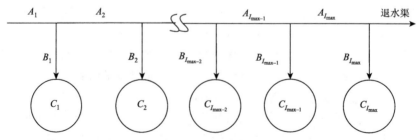

A_i，总干渠的编号，$i = 1, 2, \cdots, I_{\max}$；$B_j$，干渠的编号，$j = 1, 2, \cdots, I_{\max}$；$C_k$，灌溉子区的编号，$k = 1, 2, \cdots, I_{\max}$

图 5-1　枝状渠系示意图

5.2.1　目标函数

当灌溉系统中配水渠道的输水能力保持稳定时，该配水渠道的输水渗漏损失与其输水的持续时间呈现单调增加的函数关系，即渠道的输水时间越长，渗漏损失越大[9]。而且输水时间的长短也会直接影响该渠道的管理成本，即时间越久，电费成本越高。因此，在可用水量充足的情况下，尽可能以输水时间最短作为灌溉流量优化调度的最终目标。本章将以最小的灌溉历时为目标，进而生成最优渠系配水方案。

模型中共定义了两个下标变量：t 为时间；i 为总干渠的编号或干渠的编号。同时设 Ts_i 为干渠 B_i 开始灌溉的时间，Te_i 为干渠 B_i 结束灌溉的时间。在可用水量充足的情况下，要尽可能保证输水时间最短，即只需要保证所有灌溉子区中最大的结束灌水时间 Te_i 最小即可。因此，设定模型目标为

$$\min Z = \max(\mathrm{Te}_i) \tag{5-4}$$

式中，Te_i 为干渠 B_i 结束灌水的时间（d）；Z 为所有干渠中最大的结束灌水时间（d）。

5.2.2　约束条件

本模型约束条件有可用水量约束、总干渠末端流量平衡约束、总干渠流量约束、干渠流量约束、渠道的灌水时间约束、子区的灌溉面积约束、子区的灌溉水量约束、地下水可用水量约束、非负约束等，分别对灌水量、灌溉流速、灌溉时间等做出多方面的要求。

1）可用水量约束

农田灌溉的总用水量不得超过总渠首所允许的引水量。由于所有子区的灌溉水量均要先通过总干渠的第一段 A_1，在此只需要考虑总干渠 A_1 在研究时间段内通过的灌溉总水量即可。

$$\int_{t=0}^{\max(\mathrm{Te}_i)} 86400(Q_{A_{1t}} + Q_{A'_{1t}})\mathrm{d}t \leqslant W_s \tag{5-5}$$

式中，$Q_{A_{1t}}$ 为 t 时刻总干渠 A_1 末端的灌溉水流量（m^3/s）；$Q_{A'_{1t}}$ 为 t 时刻流经总干渠 A_1 的渠道输水损失流量（m^3/s）；W_s 为可用于灌溉的地表水最大引水量（m^3）。

假定渠道的总干渠和干渠的衬砌条件一样，则根据文献[10]，可知总干渠的渠道输水损失流量为

$$Q_{A'_i} = \frac{AL_{A_i}Q_{A_i}^{1-m}}{100} \qquad \forall i \tag{5-6}$$

式中，m 为渠床土壤的透水指数；A 为渠道的渠床透水系数；L_{A_i} 为总干渠 A_i 的渠道长度（km）。

2）总干渠末端流量平衡约束

根据流量平衡，除了最后一截退水渠，所有总干渠末端的流量均需等于该末端所连接的干渠渠首流量与下一截总干渠的渠首流量之和。

$$Q_{A_{it}} = \begin{cases} Q_{A_{i+1t}} & (i < I_{\max}, t \notin [\mathrm{Ts}_i, \mathrm{Te}_i]) \\ Q_{A_{i+1t}} + Q_{B_i} + Q_{B_i'} & (i < I_{\max}, t \in [\mathrm{Ts}_i, \mathrm{Te}_i]) \\ 0 & (i = I_{\max}, t \notin [\mathrm{Ts}_i, \mathrm{Te}_i]) \\ Q_{B_i} + Q_{B_i'} & (i = I_{\max}, t \in [\mathrm{Ts}_i, \mathrm{Te}_i]) \end{cases} \quad \forall i, t \qquad (5\text{-}7)$$

式中，$Q_{A_{it}}$ 为 t 时刻总干渠 A_i 的末端流量（m³/s）；Q_{B_i} 为干渠 B_i 末端用于灌溉的水流量（m³/s）；$Q_{B_i'}$ 为灌溉时间内流经干渠 B_i 的渠道输水损失流量（m³/s）。

其中，干渠的渠道输水损失流量为

$$Q_{B_i'} = \frac{AL_{B_i}Q_{B_i}^{1-m}}{100} \quad \forall i \qquad (5\text{-}8)$$

式中，L_{B_i} 为干渠 B_i 的渠道长度（km）。

3）总干渠流量约束

每一截总干渠的渠首流量都应满足该渠段的设计流量：

$$Q_{A_{it}} + Q_{A_{it}'} \leqslant 1.2 Q_{A_{gi}} \quad \forall i, t \qquad (5\text{-}9)$$

式中，$Q_{A_{gi}}$ 为总干渠 A_i 的渠道设计流量（m³/s），其值最大不得超过该段 1.2 倍的设计流量。由于石津灌区的总干渠除了向所控制的农田提供农业灌溉用水外，还承担着南水北调和向下游输水的多项任务。因此，为简化模型，本模型仅考虑渠道供水上限的限制，即需要满足 1.2 倍的设计流量标准。

4）干渠流量约束

每一截干渠的渠首流量也应该满足该渠段的设计流量要求：

$$Q_{B_i} + Q_{B_i'} \in [d^-, d^+] Q_{B_{gi}} \quad \forall i \qquad (5\text{-}10)$$

式中，$Q_{B_{gi}}$ 为干渠 B_i 的渠道设计流量（m³/s）；$[d^-, d^+]$ 为设计流量的倍数取值范围，一般 d^- 可取 0.8，d^+ 可取 1.2。

5）渠道的灌水时间约束

对于所有的渠道，灌溉结束的时间 Te_i 一定会大于开始灌溉的时间 Ts_i，即

$$\mathrm{Ts}_i < \mathrm{Te}_i \qquad \forall i \tag{5-11}$$

6）子区的灌溉面积约束

按照上面假定的农业地下水灌溉 M/M/C：∞/∞/FCFS 排队模型，某个子区在某时刻 t 完成或即将选择地下水作为灌溉用水的农田数量为 $\int_0^{\mathrm{Te}_i} \mathrm{Pe}(\lambda_i, t)\mathrm{d}t$，其中，$\mathrm{Pe}(\lambda_i, t)$ 表示某个子区在某时刻 t 加入选择地下水作为灌溉用水的队列中的农田数量，其影响参数为时间 t 和平均到达率 λ_i。假设灌溉区域全部采用地下水或地表水分别进行灌溉，其中不存在未灌溉的面积，则有地表水灌溉的面积等于 $\mathrm{Arg}_i - \int_0^{\mathrm{Te}_i} \mathrm{Pe}(\lambda_i, t)\mathrm{d}t$，并且地表水灌溉的面积应该满足地表水灌溉的设计保证率。

$$\frac{\mathrm{Arg}_i - \int_0^{\mathrm{Te}_i} \mathrm{Pe}(\lambda_i, t)\mathrm{d}t}{\mathrm{Arg}_i} \geqslant \mathrm{Pr} \qquad \forall i \tag{5-12}$$

式中，λ_i 为子区 C_i 的平均到达率，即单位时间内加入选择地下水作为灌溉用水的队列的面积数量；Arg_i 为农作物在子区 C_i 的灌溉面积（hm^2）；Pr 为地表水灌溉的设计保证率（%）。

上式可继续变形为

$$F\left(\frac{\lambda_i}{\mathrm{Arg}_i} T_e\right) \leqslant 1 - \mathrm{Pr} \qquad \forall i \tag{5-13}$$

式中，F 为地下水灌溉队列的概率分布函数，其影响参数有 Arg_i、λ_i 和 Te_i。

7）子区的灌溉水量约束

所有子区的灌溉水量均应包括地表水和地下水两部分，其总水量也应当满足该子区的设计灌溉水量：

$$86400\eta_a Q_{B_i}(\mathrm{Te}_i - \mathrm{Ts}_i) + \mathrm{Ar}_i M \geqslant \mathrm{Arg}_i M \qquad \forall i \tag{5-14}$$

式中，Ar_i 为子区 C_i 中采用地下水灌溉的面积（hm^2）；η_a 为干渠出水的灌溉效率；M 为农作物的灌溉定额（$\mathrm{m}^3/\mathrm{hm}^2$）。

8）地下水可用水量约束

地下水的灌溉水量不应大于该子区内可允许的地下水开采量：

$$\mathrm{Ar}_i M \leqslant \eta_b \mathrm{Wg}_i \qquad \forall i \tag{5-15}$$

式中，Wg_i 为子区 C_i 内可允许的地下水开采量（m^3）；η_b 为地下水的灌溉效率。

9）非负约束

所有决策变量均应满足非负的技术性要求：

$$Q_{A_{it}} \geqslant 0 \qquad \forall i, t \tag{5-16}$$

$$Q_{B_i} \geqslant 0 \qquad \forall i \tag{5-17}$$

$$\text{Ts}_i \geqslant 0 \qquad \forall i \tag{5-18}$$

$$\text{Te}_i \geqslant 0 \qquad \forall i \tag{5-19}$$

式中，$Q_{A_{it}}$ 为 t 时刻总干渠 A_i 末端的灌溉水流量（m³/s）；Q_{B_i} 为灌溉期间干渠 B_i 末端的灌溉水流量（m³/s）；Ts_i 为干渠 B_i 开始灌溉的时间（d）；Te_i 为干渠 B_i 结束灌溉的时间（d）。

5.2.3　基于自适应粒子群优化算法的模型求解方法

上述模型的变量多、约束多，具有非线性的复杂结构，直接求解得到优化方案比较困难。对于这类非线性模型的求解，国内外学者已经进行过大量的相关研究，并且研究出许多可行的算法，如遗传算法[11]、粒子群算法[12]、蚁群算法[13]、人工鱼群算法[14]、人工蜂群算法[15]等。另外，还有一些其他算法也是基于粒子群算法的衍化或者是与其他优化算法相结合而产生出来的。这些现有的算法都可以作为求解上述模型的有效方法。在这些方法中粒子群优化（particle swarm optimization，PSO）算法出现比较早，而且具有比遗传算法更加简单、无须交叉和变异操作等特点，在编程方面容易实现，算法精度高，技术也比较成熟，现在已经成功地应用于解决多种不确定性的问题[15]。因此本章选择粒子群优化算法作为模型求解的技术方法。

粒子群优化算法是一种可以智能搜索的随机优化算法，首先会随机初始化产生一群粒子，在空间内的粒子个体会根据自身以及群体的搜索信息确定下一步粒子搜索的方向和速度，再通过多次迭代以寻求最优解。该算法在求解大规模优化问题的时候具有快速的收敛速度和出色的全局寻优能力。粒子更新的速度公式可表示为

$$v_{\text{id}}^{k+1} = w^k v_{\text{id}}^k + c_1 r_1 (p_{\text{id}}^k - x_{\text{id}}^k) + c_2 r_2 (p_{\text{gd}}^k - x_{\text{id}}^k) \tag{5-20}$$

$$x_{\text{id}}^{k+1} = x_{\text{id}}^k + v_{\text{id}}^{k+1} \tag{5-21}$$

式中，k 为程序迭代次数（次）；w^k 为惯性权重；c_1、c_2 为学习因子；r_1、r_2 为随机数，取值范围为[0, 1]；p_{id}^k 为当前个体所搜索到的最优值；p_{gd}^k 为整个种群搜索到的最优值；v_{id}^k 为粒子个体的运动速度；x_{id}^k 为粒子个体参数，即决策变量值。

虽然粒子群算法在求解复杂问题时具有收敛速度快等优点，但其也存在明显不足，如惯性权重的取值缺乏合理的依据、种群多样性损失快、很容易陷入局部振荡、只得到局部最优解[16]。

因此，对于一个粒子群优化问题，首先需要一个更好地确定惯性权重的方法，而不是直接给个定值。为保证本地搜索获得更高的精度，可以采用线性递减确定惯性权重，即

$$w^k = (w_{\max} - w_{\min}) \frac{k}{\text{Iter}_{\max}} + w_{\min} \tag{5-22}$$

式中，$w_{\max}$ 为设定的最大惯性权重；$w_{\min}$ 为设定的最小惯性权重；$\text{Iter}_{\max}$ 为最大迭代次数。

为避免陷入局部解，本书采用人为增加随机扰动的办法[17]。当可能陷入局部解时，对 p_{gd}^k 进行变异扰动：

$$p_{gd}^k = (1 + \eta / 2)p_{gd}^k \quad |x_{id}^{k+1} - x_{id}^k| \leqslant \Delta \text{ 和 } |p_{id}^k - p_{gd}^k| \leqslant \Delta \quad (5\text{-}23)$$

式中，η 为随机变量，服从 Gauss（0，1）；Δ 为误差范围。

其程序流程图如图 5-2 所示。

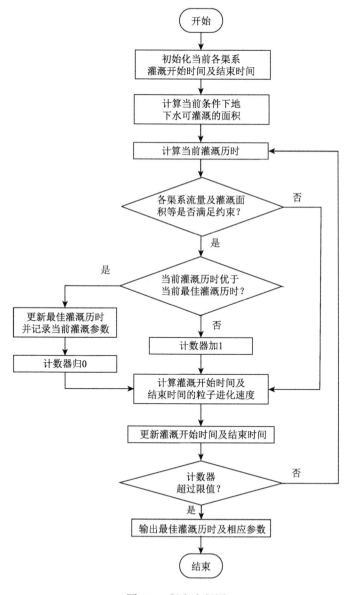

图 5-2　程序流程图

5.2.4　实例应用

　　为证明上述模型及求解程序的可用性，选择石津灌区五个主要干渠控制的灌溉子区作为研究区域。其灌溉系统的主要渠系分布及研究区域边界如图 5-3（a）所示。总干渠流向为自西向东，农业灌溉的地域主要集中在总干渠以南的大部分地块[18]。

　　灌区的总干渠及干渠分布和编号见图 5-3（b）。渠道 $A_1 \sim A_5$ 为总干渠，主要承担该灌区的输配水任务。总干渠末端连接的一截渠道为退水渠，因不参与农田灌溉，并未在图中标出。渠道 $B_1 \sim B_5$ 为干渠，连接分干渠等渠系，从而向灌溉区域全面布水。为便于计算，假定总干渠不存在直接浇灌的农田面积，忽略分干渠及分干渠以下的渠道，并将所有渠系控制的灌溉面积全部集中到干渠一级。并根据干渠控制的灌溉面积划分对应子区，子区分区如图 5-3（c）所示。

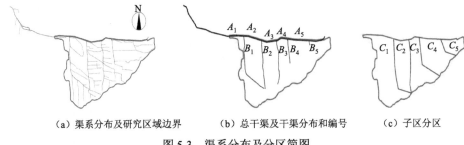

（a）渠系分布及研究区域边界　　（b）总干渠及干渠分布和编号　　（c）子区分区

图 5-3　渠系分布及分区简图

　　与渠系有关的基础数据出自石津灌区《河北省石津灌区续建配套与节水改造规划报告》，其中 2015 年渠系规划部分对灌区渠道的主要设计技术参数等做出了详细的规定，包括渠道长度、渠道设计流量、控制灌溉面积衬砌条件等，具体参数如表 5-1 所示。

表 5-1　渠道主要设计参数

渠道编号	区间	渠道长度/km	渠道设计流量/(m³/s)	控制灌溉面积/hm²
A_1	总干首—子城	65.47	114.0	—
A_2	子城—白滩	17.81	103.0	—
A_3	白滩—军齐	15.00	80.0	—
A_4	军齐—和乐寺	10.49	63.0	—
A_5	和乐寺—大田庄	21.79	37.5	—
B_1	一干首—霍庄	30.23	16.0	13893

续表

渠道编号	区间	渠道长度/km	渠道设计流量/(m³/s)	控制灌溉面积/hm²
B_2	三干首—北圈	28.43	15.0	8379
B_3	军干首—孤城	27.97	22.0	13550
B_4	四干首—刘头	17.45	15.5	9427
B_5	大田庄干渠	4.01	4.9	3864

模型的农作物对象只考虑冬小麦,对冬小麦灌溉时间的渠系配水进行优化。根据《河北省石津灌区续建配套与节水改造规划报告》,冬小麦设计灌溉定额为 2155.5m³/hm²,设计保证率取 75%。灌区干渠以下的地表水有效利用系数为 0.783,地下水的有效利用系数为 0.85。渠道的渠床透水系数为 0.7,土壤的透水指数为 0.3。运用自适应粒子群优化算法,优化求解后,可得所研究的五条干渠的配水方案,如图 5-4 所示。

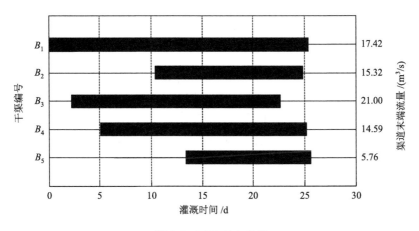

图 5-4 干渠配水方案

优化后显示冬小麦最佳的灌溉周期为 25.6d,而根据历史统计资料,其灌溉周期实际为 30~50d,平均在 40d。由于模型的假设及求解都是在理想条件下进行的,过程中没有考虑其他意外情况,优化的结果会明显优于实际的情况。例如,灌溉期间如果突遇暴雨、非计划停电、渠道意外破坏[19]、渠道污染等偶然事件,这些都有可能影响灌溉效果,使整个灌区的灌溉周期延长。

由图 5-4 可知,干渠 B_1 的灌溉周期贯穿了绝大部分灌区整体灌溉周期。由于干渠 B_1 的设计流量偏小,只有 16m³/s,而其控制的灌溉面积在整个研究区域中是最大的，有 13983hm^2，会造成该干渠的灌溉历时偏长。如果进一步优化渠系灌溉系统，可以首先考虑改善干渠 B_1 的输水条件，提高该渠段的设计流量。其他四条干渠在渠水周期内的灌溉时间相对比较自由，可适当调整，推迟开始灌溉的时间。其中，干渠 B_2 和 B_5 的开始灌溉的时间比较晚，分别为 10.4d 和 13.4d。根据排队理论的观点，推迟灌溉的时间越晚，那些等不及采用地表水灌溉而决定采用地下水灌溉的农户数量就越多，换句话说，就是地下水浇灌的面积越大。而且只要在地下水资源量所允许的范围内，适当推迟灌溉是完全可取的，因为这样可以减少灌区管理部门在灌溉期间的输配水成本和有限地表水资源量的消耗，对我国南水北调、周边和下游地区的城镇工业等用水都有着非常积极的作用。从图 5-4 还可以看出，在五条干渠中，干渠 B_5 的灌溉历时最短，只需要 12.2d。说明在这几条干渠中，干渠 B_5 的供水能力相对其控制灌溉面积 C_5 来说是最强的，这也与干渠 B_5 的实际控制灌溉面积与设计初期渠系的灌溉面积相比变得越来越小有一定关系。B_5 的控制灌溉面积最小，并呈现继续减小的趋势，因此该渠段的供水能力也就表现为更强的状态。在 13.4～22.7d 中，研究的五条干渠全部处于正常工作状态，其间也是灌溉最为集中的时间，整个灌溉系统处于满负荷运行状态。所以在该时间内，维护整个灌溉系统的正常运行显得尤为重要。其间一旦发生停水停电、化学危险品水体污染[20]等偶然事件，其影响范围将很广，甚至会持续很长时间。

从优化结果中还可以看出，所有干渠的优化灌溉流量均接近渠道的设计流量，其中，B_1 和 B_5 的优化灌溉流量高于其设计流量，不过也在所允许的 1.2 倍的设计流量范围之内。从流量的角度出发，要提高整个系统的灌溉能力，就应当对这两条干渠进行优化，提高其供水能力。不过由于干渠 B_5 控制的灌溉面积非常小，改善干渠 B_5 的供水能力带来的效果可能不会对整个系统有过多的提升。因此干渠 B_1 仍然是改造的重点目标。

由于石津灌区的总干渠属于供南水北调的配套工程之一，同时负责着周边城市及地区的居民生活、工业等供水，其总干渠的设计流量在建设之初就设计得足够大，远超过灌溉系统在满负荷运行时干渠所需的灌溉流量之和。即使是在集中供水的时期内，总干渠的供水能力也不会对整个农业灌溉系统造成很大的压力。

各子区地表水与地下水灌溉的面积比例也不相同，其控制面积配比情况如图 5-5 所示。由于子区 C_1 离总干渠渠首距离最近，地表水利用效率最高，分配的水量相对也比较多，从开始灌溉到结束灌溉期间全部都采用地表水灌溉。而子区 C_5 离总干渠渠首距离最远，地表水利用效率较低，因此尽可能充分利用地下水资源灌溉农田。根据优化结果，子区 C_5 采用地下水灌溉的面积达到了该子区的 43%。从整体上看，地表水资源量比较丰富，所有子区均以地表水作为主要的灌溉水源，地表水控制的灌溉面积达到了全部灌溉面积的 93%。

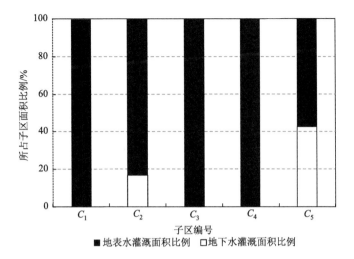

图 5-5　不同类型水源灌溉面积所占比例

通过以上实例研究，石津灌区可以更合理地调节渠系的供水流量和灌溉时间点，既可以充分利用地下水资源，也可以降低整个灌溉系统的供水成本，从而获得灌溉系统更大的经济效益。

5.3　干支渠配水多目标线性规划模型

5.3.1　模型构建

一般的干支渠为续灌渠道，即在整个配水周期内，渠道内都有水存在。本章的建模思想即对灌区干支渠道流量和配水时间进行优化调度，同时满足：①实配水量在灌区可利用水量范围内；②配水时间在规定的轮期范围内；③实配水量尽量满足农田作物灌溉要求；④任一时刻各下级渠道的配水流量之和等于上级渠道的配水流量，并使上、下级渠道配水流量尽可能在其设计流量的 0.6～1.2 倍变化，以满足渠道配水水位的要求，防止渠道过流输水造成溃决。根据上述建模思想，本章构建干支渠配水多目标线性规划模型，其中，目标函数一为考虑不同时刻上级渠道配水流动波动性最小，即方差最小；目标函数二为渠系输水损失最小，这两个目标可以反映渠系运行的实际情况以满足渠系工况的要求[21]。模型表达形式如下。

1）目标函数一

$$\min Z_1 = \min \left[\sum_{t=1}^{T} (Q_{st} - \bar{Q}_s)^2 \right] \Big/ (T-1) \qquad \forall t = 1, 2, \cdots, T \qquad (5\text{-}24)$$

其中，

$$Q_{st} = \sum_{n=1}^{N} q_n^* f_{tn}(x) \qquad \forall t = 1, 2, \cdots, T \tag{5-25}$$

2）目标函数二

$$\min Z_2 = \sum_{t=1}^{T} W_{st}(1-\eta_s)/\eta_s + \sum_{n=1}^{N} W_{dn}^*(1-\eta_{dn}) \tag{5-26}$$

其中，

$$W_{st} = Q_{st} t_{st} \times 60 \times 60, \quad W_{dn}^* = q_n^* \times t_{1n} \times 60 \times 60 \qquad \forall n = 1, 2, \cdots, N \tag{5-27}$$

3）约束条件

（1）灌溉可供水量约束：

$$W_{st}/\eta_s \leqslant W_{at} \qquad \forall t = 1, 2, \cdots, T \tag{5-28}$$

（2）轮期约束：

$$0 \leqslant t_{0n} \leqslant T, \ t_{2n} \leqslant T, \ t_{0n} + t_{1n} = t_{2n} \qquad \forall n = 1, 2, \cdots, N \tag{5-29}$$

（3）下级渠道流量约束：

$$a \times q_{d_n} \leqslant q_n^* \leqslant b \times q_{d_n} \qquad \forall n = 1, 2, \cdots, N \tag{5-30}$$

（4）上级渠道结点流量约束：

A 结点：

$$aQ_A \leqslant \sum_{n=1}^{N} q_n^* f_{tn}(x) \leqslant bQ_A \qquad \forall n = 1, 2, \cdots, N \tag{5-31}$$

B 结点：

$$aQ_B \leqslant \sum_{n=1}^{N} q_n^* f_{tn}(x) \leqslant bQ_B \qquad \forall n = 1, 2, \cdots, 5 \tag{5-32}$$

C 结点：

$$aQ_C \leqslant \sum_{n=1}^{N} q_n^* f_{tn}(x) \leqslant bQ_C \qquad \forall n = 6, 7, \cdots, N \tag{5-33}$$

D 结点：

$$aQ_D \leqslant \sum_{n=1}^{N} q_n^* f_{tn}(x) \leqslant bQ_D \quad \forall n = 6, 7, \cdots, 15 \tag{5-34}$$

E 结点：

$$aQ_E \leqslant \sum_{n=1}^{N} q_n^* f_{tn}(x) \leqslant bQ_E \quad \forall n = 16,17,\cdots,19 \qquad (5\text{-}35)$$

式中，t 为时刻；n 为下级渠道数，指干支渠；N 为一个轮灌组内的支渠个数；q_n^* 为每个轮灌组下级渠道的毛配水流量（m^3/s）；t_{0n} 为第 n 个下级渠道的灌水开始时间（h）；t_{1n} 为第 n 个下级渠道的灌水时间（h）；t_{2n} 为第 n 个下级渠道的灌水结束时间（h）；t_{st} 为第 t 个时段的时间步长（h）；T 为轮灌周期（h）；Q_{st} 为 t 时刻上级渠道净配水流量（m^3/s），等于该时刻下级配水渠道流量之和；$\bar{Q}_s$ 为上级渠道的平均流量（m^3/s）；$f_{tn}(x)$ 为一个连续函数（0～1 变量），描述轮灌期内渠道连续配水状态，如果 $t_{0n} \leqslant t \leqslant t_{2n}$，则 $f_{tn}(x)=1$，否则 $f_{tn}(x)=0$；W_{st} 为上级渠道净配水量（m^3）；W_{dn}^* 为第 n 个下级渠道的毛配水量（m^3）；η_s 为上级渠道渠系水利用系数；η_{dn} 为第 n 个下级渠道渠系水利用系数；q_{dn} 为第 n 个下级渠道的设计流量（m^3/s）；Q_A、Q_B、Q_C、Q_D、Q_E 分别为 A、B、C、D、E 结点对应的上级渠道的设计流量（m^3/s）；a、b 为渠道运行流量的允许阈值系数；W_{at} 为第 t 个时段的灌溉可供水量（m^3）。

5.3.2　实例应用

本节所构建的渠系配水多目标线性规划模型将用于盈科灌区的干支渠优化配水，盈科灌区位于黑河中游张掖市的甘州区，其属于典型的内陆干旱气候。年平均蒸发量为 1291mm，年平均降水量为 125mm，蒸发量远大于降水量，水资源严重缺乏。全灌区控制灌溉面积 2.1 万 hm^2，主要盛产小麦、玉米、瓜类等作物，渠系分布及简化分布见图 5-6。

将 2011 年的数据输入模型中，根据水文频率分析，2011 年属于丰水年，由灌区尺度配水结果可得到盈科灌区 2011 年配水最大值为 1.48 亿 m^3，将该数值作为本章最大可利用水量的输入数据，即本章各级渠系总配水量之和不能超过 1.48 亿 m^3。盈科灌区共有 3 条干渠，下属共 19 条支渠。整个轮期包括夏灌、秋灌和冬灌。夏灌一轮为 4 月 20 日至 5 月 14 日，共 25 天；夏灌二轮为 5 月 15 日至 6 月 14 日，共 31 天；夏灌三轮为 6 月 15 日至 7 月 10 日，共 26 天。秋灌一轮为 7 月 21 日至 8 月 6 日，共 17 天；秋灌二轮为 8 月 22 日至 9 月 8 日，共 18 天。冬灌为 10 月 18 日至 11 月 25 日，共 39 天。由于作物生育期主要集中在 4～9 月，因此本章主要考虑夏灌（包括夏灌一轮、二轮和三轮）和秋灌（包括秋灌一轮和二轮），总轮期 117 天，时间步长定为 12h。干支渠道及各轮期相关数据见表 5-2，各级渠道综合灌溉定额取 1500m^3/hm^2。根据上述模型，求得各轮期灌水流量、时间及灌水水量，

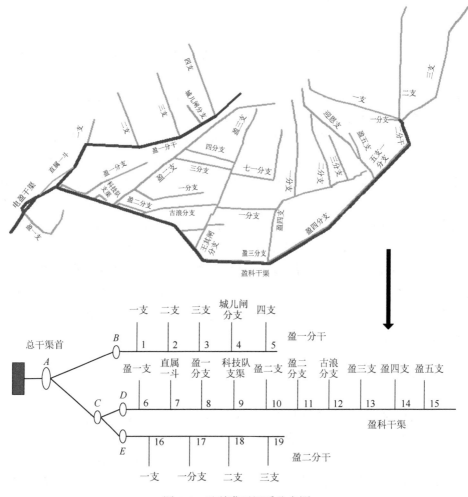

图 5-6　盈科灌区渠系分布图

如图 5-7 所示，其中，灌溉水量为模型计算得到的时间与流量之积。从表 5-2 中各级渠道设计流量及实地考察可知，盈二支是一条大支渠，因此后面田间尺度的配水研究对象选为盈二支。将由本章模型得到的盈二支的各月水量结果作为田间配水可利用水量的下限值，配水量的 1.2 倍作为田间可利用水量的上限值，因为配水流量最大值可达到设计流量的 1.2 倍。按照盈二支占盈科灌区的面积比例及盈科灌区的可利用地下水资源量，可得到盈二支可利用的地下水量。由此，盈二支 4~9 月的地表水利用水量均值为 232 万 m^3、776 万 m^3、806 万 m^3、569 万 m^3、262 万 m^3、199 万 m^3；盈二支 4~9 月的地下水利用水量均值为 73 万 m^3、225 万 m^3、218 万 m^3、152 万 m^3、73 万 m^3、58 万 m^3。田间尺度研究作物主要包括小麦、玉米和瓜菜，各作物配水周期及本章计算的各轮期配水周期见图 5-8。

表 5-2　各级渠道设计流量和灌溉面积

上级渠道	下级渠道	设计流量/(m³/s)	灌溉面积/hm²		
			夏灌一轮	夏灌二、三轮	秋灌一、二轮
盈一分干	一支	0.8	352.02	475.39	458.71
	二支	1.8	585.23	790.33	762.61
	三支	1.8	207.52	280.24	270.41
	城儿闸分支	0.9	79.81	107.79	104.00
	四支	0.8	56.01	75.64	72.99
盈科干渠	盈一支	1.6	809.83	1093.64	1055.28
	直属一斗	1.1	267.10	360.70	348.05
	盈一分支	1.2	454.10	613.24	591.73
	科技队支渠	0.3	43.41	58.62	56.56
	盈二支	2.8	1403.53	1895.41	1828.93
	盈二分支	1.2	193.37	261.14	251.98
	古浪分支	0.6	126.02	170.19	164.22
	盈三支	1.5	1136.22	1534.43	1480.61
	盈四支	0.7	871.02	1176.28	1135.02
	盈五支	0.8	567.03	765.75	738.89
盈二分干	一支	1.0	376.52	508.48	490.65
	一分支	0.3	10.50	14.18	13.68
	二支	1.8	739.40	998.53	963.50
	三支	2.5	1242.71	1678.23	1619.37

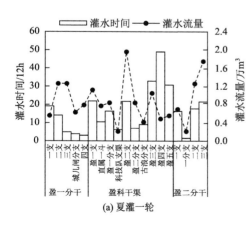

(a) 夏灌一轮

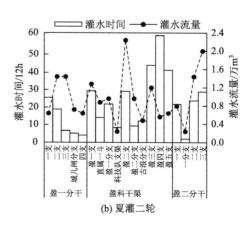

(b) 夏灌二轮

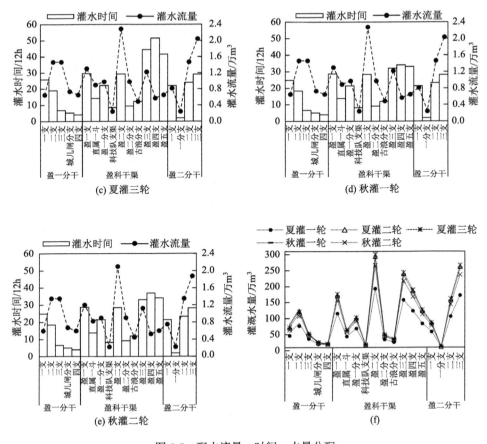

图 5-7　配水流量、时间、水量分配

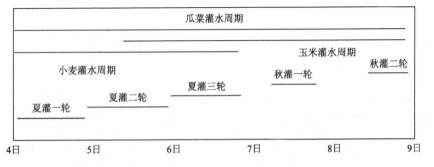

图 5-8　各作物配水周期及本章计算的各轮期配水周期

5.4　渠系轮灌组划分模型

5.4.1　模型构建

对于大中型灌区，若分支渠也实施续灌，则将超过总支渠道的设计流量，支渠向分支渠或斗渠配水的过程也就是确定分支渠或斗渠轮灌制度的过程。本章构建分支渠斗渠轮灌组划分的 0~1 规划模型，其建模思想为：在支渠来水流量确定的情况下，向斗渠配水时，斗渠按"定流量，变历时"方式从支渠引取规定的水量，且斗渠之间分组轮灌时引水流量彼此相同。每条斗渠一旦开启，则要求在规定时间内连续输水，保持其稳定的流量，直到达到规定的水量。优化配水的结果为使斗渠的渗漏损失量最小。当对支渠内各斗渠划分轮灌组时，任一时刻，要求各组中只有一条斗渠引水，任一个下级斗渠出水口在轮期内只开启一次，当某组内正在引水的斗渠即将引水完毕，那么同组内其他任意斗渠引水时，要保证支渠内引水流量不变，且该时刻斗渠引水流量之和加上渗漏损失水量，与支渠引水量保持平衡。为了方便管理，令各轮灌组的引水延续时间相等或相近。

以轮灌组灌水时间最小为目标函数，运用 0~1 整数规划，建立分支渠和斗渠的轮灌组划分模型，并考虑了净灌水量最大值以及轮期等约束。模型表达形式如下：

$$\min Z = \sum_{g=1}^{G} \sum_{m=1}^{M} x_{gm} t_m \tag{5-36}$$

$$t_m = \frac{W_{\text{净}m} + W_{\text{损}m}}{q_{\text{毛}m}} \tag{5-37}$$

式中，Z 为每一轮灌组输水时间之和；g 为分支渠/斗渠轮灌组分组序数；G 为各斗渠编号；m 为分支渠/斗渠的渠道序数；M 为轮灌组数目；t_m 为轮灌组内各分支渠/斗渠输水时间（s）；$W_{\text{净}m}$ 为第 m 分支渠/斗渠的净需水量（m³）；$W_{\text{损}m}$ 为第 m 条分支渠/斗渠的渗漏损失量（m³）；$q_{\text{毛}m}$ 为第 m 条分支渠/斗渠的毛流量（m³/s）。决策变量为 $x_{gm} = \{0,1\}$，表示第 g 轮灌组第 m 分支渠/斗渠渠口的开关状态，$x_{gm}=0$ 表示分支渠/斗渠渠口闸门关闭，$x_{gm}=1$ 表示分支渠/斗渠渠口闸门开启。

约束条件如下。

轮期约束：

$$T_{\min} \leqslant \sum_{m=1}^{M} x_{gm} t_m \leqslant T_{\max} \tag{5-38}$$

一次性引水约束：

$$\sum_{g=1}^{G} x_{gm} = 1 \qquad (5\text{-}39)$$

0～1 约束：

$$x_{gm} = \{0,1\} \qquad (5\text{-}40)$$

式中，$T_{\max}$、$T_{\min}$ 分别为上级支渠的最大、最小引水时间（s）。

5.4.2　实例应用

本节将对盈科灌区的盈二支及所属斗渠进行渠系轮灌组划分，盈二支渠系分布见图 5-9。

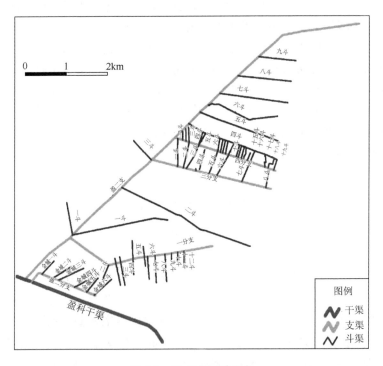

图 5-9　盈二支渠系分布

对盈二支下的分支渠和斗渠进行轮灌组划分。根据上述种植结构优化的结果，几种作物总种植面积为 1.26 万 hm²。盈二支的设计流量不能满足下级各分支同时灌水，因此盈二支下级的分支需设定为轮灌组，各分支下面的斗渠也轮灌。由轮灌组划分模型可知，确定轮灌组的最主要参数就是各条渠道的配水时间，而配水时间由配水水量与各条渠道的设计流量相除获得，其中配水水量数据为各条渠道下的各作物的灌溉面积与灌溉定额相乘获得，各条渠道的灌溉面积由 5.3 节优化得到的总面积乘以渠道所占面积比例获得。根据渠系分布图，盈二支总支渠下包括四条分支和九条斗渠，根据设计流量，本节将盈二支总支上的一斗、二斗、三斗看作是盈二支上的虚拟五分支，四斗、五斗、六斗看作是盈二支上的虚拟六分支，七斗、八斗、九斗看作是盈二支上的虚拟七分支。盈二支各下级渠道基本参数见表 5-3。根据上述方法，求得各级渠道的配水量，从而获得配水时间。根据计算，得到盈二支各分支渠配水时间及灌溉水量，见表 5-4。根据各级渠道流量及所处地理位置，盈二支下各分支分为三个轮灌组，轮灌一组包括下级渠道编号 1、2、3、11；轮灌二组包括下级渠道编号 8、9、12、13；轮灌三组包括下级渠道编号 4、5、6、7、10，根据轮灌组划分模型结果可得到各轮灌组内各渠道的配水过程。各斗渠的轮灌组划分与分支渠一致，其结果见图 5-10，具体分组情况见表 5-5。由于夏灌二、三轮的面积和秋灌一、二轮的面积分别相同，因此夏灌二、三轮和秋灌一、二轮的配水过程相同。其中，分支渠轮灌一组下的三分支内各斗渠分为两个轮灌组；分支渠轮灌二组下的四分支内的各斗渠分为 4 个轮灌组；分支渠轮灌二组下的二分支内的各斗渠分为两个轮灌组；轮灌三组下的一分支内的各斗渠分为 3 个轮灌组。各轮期内配水流量见图 5-11，从图 5-11 各轮期的配水流量均值可知流量分配结果较均匀，即夏灌一轮为 $3.32\text{m}^3/\text{s}$，夏灌二、三轮为 $3.42\text{m}^3/\text{s}$，秋灌一、二轮为 $3.38\text{m}^3/\text{s}$，利于灌区管理的工程实施。

表 5-3　盈二支各下级渠道基本参数

渠道编号	渠道名称	设计流量/(m³/s)	面积/hm²	渠道长度/km	渠道编号	渠道名称	设计流量/(m³/s)	面积/hm²	渠道长度/km
1	盈二支一斗	0.60	28.00	0.74	10.4	一分支四斗	0.40	10.67	0.64
2	盈二支二斗	1.00	121.27	3.39	10.5	一分支五斗	0.40	6.33	0.77
3	盈二支三斗	0.70	37.27	0.63	10.6	一分支六斗	0.40	12.00	0.42
4	盈二支四斗	1.20	104.20	2.29	10.7	一分支七斗	0.40	16.67	0.50
5	盈二支五斗	1.20	94.60	2.01	10.8	一分支八斗	0.30	13.33	0.61
6	盈二支六斗	1.00	53.20	1.81	10.9	一分支九斗	0.30	5.33	0.61
7	盈二支七斗	1.00	76.13	1.65	10.10	一分支十斗	0.30	4.67	0.63
8	盈二支八斗	1.00	72.27	1.28	10.11	一分支十一斗	0.30	3.33	0.20
9	盈二支九斗	1.00	82.33	0.90	10.12	一分支十二斗	0.30	4.47	0.36
10	盈二支一分支	1.50	260.20	3.67	11	盈二支三分支	1.20	262.27	2.96
10.1	一分支一斗	1.00	159.40	2.34	11.1	三分支一斗	0.60	36.33	0.62
10.2	一分支二斗	0.40	5.33	0.32	11.2	三分支二斗	0.60	38.47	0.59
10.3	一分支三斗	0.40	18.67	0.60	11.3	三分支三斗	0.60	33.67	0.59

续表

渠道编号	渠道名称	设计流量/(m³/s)	面积/hm²	渠道长度/km	渠道编号	渠道名称	设计流量/(m³/s)	面积/hm²	渠道长度/km
11.4	三分支四斗	0.60	16.00	0.50	12.11	四分支十一斗	0.40	15.53	0.28
11.5	三分支五斗	0.50	39.87	0.54	12.12	四分支十二斗	0.50	25.27	0.28
11.6	三分支六斗	0.50	39.60	0.55	12.13	四分支十三斗	0.20	2.00	0.28
11.7	三分支七斗	0.50	47.53	0.48	12.14	四分支十四斗	0.30	5.33	0.29
11.8	三分支八斗	0.50	10.80	0.37	12.15	四分支十五斗	0.20	2.00	0.19
12	盈二支四分支	1.20	135.60	2.54	12.16	四分支十六斗	0.20	1.33	0.27
12.1	四分支一斗	0.30	7.73	0.19	12.17	四分支十七斗	0.20	2.87	0.32
12.2	四分支二斗	0.30	13.33	0.28	12.18	四分支十八斗	0.20	2.00	0.32
12.3	四分支三斗	0.30	13.33	0.33	12.19	四分支十九斗	0.20	1.33	0.24
12.4	四分支四斗	0.20	1.33	0.32	13	盈二支二分支	1.00	184.13	1.73
12.5	四分支五斗	0.30	22.87	0.32	13.1	二分支金城一斗	0.80	99.33	0.42
12.6	四分支六斗	0.20	2.00	0.29	13.2	二分支金城二斗	0.50	24.67	0.53
12.7	四分支七斗	0.30	8.67	0.29	13.3	二分支金城三斗	0.60	14.00	0.70
12.8	四分支八斗	0.30	19.33	0.29	13.4	二分支金城四斗	0.40	10.00	0.45
12.9	四分支九斗	0.20	2.67	0.29	13.5	二分支金城五斗	0.80	28.33	0.41
12.10	四分支十斗	0.30	11.27	0.29	13.6	二分支金城六斗	0.30	7.80	0.54

表 5-4　盈二支各分支渠配水时间及灌溉水量

编号	渠道名称	配水时间/h					毛灌水量/m³					流量/(m³/s)
		夏灌一轮	夏灌二轮	夏灌三轮	秋灌一轮	秋灌二轮	夏灌一轮	夏灌二轮	夏灌三轮	秋灌一轮	秋灌二轮	
1	盈二支一斗	21.12	26.78	26.78	24.86	24.86	46410	58851	58851	54615	54615	0.6
2	盈二支二斗	52.46	66.52	66.52	61.73	61.73	201001	254881	254881	236537	236537	1.0
3	盈二支三斗	24.18	30.66	30.66	28.45	28.45	61770	78328	78328	72690	72690	0.7
4	盈二支四斗	39.74	50.39	50.39	46.76	46.76	172713	219010	219010	203247	203247	1.2
5	盈二支五斗	36.10	45.78	45.78	42.49	42.49	156801	198833	198833	184522	184522	1.2
6	盈二支六斗	23.68	30.03	30.03	27.87	27.87	88180	111817	111817	103769	103769	1.0
7	盈二支七斗	33.99	43.10	43.10	40.00	40.00	126192	160019	160019	148502	148502	1.0

编号	渠道名称	配水时间/h					毛灌水量/m³					流量/(m³/s)
		夏灌一轮	夏灌二轮	夏灌三轮	秋灌一轮	秋灌二轮	夏灌一轮	夏灌二轮	夏灌三轮	秋灌一轮	秋灌二轮	
8	盈二支八斗	32.48	41.19	41.19	38.22	38.22	119783	151892	151892	140960	140960	1.0
9	盈二支九斗	37.27	47.27	47.27	43.86	43.86	136469	173050	173050	160595	160595	1.0
10	盈二支一分支	74.22	94.11	94.11	87.34	87.34	404330	512714	512714	475812	475812	1.5
11	盈二支三分支	93.60	118.70	118.70	110.15	110.15	407541	516786	516786	479592	479592	1.2
12	盈二支四分支	48.45	61.44	61.44	57.01	57.01	210712	267194	267194	247964	247964	1.2
13	盈二支二分支	65.93	83.60	83.60	77.59	77.59	286129	362827	362827	336714	336714	1.2

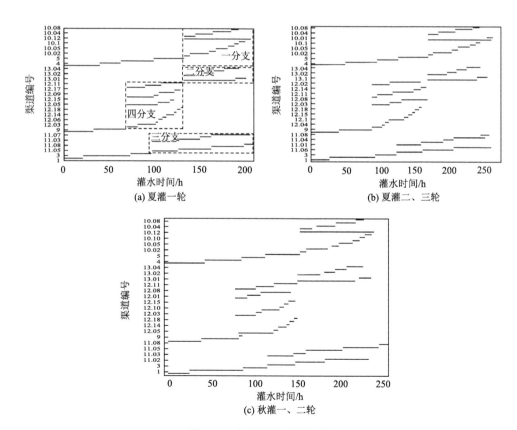

图 5-10　各级渠道轮灌组划分

表 5-5 轮灌组分组情况

分支渠轮灌组	斗渠轮灌组	分支渠轮灌组	斗渠轮灌组
轮灌一组 1（盈二支一斗）		轮灌二组 8（盈二支八斗）	
2（盈二支二斗）		9（盈二支九斗）	
3（盈二支三斗）			12（盈二支四分支）1组 12.1（一斗）
11（盈二支三分支）1组	11.2（二斗）		12.3（三斗）
	11.5（五斗）		12.4（四斗）
	11.6（六斗）		12.6（六斗）
	11.8（八斗）		12.13（十三斗）
2组	11.1（一斗）		12.14（十四斗）
	11.3（三斗）		12.16（十六斗）
	11.4（四斗）		12.18（十八斗）
	11.7（七斗）		12.19（十九斗）
轮灌三组 4（盈二支四斗）		2组	12.5（五斗）
5（盈二支五斗）			12.7（七斗）
6（盈二支六斗）			12.15（十五斗）
7（盈二支七斗）		3组	12.8（八斗）
10（盈二支一分支）1组	10.2（二斗）		12.9（九斗）
	10.3（三斗）		12.10（十斗）
	10.5（五斗）		12.17（十七斗）
	10.6（六斗）	4组	12.2（二斗）
	10.10（十斗）		12.11（十一斗）
	10.11（十一斗）		12.12（十二斗）
	10.12（十二斗）	13（盈二支二分支）1组	13.1（金城一斗）
2组	10.1（一斗）		13.6（金城六斗）
3组	10.4（四斗）	2组	13.2（金城二斗）
	10.7（七斗）		13.3（金城三斗）
	10.8（八斗）		13.4（金城四斗）
	10.9（九斗）		13.5（金城五斗）

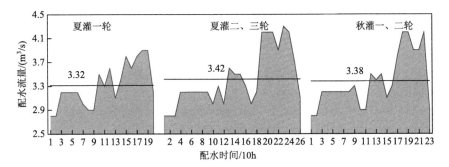

图 5-11　各轮期内配水流量

参 考 文 献

[1] 赵文举，马孝义，刘哲，等. 多级灌溉渠系配水优化编组模型与算法研究. 农业工程学报，2008，24（2）：11-16.

[2] Li M，Guo P. A multi-objective optimal allocation model for irrigation water resources under multiple uncertainties. Applied Mathematical Modelling，2014，38（19-20）：4897-4911.

[3] Zhang L D，Guo P，Fang S Q，et al. Monthly optimal reservoirs operation for multicrop deficit irrigation under fuzzy stochastic uncertainties. Journal of Applied Mathematics，2013，2014（1）：1-11.

[4] 解玉磊. 复杂性条件下流域水量水质联合调控与风险规避研究. 北京：华北电力大学，2015.

[5] 岳卫峰，杨金忠，占车生. 引黄灌区水资源联合利用耦合模型. 农业工程学报，2011，27（4）：35-40.

[6] 胡怀亮，秦克丽，张国岑. 河南省水井工程布局合理性研究. 灌溉排水学报，2014，33（3）：78-82.

[7] Batabyal A A. The queuing theoretic approach to groundwater management. Ecological Modelling，1996，85（2）：219-227.

[8] Ma M J，Yue D Q，Zhao B. Reliability analysis of machine interference problem with vacations and impatience behavior. Industrial，Mechanical and Manufacturing Science，2015，53：53-62.

[9] Hladik M. Generalized linear fractional programming under interval uncertainty. European Journal of Operational Research，2010，205（1）：42-46.

[10] Zhu H. Inexact fractional optimization for multicriteria resources and environmental management under uncertainty. Regina：University of Regina，2014.

[11] 田静宜，王新军. 基于熵权模糊物元模型的干旱水资源承载力研究——以甘肃民勤县为例. 复旦学报（自然科学版），2013，52（1）：86-93.

[12] Roozbahani R，Abbasi B，Schreider S，et al. A multi-objective approach for transboundary river water allocation. Water Resources Management，2014，28（15）：5447-5463.

[13] Davijani M H，Banihabib M F，Nadjafzadeh A，et al. Multi-objective optimization model for the allocation of water resources in arid regions based on the maximization of socioeconomic efficiency. Water Resources Management，2016，30（3）：927-946.

[14] 陈晓宏，陈永勤，赖国友. 东江流域水资源优化配置研究. 自然资源学报，2002，17（3）：366-372.

[15] 吴丹，吴凤平，陈艳萍. 流域初始水权配置复合系统双层优化模型. 系统工程理论与实践，2012，32（1）：196-202.

[16] 付强，刘银凤，刘东，等. 基于区间多阶段随机规划模型的灌区多水源优化配置. 农业工程学报，2016，

32（1）：132-139.

[17] 莫淑红，段海妮，沈冰，等. 考虑不确定性的区间多阶段随机规划模型研究. 水利学报，2014，45（12）：1427-1434.

[18] 康绍忠，粟晓玲，杜太生，等. 西北旱区流域尺度水资源转化规律及其节水调控模式——以甘肃石羊河流域为例. 北京：水利水电出版社，2009.

[19] Huang G，Baeta B W，Patry G G. A grey linear programming approach for municipal solid waste management planning under uncertainty. Civil Engineering Systems，1992，9（4）：319-335.

[20] Arora R，Arora S R. An algorithm for solving an integer linear fractional/quadratic bilevel programming problem. Advanced Modeling and Optimization，2012，14（1）：57-78.

[21] 彭世彰，王莹，陈芸，等. 灌区灌溉用水时空优化配置方法. 排灌机械工程学报，2013，31（3）：259-264.

第6章 区间-模糊条件下农田灌溉水土资源高效配置

田间尺度灌溉水资源优化配置即对田间的不同作物在其生育期进行优化配水。通常决策者希望获得田间农作物的最大水分生产力，即用同样的水资源量生产更多的粮食或用更少的水资源量生产同样多的粮食。提高作物水分生产力对于干旱半干旱地区尤为重要。作物水分生产力可被简单定义为单方水资源所能产生的粮食产量[1]，其评估指标包括产量/灌溉水量、产量/净入流、产量/消耗水量等。如何优化作物水分生产力，即如何通过优化手段对水资源进行优化以获得最大的作物水生产力是田间决策者需要考虑的问题，其对田间的可持续管理具有重要意义。分式规划，是一类能够有效处理系统效率的数学规划方法，可以解决上述问题[2]。然而，田间水资源优化配置中涉及的参数仍具有不确定性。以作物的水分生产函数（crop water production functions，CWPFs）为例，CWPFs 与作物蒸散发量（evapotranspiration，ET）紧密相关，而 ET 会随气象要素的变化、测量及评估方法的不同而不同，由此区间作物水分生产函数（interval crop water production functions，ICWPFs）相对确定性的 CWPFs 而言，能够包含更多作物产量与蒸散发量的信息。同样，为使配水方案能够涵盖更广的范围，随机参数，如降水、径流等也需用不确定性参数表示。不确定性参数包括随机参数、模糊参数、区间参数以及 3 种参数之间的耦合参数，区间参数和模糊参数的确定对数据量的需求最少，在农田尺度具有较强的通用性。

6.1 区间作物水分生产函数

区间作物水分生产函数（ICWPFs）是用于描述不确定条件下作物产量与 ET 之间关系的函数，是水资源短缺地区水管理研究的有力工具。CWPFs 分为全生育期水分生产函数和分阶段水分生产函数。其中，全生育期水分生产函数可以用来指导不同作物之间的优化配水，典型的全生育期水分生产函数有线性模型和二次函数模型，表达形式如下[3]。

线性模型：

$$Y = c_0\text{ET} + e_0 \tag{6-1}$$

二次函数模型：

$$Y = c_1 ET^2 + d_1 ET + e_1 \tag{6-2}$$

式中，Y 为作物产量（kg/hm²）；ET 为作物蒸散发量（m³/hm²）；c_0、e_0、c_1、d_1、e_1 为经验系数，由田间实验数据通过回归方法获得。

大量研究表明，线性关系一般只适用于灌溉水源不足、管理水平不高、农业技术措施未能充分发挥的中低产地区，随着水源条件的改善和管理水平的提高，作物全生育期水分生产函数呈二次抛物线关系。对于干旱半干旱地区，可采用线性模型水分生产函数。根据水量平衡方程，ET 可以通过以下公式获得

$$ET_t = M_t + P_t + K_t + \Delta H_t - F_t \tag{6-3}$$

式中，t 为时段段；ET_t 为 t 时段的蒸散发量（m³/hm²）；M_t 为 t 时段的灌溉水量（m³/hm²）；ΔH_t 为 t 时段土壤水变化量（m³/hm²）；P_t 为 t 时段的有效降水量（m³/hm²）；K_t 为 t 时段的地下水补给量（m³/hm²）；F_t 为 t 时段的下渗水量（m³/hm²）。

CWPFs 直接影响配水结果，为使 CWPFs 包含更多信息，ICWPFs 的确定很有必要。本章根据田间试验数据及区间线性回归方法来获得 ICWPFs。区间线性回归模型可表示成[4]

$$Y(x) = A_0 + A_1(x_1) + \cdots + A_n(x_n) = \boldsymbol{A}\boldsymbol{x} \tag{6-4}$$

式中，$\boldsymbol{x} = (1, x_1, \cdots, x_n)^T$ 为实测数据；$\boldsymbol{A} = (A_0, \cdots, A_n)$ 为区间回归系数；$Y(x)$ 为估计的区间值；区间系数 A_i 可被表示为 $A_i = (a_i, c_i)$，其中，a_i 为中心值，c_i 为变化半径。

基于二次规划的回归方法是区间回归的有效方法，优点是能够给出不同的扩散系数，并集成了最小二乘法和模糊回归法的特点。基于二次规划的区间回归方法优化模型的基本形式如下[5]。

目标函数：

$$\min_{a,c} J = k_1 \sum_{j=1}^{m} (y_j - \boldsymbol{a}^T x_j)^2 + k_2 \sum_{j=1}^{m} \boldsymbol{c}^T \mid \boldsymbol{x}_j \parallel \boldsymbol{x}_j \mid^T \boldsymbol{c} \tag{6-5}$$

约束条件：

$$\boldsymbol{a}^T \boldsymbol{x}_j + \boldsymbol{c}^T \mid \boldsymbol{x}_j \mid \geqslant y_j \qquad j = 1, 2, \cdots, m \tag{6-6}$$

$$\boldsymbol{a}^T \boldsymbol{x}_j - \boldsymbol{c}^T \mid \boldsymbol{x}_j \mid \leqslant y_j \qquad j = 1, 2, \cdots, m \tag{6-7}$$

$$c_i \geqslant 0 \qquad i = 0, 1, \cdots, n \tag{6-8}$$

式中，假设模型输入输出数据表示为 $(\boldsymbol{x}_j, y_j) = (1, x_{j1}, \cdots, x_{jn}; y_j)$，$j = 1, \cdots, p$，则输出参数 y_j 应隶属于 $Y(x)$；$|\boldsymbol{x}_j| = (1, |x_{j1}|, \cdots, |x_{jn}|)^T$；$\boldsymbol{a} = (a_0, \cdots, a_n)^T$；$\boldsymbol{c} = (c_0, \cdots, c_n)^T$；$k_1$、$k_2$ 为系数权重，回归结果随着权重系数的变化而变化。

6.2　区间线性分式规划配水模型

6.2.1　模型构建

在 ICWPFs 的基础上，可建立区间线性分式规划（interval linear-fractional programming，ILFP）田间配水模型。区间线性分式规划模型的建模思想即对田间尺度不同作物进行全生育期的水量优化配置，以获得最小用水情况下的最大作物灌溉收益，即获得田间最大的水分生产力，同时满足：①各种作物在任一时间段 t 内的总用水量在支渠可利用水量范围内；②任一时间段与上一时间段保证水量平衡，即任一特定时段的余水量等于上一时段余水量加上该时段的可利用水量减去分配的水量，其中第一时段的余水量为 0；③每种作物任一时间段所分配的水量需满足最小需水要求，同时不能超过最大需水量，若外界供水（如降水、地下水补给等）已满足作物需水要求，则为作物分配的水量为 0。ILFP 模型表达形式如下。

1）目标函数

$$
\max f^{\pm} = \frac{\displaystyle\sum_{r=1}^{R} B_r^{\pm} A_r^{\pm} \left[c_r^{\pm} \left(\sum_{t=1}^{T} (M_{rt}^{\pm} + P_t^{\pm} + K_t^{\pm} + \Delta H_t^{\pm} - F_t^{\pm}) \right) + e_r^{\pm} \right] - (C_{ws}^{\pm} + C_{wo}^{\pm}) \sum_{r=1}^{R} A_r^{\pm} \sum_{t=1}^{T} (M_{rt}^{\pm}/\eta)}{\displaystyle\sum_{r=1}^{R} \sum_{t=1}^{T} A_r^{\pm} M_{rt}^{\pm}}
$$

$$(6-9)$$

2）约束条件

可利用水量约束：

$$
\sum_{r=1}^{R} A_r^{\pm} M_{rt}^{\pm}/\eta \leqslant Q_{st}^{\pm} + Q_{gt}^{\pm} + P_t^{\pm} \sum_{r=1}^{R} A_r^{\pm} + S_{t-1}^{\pm} \qquad \forall t \qquad (6-10)
$$

水量平衡约束：

$$
S_{t-1}^{\pm} = S_{t-2}^{\pm} + Q_{s(t-1)}^{\pm} + Q_{g(t-1)}^{\pm} + P_{t-1}^{\pm} \sum_{r=1}^{R} A_r^{\pm} - \sum_{r=1}^{R} A_r^{\pm} M_{r(t-1)}^{\pm}/\eta \qquad \forall t \qquad (6-11)
$$

需水约束：

$$
M_{rt}^{\pm} \begin{cases} \leqslant \mathrm{ET}_{\max,rt}^{\pm} - (P_t^{\pm} + \Delta H_t^{\pm} + K_t^{\pm} - F_t^{\pm}) & P_t^{\pm} + \Delta H_t^{\pm} + K_t^{\pm} - F_t^{\pm} \leqslant \mathrm{ET}_{\max,rt}^{\pm} \\ \text{且} \geqslant \mathrm{ET}_{\min,rt}^{\pm} - (P_t^{\pm} + \Delta H_t^{\pm} + K_t^{\pm} - F_t^{\pm}) & P_t^{\pm} + \Delta H_t^{\pm} + K_t^{\pm} - F_t^{\pm} > \mathrm{ET}_{\max,rt}^{\pm} \qquad \forall r,t \\ = 0 \end{cases}
$$

$$(6-12)$$

非负约束：

$$
M_{rt}^{\pm} \geqslant 0 \qquad \forall r,t \qquad (6-13)
$$

式中，$f^{\pm}$为目标函数值（元/m³）；r为作物种类；R为作物种类总数；t为配水时间段；T为配水时间段的总数；$B_r^{\pm}$为第r作物的市场价格（元/kg）；$A_r^{\pm}$为第r作物的种植面积（hm²），由第 5 章渠系配水结果获得；$P_t^{\pm}$为t时段的有效降雨量（m³/hm²）；$M_{rt}^{\pm}$、$M_{r(t-1)}^{\pm}$分别为第r作物第t时段、第$t-1$时段的配水量（m³/hm²），为决策变量；$c_r^{\pm}$、$e_r^{\pm}$为第r作物的线性水分生产函数回归系数；$C_{ws}^{\pm}$为供水费用（元/m³）；$C_{wo}^{\pm}$为水利工程运行费用（元/m³）；η为支渠及以下各级渠道的综合水利用系数；$Q_{st}^{\pm}$、$Q_{s(t-1)}^{\pm}$分别为第t时段、第$t-1$时段的地表可利用水资源量（万 m³）；$Q_{gt}^{\pm}$、$Q_{g(t-1)}^{\pm}$分别为第t时段、第$t-1$时段的地下可利用水资源量（万 m³）；$S_{t-1}^{\pm}$、$S_{t-2}^{\pm}$分别为第$t-1$时段、第$t-2$时段的余水量（万 m³）；$ET_{\min,rt}^{\pm}$、$ET_{\max,rt}^{\pm}$分别为第r作物第t时段的最小、最大需水量（m³/hm²）。

6.2.2 模型求解

由于线性分式规划并不是普通线性规划，因此常用于求解区间线性规划的交互式算法将不适用于求解 ILFP 模型。近年来，一些学者对具有区间参数的 ILFP 的求解方法进行了研究[6, 7]。本章选用 Zhu 于 2014 年提出的 ILFP 模型求解方法[7]，该求解方法能够得到有效的可行解，即在不确定性输入的情况下得到多种决策方案并且已成功应用于固体废弃物规划管理中。ILFP 模型的详细求解过程如下。

（1）求解中间子模型。中间子模型即模型中的各参数均用各区间参数的中间值代替，获得 $\max f^{mv}$ 和 $M_{rt,opt}^{mv}$ [上角标 mv 表示目标函数或该参数（以区间形式表示）的中间值]。

（2）判断目标函数 $f^{\pm}$ 的上、下限与决策变量 $M_{it}^{\pm}$（$M_{it}^{\pm} \geqslant 0$）的上、下限的对应关系。目标函数上、下限与决策变量上、下限对应关系见表 6-1。由于模型中的目标函数（作物水分生产力）和决策变量（灌溉配水量）均为正值，因此采用表 6-1 中的第①行的判断准则。表格中的 $f_{P_+}^+$、$f_{P_{mv}}^+$、$f_{P_-}^+$ 为目标函数 f^+ 的约束条件。其中，

$$
f^+ = \cfrac{\sum_{r=1}^{R} B_r^+ A_r^+ \left[c_r^+ \sum_{t=1}^{T} (M_{rt} + P_t^+ + K_t^+ + \Delta H_t^+ - F_t^-) + e_r^+ \right] - (C_{ws}^- + C_{wo}^-) \sum_{r=1}^{R} A_r^- \sum_{t=1}^{T} (M_{rt}/\eta)}{\sum_{r=1}^{R} \sum_{t=1}^{T} A_r^- M_{rt}}
\tag{6-14}
$$

$$P_+ = \left\{ M_{rt} \middle| \begin{array}{l} \displaystyle\sum_{r=1}^{R} A_r^- M_{rt} / \eta \leqslant Q_{st}^+ + Q_{gt}^+ + P_t^+ \sum_{r=1}^{R} A_r^+ + S_{t-1}^+ \\[2mm] S_{t-1}^+ = S_{t-2}^+ + Q_{s(t-1)}^+ + Q_{g(t-1)}^+ + P_{t-1}^+ \sum_{r=1}^{R} A_r^+ - \sum_{r=1}^{R} A_r^+ M_{r(t-1)} \Big/ \eta \\[2mm] P_t^- + M_{rt} + \Delta H_t^- + K_t^- - F_t^+ \leqslant \mathrm{ET}_{\max,rt}^+ \\[2mm] P_t^+ + M_{rt} + \Delta H_t^+ + K_t^+ - F_t^- \geqslant \mathrm{ET}_{\min,rt}^- \end{array} \right. \quad (6\text{-}15)$$

$$P_{mv} = \left\{ M_{rt} \middle| \begin{array}{l} \displaystyle\sum_{r=1}^{R} A_r^{mv} M_{rt} / \eta \leqslant Q_{st}^{mv} + Q_{gt}^{mv} + P_t^{mv} \sum_{r=1}^{R} A_r^{mv} + S_{t-1}^{mv} \\[2mm] S_{t-1}^{mv} = S_{t-2}^{mv} + Q_{s(t-1)}^{mv} + Q_{g(t-1)}^{mv} + P_{t-1}^{mv} \sum_{r=1}^{R} A_r^{mv} - \sum_{r=1}^{R} A_r^{mv} M_{r(t-1)} \Big/ \eta \\[2mm] \mathrm{ET}_{\min,rt}^{mv} \leqslant P_t^{mv} + M_{rt} + \Delta H_t^{mv} + K_t^{mv} - F_t^{mv} \leqslant \mathrm{ET}_{\max,rt}^{mv} \end{array} \right. \quad (6\text{-}16)$$

$$P_- = \left\{ M_{rt} \middle| \begin{array}{l} \displaystyle\sum_{r=1}^{R} A_r^+ M_{rt} / \eta \leqslant Q_{st}^- + Q_{gt}^- + P_t^- \sum_{r=1}^{R} A_r^- + S_{t-1}^- \\[2mm] S_{t-1}^- = S_{t-2}^- + Q_{s(t-1)}^- + Q_{g(t-1)}^- + P_{t-1}^- \sum_{r=1}^{R} A_r^- - \sum_{r=1}^{R} A_r^+ M_{r(t-1)} / \eta \\[2mm] P_t^+ + M_{rt} + \Delta H_t^+ + K_t^+ - F_t^- \leqslant \mathrm{ET}_{\max,rt}^- \\[2mm] P_t^- + M_{rt} + \Delta H_t^- + K_t^- - F_t^+ \geqslant \mathrm{ET}_{\min,rt}^+ \end{array} \right. \quad (6\text{-}17)$$

表 6-1　目标函数上、下限与决策变量上、下对应关系

序号	$f^{\pm}$	$A_r^{\pm}$	$\mathrm{CM}_r = B_r^+ A_r^+ c_r^+ - (C_{ws}^- + C_{wo}^-) A_r^- / \eta$（决策变量前系数）			
			$M_{rt}^- \longleftrightarrow f^+$	$M_{rt}^- \longleftrightarrow f^+$	$M_{rt}^+ \longleftrightarrow f^+$	$M_{rt}^+ \longleftrightarrow f^+$
			A	B	C	D
①	+	+	$(-\infty, A_r^- f_{P_+}^+]$	$(A_r^- f_{P_+}^+, A_r^- f_{P_{mv}}^+)$	$[A_r^- f_{P_{mv}}^+, A_r^- f_{P_-}^+)$	$[A_r^- f_{P_-}^+, +\infty)$
②	+	–	$(-\infty, A_r^- f_{P_+}^+]$	$(A_r^- f_{P_+}^+, A_r^- f_{P_{mv}}^+)$	$[A_r^- f_{P_{mv}}^+, A_r^- f_{P_-}^+)$	$[A_r^- f_{P_-}^+, +\infty)$
③	–	+	$(-\infty, A_r^+ f_{P_+}^+]$	$(A_r^+ f_{P_+}^+, A_r^+ f_{P_{mv}}^+)$	$[A_r^+ f_{P_{mv}}^+, A_r^+ f_{P_-}^+)$	$[A_r^+ f_{P_-}^+, +\infty)$
④	–	–	$(-\infty, A_r^+ f_{P_+}^+]$	$(A_r^+ f_{P_+}^+, A_r^+ f_{P_{mv}}^+)$	$[A_r^+ f_{P_{mv}}^+, A_r^+ f_{P_-}^+)$	$[A_r^+ f_{P_-}^+, +\infty)$

注：" $\longleftrightarrow$ " 表示决策变量和目标函数之间的上、下限对应关系不需要验证。

（3）将 ILFP 模型转换成确定性的上、下限子模型并求解。在步骤（2）的基础上，根据交互式算法将 ILFP 模型的原始模型拆分成上、下限子模型，并分别进行求解。为了保证最优解的可行性，先求解下限子模型，并根据下限子模型的结果构建交互式约束，作为上限子模型的一个约束条件。

下限子模型：

$$\max f^- = \frac{\left(\sum_{r=1}^{k} B_r^- A_r^- c_r^- M_{rt}^- + \sum_{r=k+1}^{R} B_r^- A_r^- c_r^- M_{rt}^+\right) + \sum_{r=1}^{R} B_r^- A_r^- \left(\sum_{t=1}^{T}(P_t^- + K_t^- + \Delta H_t^- - F_t^+) + e_r^-\right)}{\sum_{r=1}^{k}\sum_{t=1}^{T} A_r^+ M_{rt}^- + \sum_{r=k+1}^{R}\sum_{t=1}^{T} A_r^+ M_{rt}^+} \\ \frac{-(C_{ws}^+ + C_{wo}^+)\left[\sum_{r=1}^{k}\sum_{t=1}^{T}(A_r^+ M_{rt}^-/\eta) + \sum_{r=k+1}^{R}\sum_{t=1}^{T}(A_r^+ M_{rt}^+/\eta)\right]}{\sum_{r=1}^{k}\sum_{t=1}^{T} A_r^+ M_{rt}^- + \sum_{r=k+1}^{R}\sum_{t=1}^{T} A_r^+ M_{rt}^+}$$

$$\sum_{r=1}^{k} A_r^+ M_{rt}^-/\eta + \sum_{r=k+1}^{R} A_r^- M_{rt}^+/\eta \leqslant Q_{st}^- + Q_{gt}^- + P_t^- \sum_{r=1}^{R} A_r^- + S_{t-1}^- \qquad \forall t$$

$$S_{t-1}^- = S_{t-2}^- + Q_{s(t-1)}^- + Q_{g(t-1)}^- + P_{t-1}^- \sum_{r=1}^{R} A_r^- - \left(\sum_{r=1}^{k} A_r^+ M_{r(t-1)}^- + \sum_{r=k+1}^{R} A_r^+ M_{r(t-1)}^+\right)\bigg/\eta \qquad \forall r, t$$

$$M_{rt}^-(M_{rt}^+)\begin{cases} \leqslant \mathrm{ET}_{\max,rt}^- - Z_t^+ & Z_t^+ \leqslant \mathrm{ET}_{\max,rt}^- \\ \text{且} \geqslant \mathrm{ET}_{\min,rt}^+ - Z_t^- & \forall r = 1, 2, \cdots, k \ (\forall r = k+1, k+2, \cdots, R) \\ = 0 & Z_t^+ > \mathrm{ET}_{\max,rt}^- \end{cases}$$

$$M_{rt}^- \leqslant M_{rt,\,\mathrm{opt}}^{mv} \quad \forall t, r = 1, 2, \cdots, k; \qquad M_{rt}^+ \geqslant M_{rt,\,\mathrm{opt}}^{mv} \qquad \forall t, r = k+1, k+2, \cdots, R$$

$$M_{rt}^- \geqslant 0 \quad \forall t, r = 1, 2, \cdots, k; \qquad M_{rt}^+ \geqslant 0 \qquad \forall t, r = k+1, k+2, \cdots, R$$

上限子模型：

$$\max f^+ = \frac{\left(\sum_{r=1}^{k} B_r^+ A_r^+ c_r^+ M_{rt}^+ + \sum_{r=k+1}^{R} B_r^+ A_r^+ c_r^+ M_{rt}^-\right) + \sum_{r=1}^{R} B_r^+ A_r^+ \left(\sum_{t=1}^{T}(P_t^+ + K_t^+ + \Delta H_t^+ - F_t^-) + e_r^+\right)}{\sum_{r=1}^{k}\sum_{t=1}^{T} A_r^- M_{rt}^+ + \sum_{r=k+1}^{R}\sum_{t=1}^{T} A_r^- M_{rt}^-} \\ \frac{-(C_{ws}^- + C_{wo}^-)\left[\sum_{r=1}^{k}\sum_{t=1}^{T}(A_r^- M_{rt}^+/\eta) + \sum_{r=k+1}^{R}\sum_{t=1}^{T}(A_r^- M_{rt}^-/\eta)\right]}{\sum_{r=1}^{k}\sum_{t=1}^{T} A_r^- M_{rt}^+ + \sum_{r=k+1}^{R}\sum_{t=1}^{T} A_r^- M_{rt}^-}$$

$$\sum_{r=1}^{k} A_r^- M_{rt}^+/\eta + \sum_{r=k+1}^{R} A_r^+ M_{rt}^-/\eta \leqslant Q_{st}^+ + Q_{gt}^+ + P_t^+ \sum_{r=1}^{R} A_r^+ + S_{t-1}^+ \qquad \forall t$$

$$S_{t-1}^+ = S_{t-2}^+ + Q_{s(t-1)}^+ + Q_{g(t-1)}^+ + P_{t-1}^+ \sum_{r=1}^{R} A_r^+ - \left(\sum_{r=1}^{k} A_r^- M_{r(t-1)}^+ + \sum_{r=k+1}^{R} A_r^- M_{r(t-1)}^-\right)\bigg/\eta \qquad \forall r, t$$

$$M_{rt}^-(M_{rt}^+)\begin{cases} \leqslant \mathrm{ET}_{\max,rt}^+ - Z_t^- & Z_t^- \leqslant \mathrm{ET}_{\max,rt}^- \\ \text{且} \geqslant \mathrm{ET}_{\min,rt}^+ - Z_t^- & \forall r = 1, 2, \cdots, k \ (\forall r = k+1, k+2, \cdots, R) \\ = 0 & Z_t^- > \mathrm{ET}_{\max,rt}^- \end{cases}$$

$$M_{rt}^+ \geqslant M_{rt,\,\mathrm{opt}}^{mv} \quad \forall t, r = 1, 2, \cdots, k; \qquad M_{rt}^- \leqslant M_{rt,\,\mathrm{opt}}^{mv} \qquad \forall t, r = k+1, k+2, \cdots, R$$

$$\sum_{r=1}^{k} A_r^- M_{rt}^+/\eta + \sum_{r=k+1}^{R} A_r^- M_{rt,\,\mathrm{opt}}^+/\eta \leqslant Q_{st}^+ + Q_{gt}^+ + P_t^+ \sum_{r=1}^{R} A_r^+ + S_{t-1}^+ \qquad \forall t$$

$$M_{rt}^+ \geqslant 0 \quad \forall t, t = 1, 2, \cdots, k; \qquad M_{rt}^- \geqslant 0 \quad \forall t, r = k+1, k+2, \cdots, R$$

式中，$Z_t^{\pm} = P_t^{\pm} + \Delta H_t^{\pm} + K_t^{\pm} - F_t^{\pm}$，各参数意义与 6.2.1 节相同。其中，交互式约束的目的是保证最优解的组合在可行域内。结合上、下限子模型的最优解，得到 ILFP 模型的最优解为 $M_{rt\,\text{opt}}^{\pm} = [M_{rt\,\text{opt}}^{-}, M_{rt\,\text{opt}}^{+}]$，$f_{\text{opt}}^{\pm} = [f_{\text{opt}}^{-}, f_{\text{opt}}^{+}]$。

（4）假设检验。根据步骤（2）的判断，若步骤（2）中判断的决策变量和目标函数的对应关系属于表 6-1 中的①、④两种情况，则无须进行假设检验；若属于表 6-1 中的②、③两种情况，则需进行假设检验，检验方法为：令 $s_r^{+}\big|_{M_{rt\,\text{opt}}} = \text{CM}_r^{+} - A_r^{-} f^{+}$，$s_r^{+}\big|_{M_{rt\,\text{opt}}^{mv}} = \text{CM}_r^{+} - A_r^{-} f_{P_{mv}}^{+}$，比较 $s_r^{+}\big|_{M_{rt\,\text{opt}}}$ 与 $s_r^{+}\big|_{M_{rt\,\text{opt}}^{mv}}$ 的正负号，其中，$f_{P_{mv}}^{+}$ 在步骤（2）中已获得，f_{opt}^{+} 为由步骤（3）得到的目标函数最优解上限值。由于模型解法的推导过程是建立在 $s_r^{+}\big|_{M_{rt\,\text{opt}}}$ 与 $s_r^{+}\big|_{x_{j\,\text{opt}}^{mv}}$ 同号的基础上的，若 $s_r^{+}\big|_{M_{rt\,\text{opt}}}$ 与 $s_r^{+}\big|_{M_{rt\,\text{opt}}^{mv}}$ 同号，则模型解法的推导过程中的假设检验是有效的，ILFP 模型的解为步骤（3）中获得的最优解；若 $s_r^{+}\big|_{M_{rt\,\text{opt}}}$ 与 $s_r^{+}\big|_{M_{rt\,\text{opt}}^{mv}}$ 异号，则模型解法的推导过程中的假设检验是无效的，此时要调换决策变量的上下限值，并从步骤（2）开始重新进行计算，从而得到模型最优解。

ILFP 模型求解流程见图 6-1。

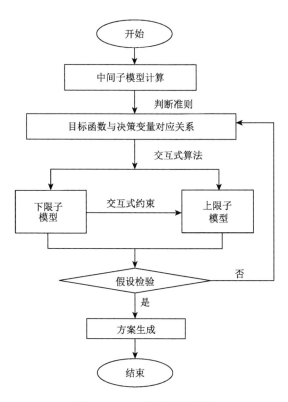

图 6-1 ILFP 模型求解流程

6.3　基于模糊多目标线性分式规划的种植结构优化模型

6.3.1　模型构建

很多方法可以处理模型中的模糊参数[8]。传统的方法是用 α-cut 水平方法将模糊数解模糊化，这会增加大量的额外约束和变量，因此要想获得期望的结果，需要经历一个非常复杂的计算过程，消耗时间很多。为了克服这个问题，优劣势测量法（superiority and inferiority measures method，SIMM）被提出，该方法通过优劣程度的变化来直接反映模糊参数之间的关系。优劣势测量法是一种很有效的技术手段，可以解决具有模糊数或模糊随机变量的线性规划问题[9]。除约束中的模糊特性外，多目标和分式特性也是规划中的难点。种植结构优化模型通常以最大经济、社会或环境等效益或者以单位资源的产出效率作为目标，如果以单位资源的产出效率作为目标，其目标函数很可能是线性分式的形式。该目标代表了产生的利润与资源投资或消费的比率，在农业灌溉问题上就可以表述为消耗的单位水资源所实现的农作物经济价值，该目标是非常重要的指标，直接反映了产出的效率。有很多方法求解多目标线性分式规划问题[10, 11]。

本节的目标是开发一个基于优劣势测量法的优化算法，用于处理模糊多目标线性分式规划（fuzzy multi-objective linear fractional programming，FMOLFP）。首先，需要用优劣势测量法处理约束中的模糊数。然后，处理期望程度的模糊性，并用线性目标规划的方法处理多个目标函数。该方法能够解决具有模糊特性的多目标线性分式规划问题。最后，通过实例的具体应用，说明该算法解决农业种植结构优化问题的可行性。

模型设置两个目标：第一个目标是实现灌溉用水的最大单位经济价值，这个目标可以更有效地保护和充分开发利用有限的农业用水资源；第二个目标是实现单位面积上更多的粮食产量，这个目标可以为大量人口提供更多的粮食保障。以优化决策两种作物的种植面积为例。

设作物 1 的种植面积为 x_1，作物 2 的种植面积为 x_2，则该问题的目标函数可描述如下：

$$\max \ z_1 = \frac{B_1Y_1x_1 + B_2Y_2x_1 + B_3Y_3x_2}{M_1x_1 + M_2x_1 + M_3x_2} = \frac{(B_1Y_1 + B_2Y_2)x_1 + B_3Y_3x_2}{(M_1 + M_2)x_1 + M_3x_2} \quad (6\text{-}18)$$

$$\max \ z_2 = \frac{B_1Y_1x_1 + B_2Y_2x_1 + B_3Y_3x_2}{x_1 + x_2} = \frac{(B_1Y_1 + B_2Y_2)x_1 + B_3Y_3x_2}{x_1 + x_2} \quad (6\text{-}19)$$

式中，Y 为单位面积作物产量（kg/hm²）；B 为作物收购价格（元/kg）；M 为灌溉定额（m³/hm²）。

同时，该问题的约束条件如下。

粮食农作物可用种植面积约束：

$$x_1 + x_2 \leqslant X \tag{6-20}$$

式中，X 为最大种植面积（hm^2）。

粮食安全约束：

$$\frac{x_1}{x_1 + x_2} \geqslant P \tag{6-21}$$

种植面积约束为确保粮食安全，必须保证有充分的面积种植冬小麦和玉米。P 为作物种植面积与总面积的比值。

经济约束：

$$(\tilde{c}_1 + \tilde{c}_2)x_1 + \tilde{c}_3 x_2 \leqslant \tilde{C} \tag{6-22}$$

该约束条件限制了所有农作物的经济总支出不得超过计划支出的上限值。支出成本包括农作物的种植成本、交通成本、人力成本、间接成本等。在此约束中，c 为作物单位面积上的支出成本（元/hm^2），C 为总的计划成本（元）。这些参数均具有模糊特性，在此用三角形模糊数来表示。

非负约束：

$$x_1, x_2 \geqslant 0 \tag{6-23}$$

此约束规定种植面积 x_1 和 x_2 必须为非负值。

对于此类问题的求解，主要存在三个方面的困难：多个目标函数、分式结构、模糊特性。而关于该类问题的求解还未见到成熟的解法。本节将基于优劣势测量法探讨模糊多目标分式规划问题求解算法的可能性。

6.3.2　基于优劣势测量法的模型求解算法

设线性最初的分式规划问题描述如下：

$$\max \ Z_k(\boldsymbol{X}) = \frac{c_k \boldsymbol{X} + \alpha_k}{d_k \boldsymbol{X} + \beta_k} \qquad k = 1, 2, \cdots, K \tag{6-24}$$

约束于

$$\boldsymbol{X} \in S = \{\boldsymbol{X} \in \mathbf{R}^n \mid A\boldsymbol{X} \leqslant \boldsymbol{b}, \boldsymbol{X} \geqslant 0, \boldsymbol{b} \in \mathbf{R}^m\} \tag{6-25}$$

式中，$\boldsymbol{X}$ 为 n 维列向量；c_k、$d_k \in \mathbf{R}^n$；α_k、β_k 为常数；A 为 $m \times n$ 阶矩阵；$\boldsymbol{b}$ 为 m 维列向量，而且 $S \neq \Phi$。

如果式（6-25）中的参数存在模糊数，则这些约束条件可分解为两部分：

$$\sum_{j=1}^{n} a_{ij} x_j \leqslant b_i \qquad i = 1, 2, \cdots, m_1 \tag{6-26}$$

式中，a_{ij} 为矩阵 A 的第 i 行第 j 列的元素；x_j 为向量 X 中第 j 个变量；b_i 为向量 b 的第 i 个向量；m_1 为不带模糊数的约束数量。

$$\sum_{j=1}^{n} \tilde{a}_{ij} x_j \leqslant \tilde{b}_i \qquad i = m_1+1, m_1+2, \cdots, m \tag{6-27}$$

式中，$\tilde{a}_{ij}$、$\tilde{b}_i$ 为三角形模糊数，定义为 $\tilde{\delta} = (\delta, l, r)$，其中，标量 l 和 r 分别为三角形模糊数的左右模糊范围。

根据优劣势测量法，这种问题可以描述成以下等价问题[9]：

$$\max \ Z'_k(X) = \frac{c_k X + \alpha_k}{d_k X + \beta_k} - \sum_{i=m_1+1}^{m} \varepsilon_{ki} E[\lambda_i^S] - \sum_{i=m_1+1}^{m} \phi_{ki} E[\lambda_i^I] \qquad k = 1, 2, \cdots, K \tag{6-28}$$

约束于

$$\sum_{j=1}^{n} a_{ij} x_j \leqslant b_i \qquad i = 1, 2, \cdots, m_1 \tag{6-29}$$

$$\lambda_i^S = S_i \left(\sum_{j=1}^{n} \tilde{a}_{ij} x_j, \tilde{b}_i \right) \qquad i = m_1+1, m_1+2, \cdots, m \tag{6-30}$$

$$\lambda_i^I = I_i \left(\tilde{b}_i, \sum_{j=1}^{n} \tilde{a}_{ij} x_j \right) \qquad i = m_1+1, m_1+2, \cdots, m \tag{6-31}$$

$$x_j \geqslant 0 \qquad \forall j \tag{6-32}$$

$$\lambda_i^S \geqslant 0 \qquad i = m_1+1, m_1+2, \cdots, m \tag{6-33}$$

$$\lambda_i^I \geqslant 0 \qquad i = m_1+1, m_1+2, \cdots, m \tag{6-34}$$

式中，ε_{ki}、ϕ_{ki} 为违规约束中的惩罚系数，其值 $\geqslant 0$；λ_i^S、λ_i^I 为优劣势程度；E 为期望值；$S_i(\ )$、$I_i(\ )$ 为优劣程度的计算函数。

定义 $\tilde{P}_i = \sum_{j=1}^{n} \tilde{a}_{ij} x_j$ 和 $\tilde{Q}_i = \tilde{b}_i$。考虑到它们的三角形模糊属性，有 $\tilde{P}_i = (P_i, l_{P_i}, r_{P_i})$ 和 $\tilde{Q}_i = (Q_i, l_{Q_i}, r_{Q_i})$。其中，标量 l_{P_i} 和 r_{P_i} 分别为三角形模糊数 $\tilde{P}_i$ 的左右模糊范围；l_{Q_i} 和 r_{Q_i} 分别为三角形模糊数 $\tilde{Q}_i$ 的左右模糊范围[16]。

基于优劣势测量法，式（6-30）和式（6-31）可表述成以下形式：

$$\lambda_i^S = S_i(\tilde{Q}_i, \tilde{P}_i) = Q_i - P_i + \frac{r_{P_i} - r_{P_i}}{2} \qquad i = m_1+1, m_1+2, \cdots, m \tag{6-35}$$

$$\lambda_i^I = I_i(\tilde{P}_i, \tilde{Q}_i) = Q_i - P_i + \frac{l_{P_i} - l_{P_i}}{2} \qquad i = m_1+1, m_1+2, \cdots, m \tag{6-36}$$

继续用模糊多目标线性分式规划的方法转化公式。让 g_k 为目标函数 $Z'_k(X)$ 的期望程度，则最大化目标函数可以表示成下面的模糊目标形式：

$$Z'_k(X) \geqslant g_k \tag{6-37}$$

式中，$\underset{\sim}{>}$ 为期望程度的模糊比较，意思为"基本大于"或者"模糊大于"[12, 13]。

由于 g_k 为目标函数 $Z'_k(\boldsymbol{X})$ 的期望程度，模糊目标规划可定义如下：

$$Z'_k(\boldsymbol{X}) = \frac{c_k\boldsymbol{X} + \alpha_k}{d_k\boldsymbol{X} + \beta_k} - \sum_{i=m_1+1}^{m} \varepsilon_{ki}E[\lambda_i^S] - \sum_{i=m_1+1}^{m} \phi_{ki}E[\lambda_i^I] \underset{\sim}{\geqslant} g_k \quad k=1,2,\cdots,K \quad (6\text{-}38)$$

因为 $\lambda_i^S, \lambda_i^I, \varepsilon_{ki}, \phi_{ki} \geqslant 0$，式（6-38）可表述为

$$Z_k(\boldsymbol{X}) = \frac{c_k\boldsymbol{X} + \alpha_k}{d_k\boldsymbol{X} + \beta_k} \underset{\sim}{\geqslant} g_k + \sum_{i=m_1+1}^{m} \varepsilon_{ki}E[\lambda_i^S] + \sum_{i=m_1+1}^{m} \phi_{ki}E[\lambda_i^I] \quad k=1,2,\cdots,K \quad (6\text{-}39)$$

定义隶属函数 μ_k，用来描述模糊目标式（6-39），可描述如下[13]：

$$\mu_k(\boldsymbol{X}) = \begin{cases} 1 & Z_k(\boldsymbol{X}) \geqslant g_k + \mathit{\Delta}_k \\ \dfrac{Z_k(\boldsymbol{X}) - (l_k + \mathit{\Delta}_k)}{g_k - l_k} & l_k + \mathit{\Delta}_k \leqslant Z_k(\boldsymbol{X}) \leqslant g_k + \mathit{\Delta}_k \\ 0 & Z_k(\boldsymbol{X}) \leqslant l_k + \mathit{\Delta}_k \end{cases} \quad (6\text{-}40)$$

式中，l_k 为模糊目标的下限值。$\mathit{\Delta}_k$ 的计算方法如下：

$$\mathit{\Delta}_k = \sum_{i=m_1+1}^{m} \varepsilon_{ki}E[\lambda_i^S] + \sum_{i=m_1+1}^{m} \phi_{ki}E[\lambda_i^I] \quad (6\text{-}41)$$

由于目标函数式（6-40）的最大值为 1，因此也可表述为

$$\frac{Z_k(\boldsymbol{X}) - (l_k + \mathit{\Delta}_k)}{g_k - l_k} + d_k^- - d_k^+ = 1 \quad (6\text{-}42)$$

式中，d_k^- 为负偏差变量，表示目标值向下的偏离值；d_k^+ 为正偏差变量，表示目标值向上的偏离值[14, 15]。另外，其约束条件如下：

$$d_k^- \geqslant 0 \quad (6\text{-}43)$$

$$d_k^+ \geqslant 0 \quad (6\text{-}44)$$

且

$$d_k^- d_k^+ \geqslant 0 \quad (6\text{-}45)$$

将 $Z_k(\boldsymbol{X}) = (c_k\boldsymbol{X} + \alpha_k)/(d_k\boldsymbol{X} + \beta_k)$ 代入式（6-42），可得

$$\frac{\dfrac{c_k\boldsymbol{X} + \alpha_k}{d_k\boldsymbol{X} + \beta_k} - (l_k + \mathit{\Delta}_k)}{g_k - l_k} + d_k^- - d_k^+ = 1 \quad (6\text{-}46)$$

式（6-46）也可写成下列形式：

$$D_k^- - D_k^+ = (g_k + \mathit{\Delta}_k)(d_k\boldsymbol{X} + \beta_k) - (c_k\boldsymbol{X} + \alpha_k) \quad (6\text{-}47)$$

其中，

$$D_k^- = d_k^-(g_k - l_k)(d_k\boldsymbol{X} + \beta_k) \quad (6\text{-}48)$$

$$D_k^+ = d_k^+(g_k - l_k)(d_k\boldsymbol{X} + \beta_k) \quad (6\text{-}49)$$

由于 $d_k^- \geqslant 0$，$d_k^+ \geqslant 0$，$d_k^- d_k^+ \geqslant 0$，$g_k - l_k > 0$ 且 $d_k\boldsymbol{X} + \beta_k > 0$，代入式（6-48）

和式（6-49）可得

$$D_k^- \geqslant 0 \qquad\qquad (6\text{-}50)$$

$$D_k^+ \geqslant 0 \qquad\qquad (6\text{-}51)$$

$$D_k^- D_k^+ \geqslant 0 \qquad\qquad (6\text{-}52)$$

又由于解满足 $d_k^- \leqslant 1$，式（6-48）可转化为

$$D_k^- \leqslant (g_k - l_k)(d_k \boldsymbol{X} + \beta_k) \qquad\qquad (6\text{-}53)$$

这时，模型变形为以下形式：

$$\min\ Z = \sum_{k=1}^{K} w_k^- D_k^- \qquad\qquad (6\text{-}54)$$

约束于

$$\sum_{j=1}^{n} a_{ij} x_j \leqslant b_i \qquad i = 1, 2, \cdots, m_1 \qquad\qquad (6\text{-}55)$$

$$\lambda_i^S = S_i \left(\sum_{j=1}^{n} \tilde{a}_{ij} x_j, \tilde{b}_i \right) \qquad i = m_1 + 1, m_1 + 2, \cdots, m \qquad\qquad (6\text{-}56)$$

$$\lambda_i^I = I_i \left(\tilde{b}_i, \sum_{j=1}^{n} \tilde{a}_{ij} x_j \right) \qquad i = m_1 + 1, m_1 + 2, \cdots, m \qquad\qquad (6\text{-}57)$$

$$D_k^- - D_k^+ = \left(g_k + \sum_{i=m_1+1}^{m} \varepsilon_{ki} E[\lambda_i^S] + \sum_{i=m_1+1}^{m} \phi_{ki} E[\lambda_i^I] \right)(d_k \boldsymbol{X} + \beta_k) - (c_k \boldsymbol{X} + \alpha_k) \qquad (6\text{-}58)$$

$$D_k^- \leqslant (g_k - l_k)(d_k \boldsymbol{X} + \beta_k) \qquad\qquad (6\text{-}59)$$

$$x_j \geqslant 0 \qquad \forall j \qquad\qquad (6\text{-}60)$$

$$\lambda_i^S \geqslant 0 \qquad i = m_1 + 1, m_1 + 2, \cdots, m \qquad\qquad (6\text{-}61)$$

$$\lambda_i^I \geqslant 0 \qquad i = m_1 + 1, m_1 + 2, \cdots, m \qquad\qquad (6\text{-}62)$$

$$D_k^-, D_k^+ \geqslant 0 \qquad\qquad (6\text{-}63)$$

然后，从式（6-40）隶属函数的定义 μ_k 中取出分母部分：

$$w_k^- = 1 / (g_k - l_k) \qquad\qquad (6\text{-}64)$$

w_k^- 即可当成权重因子，能够合理地表示模糊目标的相对重要程度[16]。

除了式（6-58）外，模型中的其他式子最终都转化为了线性形式。这种简单的模型结构，在求解时是很方便的，可以用许多成熟的软件（如 LINGO）快速地进行求解。

根据以上分析，对这种 FMOLFP 的求解，计算流程如下：①用优劣势测量法处理约束中的模糊数，取得目标函数 $Z_k'(\boldsymbol{X})$ 和相关约束 λ_i^S 和 λ_i^I；②从 $Z_k'(\boldsymbol{X})$ 中推出目标函数 $Z_k(\boldsymbol{X})$；③设置目标函数的容差 $\mu_k(\boldsymbol{X})$；④引入 d_k^- 和 d_k^+ 对成员函数进行改造；⑤引入 D_k^- 和 D_k^+ 重写成员函数；⑥将 D_k^- 和 D_k^+ 公式化；⑦计算权重

因子 w_k^-；⑧引出最终的目标函数；⑨模型表示完整的 FMOLFP；⑩求解模型以求得 FMOLFP 的满意解。

6.4　实 例 应 用

6.4.1　ILFP 配水模型结果分析

1）ICWPFs 拟合结果分析

对盈科灌区盈二支下的小麦、玉米、蔬菜和瓜类四种典型作物在现状年（2011 年）进行全生育期的优化配水。本章构建模型所需不确定性参数主要为以下四类：灌溉水可利用量、ICWPFs、需水量和其他参数。根据第 5 章渠系干支渠的配水结果可知，盈二支 4～10 月可利用的水资源总量为 2962 万 m^3，由渠系尺度各类作物种植面积优化结果可知，小麦、玉米、蔬菜和瓜类这四类典型作物占所有作物种植比例高达 96%，按照种植面积比例盈二支 4～10 月为这四类作物分配的总水量为 2844 万 m^3，四种作物地下水可利用水量为 798 万 m^3。ILFP 配水模型中的参数均用区间数表示，设盈二支下各月份的可利用水量的来水规律与莺落峡径流来水规律一致，则根据 1945～2013 年莺落峡断面月径流数据的变化规律及概率特性，采用置信区间方法（90%）来获得盈二支各月可利用水量区间值。地下水和降水量则采用现状年实际情况（图 6-2）。ICWPFs 根据基于二次规划的区间线性回归方法进行拟合，由于盈科灌区缺少四类作物多年产量与对应耗水量的数据，本章借鉴石羊河流域民勤县四种作物的产量与对应耗水量的数据作为区间拟合的基础数据。石羊河流域民勤县处于西北半干旱地区，其自然条件与盈科灌区所在的甘州区类似。民勤县地处 101°49′E～104°12′E，38°03′N～39°27′N，属大陆性季风气候，年均降水量 115mm，年蒸发量为 1776mm（E60 蒸发皿），年均气温 7.8℃，日照时数约 3028h，土壤类型分黏壤土、砂壤土等。甘州区地处 100°6′E～100°52′E，38°32′N～39°24′N，属大陆性季风气候，年均降水量 130mm，年蒸发量为 1200mm，年均气温 7.8℃，日照时数约 3009h，土壤类型分壤土、砂壤土等。通过采用基于二次规划的区间回归分析方法，得到四种作物在不同权重下的拟合结果，见图 6-3。本章选用 5 个权重组合，即 $k_1 = 1$，$k_2 = 0.0001$；$k_1 = 1$，$k_2 = 0.5$；$k_1 = 0.5$，$k_2 = 1$；$k_1 = 1$，$k_2 = 1$；$k_1 = 0.0001$，$k_2 = 1$。如图 6-3 所示，如果 k_1 与 k_2 比值越大，则回归的结果越接近于中心趋势；相反地，如果 k_2 与 k_1 比值越大，则减少了拟合结果的模糊性，即不确定性范围越小。本章选用 $k_1 = 1$，$k_2 = 0.0001$ 权重组合来确定作物的区间水分生产函数以使拟合结果更趋向于中心趋势。然而对于春小麦，由于在 $k_1 = 1$，$k_2 = 0.0001$ 权重组合下，回归拟合的结果是确定的，为更加突出不确定性输入对模型结果的影响，本章对春小麦选用 $k_1 = 0.0001$，$k_2 = 1$ 组合权重下的水分生产函数以保证其变化范围最小。由此可得四种典型作物在全生育期的 ICWPFs，见表 6-2。作物 ET 计算采用第 1 章介绍的作物系数法获得。首先根据 Penman-Monteith（P-M）公式计算多年平均 ET_0，得到 4～9 月的 ET_0 分别为 997.68m^3/hm^2、1320.71m^3/hm^2、1435.76m^3/hm^2、1474.23m^3/hm^2、1290.91m^3/hm^2 和 868.39m^3/hm^2。根据作物系数法，即可得到作物实际蒸散发量，其中，作物系数 K_c 见第 1 章相关内容。由于盈科灌区可利用的水量不能满足其需水要求，本章将计算得到的实际蒸散发量作为最大的可耗水量，将最大耗水量的 0.7 倍作为配水的下限值，以保证模型的有界性，计算得到的作物 ET 见表 6-3。其他参数包括作物单价和种植面积，见表 6-2，其中作物单价根据农产品价格信息网确定，而作物种植面积由第 5 章计算结果，再根据盈二支面积占盈科灌区总面积的比例来确定。

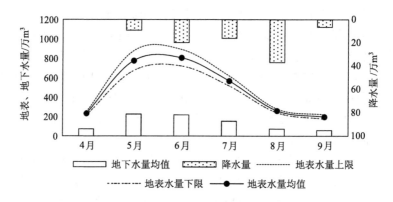

图 6-2　盈二支各月份可利用水量

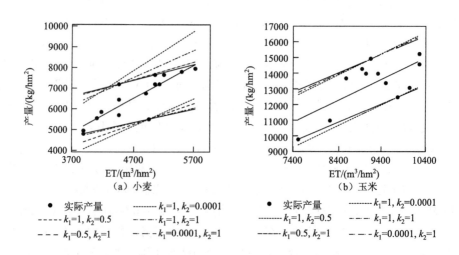

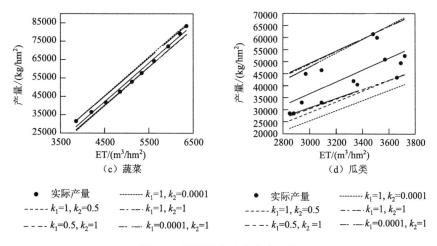

（c）蔬菜　　　　　　　　　　　　（d）瓜类

- 实际产量　　 -------- $k_1=1$, $k_2=0.0001$　　　　● 实际产量　　 -------- $k_1=1$, $k_2=0.0001$
----- $k_1=1$, $k_2=0.5$　 -·-·- $k_1=1$, $k_2=1$　　　　----- $k_1=1$, $k_2=0.5$　 -·-·- $k_1=1$, $k_2=1$
- - - $k_1=0.5$, $k_2=1$　 -··-·· $k_1=0.0001$, $k_2=1$　　　 - - - $k_1=0.5$, $k_2=1$　 -··-·· $k_1=0.0001$, $k_2=1$

图 6-3　区间作物水分生产函数

表 6-2　区间作物水分生产函数

作物	区间作物水分生产函数	种植面积/hm²	作物单价/(元/kg)
小麦	$Y = (3071.59, 753.41) + (0.6932, 0.0568)ET$	[384.76, 416.49]	[2.2, 2.6]
玉米	$Y = (-1188.98, 1486.45) + (1.6453, 0.0159)ET$	[534.74, 572.93]	[1.8, 2.3]
蔬菜	$Y = (-52388.43, 3125.19) + (20.99, 0)ET$	[381.66, 413.13]	[7.2, 8.4]
瓜类	$Y = (-37537.90, 0) + (24.7192, 3.7398)ET$	[19.67, 21.74]	[3.5, 4.1]

注：$Y = (\gamma, r_\gamma) + (b, r_b)ET$ 中，Y 为作物产量（kg / hm²），ET 为作物蒸散发量（m³ / hm²），γ、b 分别为水分生产函数的常数项、一次项系数；r_γ、r_b 分别为水分生产函数常数项、一次项的变化半径。

表 6-3　作物蒸散发量相关数据

蒸散发量/(m³/hm²)	月份	作物			
		小麦	玉米	蔬菜	瓜类
上限值	4	[967.75, 1027.61]	0	[442.97, 610.58]	[369.14, 508.82]
	5	[1360.34, 1558.44]	[620.74, 766.01]	[1172.79, 1362.98]	[977.33, 1135.81]
	6	[1938.27, 2124.92]	[1277.82, 1363.97]	[1671.22, 1774.59]	[1392.68, 1478.83]
	7	[1474.23, 1842.79]	[1430.00, 1518.46]	[1645.24, 1857.53]	[1371.03, 1547.94]
	8	0	[1484.55, 1665.27]	[991.42, 1394.18]	[826.18, 1161.82]
	9	0	[746.81, 851.02]	[500.19, 646.08]	[416.83, 538.4]
下限值	4	[677.42, 719.33]	0	[310.08, 427.41]	[258.4, 356.17]
	5	[952.23, 1090.91]	[434.51, 536.21]	[820.96, 954.08]	[684.13, 795.07]

蒸散发量/ (m³/hm²)	月份	作物			
		小麦	玉米	蔬菜	瓜类
下限值	6	[1356.79, 1487.44]	[894.48, 954.78]	[1169.85, 1242.22]	[974.88, 1035.18]
	7	[1031.96, 1289.95]	[1001.00, 1062.92]	[1151.67, 1300.27]	[959.72, 1083.56]
	8	0	[1039.18, 1165.69]	[693.99, 975.93]	[578.33, 813.27]
	9	0	[522.77, 595.71]	[350.13, 452.26]	[291.78, 376.88]

2）ILFP 配水模型结果

在获得 ICWPFs 的基础上可求解 ILFP 配水模型。在 ILFP 配水模型求解过程中，一个重要的步骤就是判断目标函数上下限和决策变量上下限对应的关系。本章构建的模型中分子部分 4 种作物（包括小麦、玉米、蔬菜和瓜类）的决策变量前的系数分别为 580、1867、72706、2525。对小麦而言，$A_i^- f_{P_+}^+$、$A_i^- f_{P_{mv}}^+$、$A_i^- f_{P_-}^+$ 分别为 24108、21531、18938；对玉米而言，$A_i^- f_{P_+}^+$、$A_i^- f_{P_{mv}}^+$、$A_i^- f_{P_-}^+$ 分别为 33505、29924、26320；对蔬菜而言，$A_i^- f_{P_+}^+$、$A_i^- f_{P_{mv}}^+$、$A_i^- f_{P_-}^+$ 分别为 23914、21358、18786；对瓜类而言，$A_i^- f_{P_+}^+$、$A_i^- f_{P_{mv}}^+$、$A_i^- f_{P_-}^+$ 分别为 1233、1101、968。根据判断准则，小麦和玉米属于第一种情况，即 $M_{it}^- \longleftrightarrow f^+$ 和 $M_{it}^+ \longleftrightarrow f^-$。蔬菜和瓜类属于第四种情况，即 $M_{it}^+ \longleftrightarrow f^+$ 和 $M_{it}^- \longleftrightarrow f^-$，两种情况均无须做假设检验。由此，可建立 ILFP 配水模型的上下限子模型。通过求解模型得到盈二支下小麦、玉米、蔬菜和瓜类 4 种作物不同月份的单位面积灌溉水量，见图 6-4。从图 6-4 可以看出，4 种作物的单位面积灌溉水量集中在 6～8 月，由于小麦的生育期为 4～7 月，小麦的配水集中在 5～7 月，配水规律与供水规律一致。蔬菜的单位面积灌溉水量最多，其次是瓜类、小麦，最后是玉米，这是 4 种作物的水分生产函数和市场价格的综合结果。蔬菜的单位面积灌溉水量最多，说明在同样多的灌溉水量条件下，蔬菜能够产生的效益是最大的。根据 4 种作物的种植面积，得到小麦、玉米、蔬菜和瓜类 4 种作物的总配水量上下限分别为[152.89 万 m³, 189.20 万 m³]、[203.40 万 m³, 242.19 万 m³]、[241.80 万 m³, 312.24 万 m³]和[10.36 万 m³, 13.66 万 m³]。尽管小麦和玉米的种植面积比蔬菜多，但由于灌溉蔬菜能够获得更多的经济效益，因此蔬菜的总配水量是最高的。盈二支下各分支 4 种作物总配水量见图 6-5，其中，一～三斗被看作是虚拟五分支，四～六斗被看作是虚拟六分支，七～九斗被看作是虚拟七分支。各分支下四种作物的总配水量规律与图 6-4 展示的整体配水规律一致，即蔬菜配水最多，其次是玉米、小麦，最后是瓜类。各分支配水量从大到小依次为：三分支、一分支、虚拟六分支（四～六斗）、虚拟七分支（七～九斗）、虚拟五分支（一～三斗）、盈二分支、四分支。

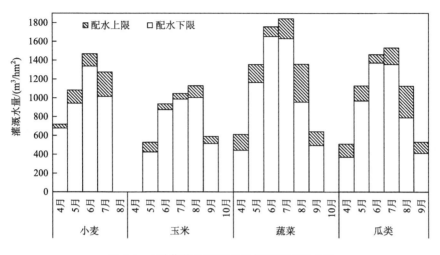

图 6-4　4 种作物不同月份单位面积灌溉水量

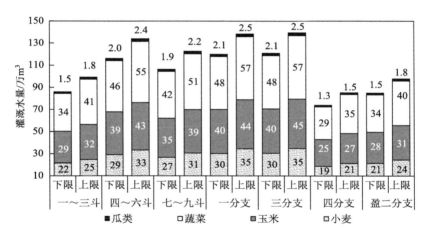

图 6-5　各分支 4 种作物总配水量

3）ILFP 配水模型与常规线性配水模型比较

根据田间尺度配水特点，本章构建了 ILFP 配水模型。在传统田间配水模型中，线性规划（LP）常被应用。本章将所构建的 ILFP 田间配水模型和 LP 田间配水模型的求解结果进行对比，其中 LP 模型的目标函数为灌溉效益最大，即 ILFP 模型的分子部分，两个模型均在相同条件下进行计算，具有相同的约束条件。对于干旱半干旱地区，由于水短缺，决策者往往追求的是用水效率最高，而非单纯的经济效益最高，因此本章选用水分生产力指标来评价 ILFP 和 LP 田间配水模型。对于 LP 模型，4 种作物总配水量为 842 万 m³，计算得到综合水分生产力（即 4 种作物的总产量除以总灌溉水量）为 8.71kg/m³（其中，小麦的为 1.20kg/m³、玉米的为 1.44kg/m³、蔬菜的为 13.45kg/m³、瓜类的为 18.22kg/m³）。ILFP 配水模型的总配水量为[625 万 m³，721 万 m³]，综合水分生产力为[8.19kg/m³，11.73kg/m³]，综合水分生产力均值为 9.96kg/m³（其中，小麦的为 1.41kg/m³、玉米的为 1.33kg/m³、蔬菜的为 13.35kg/m³、瓜类的为 18.17kg/m³）。ILFP 配水模型的配水均值比 LP 模型少 169 万 m³，综合水分生产力均值比 LP 模型增加 1.25kg/m³，相对于 LP 模型，ILFP 模型中小麦的水分生产力提升最大，玉米的水分生产力有所下降，蔬菜和瓜类的水分生产力变化不大。对田间灌溉水资源配置而言，ILFP 模型节约了水资源且提高了用水效率，比 LP 模型更适用于缺水地区。并且 ILFP 模型能够反映田间配水过程中的输入不确定性，将配水过程中涉及水文、气象、管理等不确定性量化到模型中，并输出不确定性结果，更真实地反映实际情况，为决策者提供更多的方案选择。

6.4.2　MOLFP 种植结构优化模型结果分析

研究区域为河北省石津灌区，研究农作物为冬小麦、玉米和棉花，冬小麦和玉米为轮作方式。在此假设冬小麦和玉米具有相同的种植面积。为优化农作物种植结构，设置两个决策变量：冬小麦和玉米的种植面积（hm²）、棉花的种植面积（hm²）。冬小麦产量 $Y_1 = 6600$kg/hm²、玉米产量 $Y_2 = 8100$kg/hm²、棉花产量 $Y_3 = 1125$kg/hm²，收购价格分别为 $B_1 = 2.4$ 元/kg，$B_2 = 2.2$ 元/kg，$B_3 = 14.7$ 元/kg，灌溉水量分别为 $M_1 = 2850$m³/hm²，$M_2 = 600$m³/hm²，$M_3 = 525$m³/hm²，冬小麦、玉米、棉花所占据的最大种植面积 X 为 59056hm²，经调查，为满足周边居民的基本需求，据此规定石津灌区粮食种植面积比例不得小于总面积的 65%。冬小麦、玉米和棉花单位面积上的支出成本分别为 7500 元/hm²、5250 元/hm² 和 22500 元/hm²，计划成本为 7.7 亿元。$\tilde{c}_1 = (c_1, 750, 750)$、$\tilde{c}_2 = (c_2, 750, 750)$、$\tilde{c}_3 = (c_3, 1500, 1500)$，$\tilde{C} = (C, 1.0\times10^7, 1.0\times10^7)$。

在此研究中，首要目标是实现单位灌溉水量的经济产出最大化。此目标会使水资源更多分配给水利用更为高效的农作物，如棉花。棉花在世界范围内是非常重要的经济农作物，其产量大、水资源消耗成本低，在我国的国民经济中占有重要的地位。其次是实现单位面积的农业产量最大化。此目标会使资源分配导向土地利用高效的农作物，如冬小麦和玉米。冬小麦和玉米轮种有利于节约土地，同一年内单位土地面积上能生产更多的粮食，土地利用效率更高。可以看到，这两个目标是矛盾的，究竟应该以哪种农作物为主，优先分配土地面积需要模型求解后才能清楚。

从优化结果上看，冬小麦和玉米种植面积为 38386.4hm²，棉花种植面积为 20669.6hm²，单位灌溉水的农业经济产值达到了 11.4 元/m³，单位土地面积经济产出达 27667.1 元/hm^2。粮食的种植面积明显大于棉花的种植面积,其面积刚好满足优化种植结构模型中预定的粮食种植安全的最小要求。也就是说,棉花的种植面积达到了设定的上限,棉花应该尽可能多种植。然而,事实上是当地的农户并不热衷于种植棉花这种经济农作物。近几年当地种植粮食的面积与种植棉花的面积比值始终大于 10:1。其原因是棉花种植存在较大的风险。一方面,棉花的种植需要在购买种子、化肥、劳动力等方面投入很多资金;另一方面,无论是在国内还是在国际上,棉花的价格走势持续下跌。

2016 年 3 月,国内标准级皮棉销售均价为 12059 元/t,比 2015 年下跌 1250 元/t,跌幅 9.4%,而在 2013 年 7 月,内地标准级皮棉均价为 19280 元/t。价格的下跌同样也出现在国际市场上。棉花市场的疲软是扩大棉花种植面积的最大障碍,河北地区农民没有太大的积极性去种植更多的棉花。虽然中国的棉农补贴在增长,尤其是对采用优质种子的棉农,但这种激励有限,在鼓励棉农种植棉花积极性方面并没有多大的效果。很明显,只有棉花的需求持续增长,棉花的价格才能够上涨,农民为获取更多的经济收益才会继续种植更多的棉花。另外,中国粮食补贴制度也对棉花扩大种植有所影响。一些地区对种植小麦的农户补贴达到 1875 元/hm^2,而且政府也会对那些由天气气候、灌溉水不足等造成粮食损失的农民提供受灾补偿款。由于以上这些因素,当地农民种植棉花的热情不高,而且大量土地也已经用于种植收入更稳定的冬小麦和玉米。

为适应农业结构性调整,国家下达了玉米的相关政策,2016 年起取消了粮食价格补贴,"玉米的价格将要由市场来决定,其价格不再承担补贴农民的功能"。例如 2016 年 3 月,山东烟台的玉米收购价为 1680 元/t,2015 年 3 月,山东烟台的玉米收购价为 2180 元/t,而 2016 年 3 月美国玉米现货报价约为 1015 元/t。国内 2016 年的玉米收购价较 2015 年明显降低,但与同期的美国玉米价格相比仍然有较大的差距。以往的玉米补贴政策,使国内的玉米产量明显过剩,进而影响全球的供应。虽然从短期看取消玉米的价格补贴,会影响中国农民种植玉米的积极性,但长远来看,可以有效地调整农业的供给侧结构,优化农作物的种植面积,使原先种植玉米的土地种植更加有利于农业供给结构稳定的其他品种。

在改变研究区域的优化种植结构过程中,政府部门对农民的引导是必不可缺的。例如,政府可以增加对棉农的补贴,对受灾棉农增加补偿,降低种植棉花时的相关费用,保障棉花收购的价格及市场等。然而,增加补贴等经济手段也会对政府带来很大的经济负担,同时政府为了避免更多的财政损失,不得不抛售库存的一部分棉花,降低仓储费用。为了保障棉花市场的可持续发展,必须采取一系列措施提高农民种植棉花的积极性,而之前的种植结构优化方法可为市场导向提供方向,且为政府的最终决策提供参考和技术支持。

参 考 文 献

[1]   刘钰，赵文智. 农业水生产力研究进展. 地球科学进展，2007，22（1）：58-65.

[2]   Guo P，Chen X H，Li M，et al. Fuzzy chance-constrained linear fractional programming approach for optimal water allocation. Stochastic Environmental Research and Risk Assessment，2014，28（6）：1601-1612.

[3]   李霆. 石羊河流域主要农作物水分生产函数及优化灌溉制度的初步研究. 咸阳：西北农林科技大学，2005.

[4]   Montgomery D C，Peck E A，Vining G G. Introduction to Linear Regression Analysis. Hoboken，New Jersey，USA：John Wiley & Sons，Inc.，2012.

[5]   Tanaka H，Lee H. Interval regression analysis by quadratic programming approach. IEEE Transactions on Fuzzy Systems，1998，6（4）：473-481.

[6]   Hladik M. Generalized linear fractional programming under interval uncertainty. European Journal of Operational Research，2010，205（1）：42-46.

[7]   Zhu H. Inexact fractional optimization for multicriteria resources and environmental management under uncertainty. Regina：University of Regina，2014.

[8]   Amin S H，Razmi J，Zhang G. Supplier selection and order allocation based on fuzzy SWOT analysis and fuzzy linear programming. Expert Systems with Applications，2011，38（1）：334-342.

[9]   Van Hop N. Solving fuzzy（stochastic）linear programming problems using superiority and inferiority measures. Information Sciences，2007，177（9）：1977-1991.

[10] Zhang Z W，Shi Y，Gao G X. A rough set-based multiple criteria linear programming approach for the medical diagnosis and prognosis. Expert Systems with Applications，2009，36（5）：8932-8937.

[11] Shaw K，Shankar R，Yadav S S，et al. Supplier selection using fuzzy AHP and fuzzy multi-objective linear programming for developing low carbon supply chain. Expert Systems with Applications，2012，39（9）：8182-8192.

[12] Baky I A. Solving multi-level multi-objective linear programming problems through fuzzy goal programming approach. Applied Mathematical Modelling，2010，34（9）：2377-2387.

[13] Zimmermann H J. Fuzzy programming and linear programming with several objective functions. Fuzzy Sets and Systems，1978，1（1）：45-55.

[14] Edward L H. Contrasting fuzzy goal programming and fuzzy multicriteria programming. Decision Sciences，1982，13（2）：337-339.

[15] Lee C S，Wen C G. Fuzzy goal programming approach for water quality management in a river basin. Fuzzy Sets and Systems，1997，89（2）：181-192.

[16] Pal B B，Moitra B N，Maulik U. A goal programming procedure for fuzzy multiobjective linear fractional programming problem. Fuzzy Sets and Systems，2003，139（2）：395-405.

第7章 基于灰色理论的"灌区-田间"水资源双层高效配置

单一作物生育阶段优化配水即对作物不同生育阶段进行合理的水量分配，使全生育期作物配水的产量或效益最高。西北旱区，由于水短缺，常采用非充分灌溉方式进行灌溉，即根据作物在各个生长阶段对水分胁迫的敏感程度，制定使作物产量或经济效益达到最大的灌溉制度，这是一个多阶段决策过程。关于非充分灌溉条件下灌溉制度制定，国内外已有很多研究。然而对于非充分灌溉制度制定，必不可少的是要拟合作物生育阶段的水分生产函数，需要作物蒸散发量与对应产量的大量田间试验数据，此类数据获取较困难。同时，对作物所在的灌区来讲，处于灌区上层的决策主体（管理者），通常倾向于在获得整个灌区最大产量或效益的同时尽可能节约灌溉水资源量，即获得最大的灌溉水生产力，以实现灌区可持续发展。而处于灌区下层的决策主体（农民），希望通过种植自己管辖的作物获得最大的产量或效益，以提高自身生活水平。灌区中不同层次决策主体侧重的目标不同，获得的配水方案也不同，灌区水资源管理决策者应了解各层次的配水倾向并做调整，以单一层次目标决策出的配水方案来指导整个灌区的灌溉用水将不能最大限度地满足灌区整体的利益需求。

国内外近年来基于主体的水资源配置主要从 3 个方面进行考虑：①考虑多目标的水资源配置以体现各决策主体之间的互动[1, 2]；②通过大系统理论来协调不同层次利益主体的决策[3, 4]；③基于博弈论的水资源配置以分析用水主体行为间相互制约、相互作用的规律[5, 6]。上述各项研究从不同角度进行了基于主体的水资源配置研究，其中前两个方面从优化目标的角度描述配置问题，通过优化方法来协调各决策主体的利益，而第 3 个方面主要讨论主从关系和合作关系的水资源用户博弈模型，强调个体决策最优。上述各成果集于流域尺度和区域尺度的研究，缺乏灌区尺度的相关研究。另外，从优化角度出发基于利益主体的水资源配置模型多为普通线性规划，然而灌溉水资源优化配置具有变量多、结构复杂、非线性等特点[7]，普通线性规划模型已不能充分刻画上述各层次目标函数，加之配水过程中存在的不确定性[8, 9]，对灌溉水资源优化配置造成技术困难。同时，由于不同层次利益主体间存在矛盾与竞争，如何在一个大系统内协调上、下两层决策主体的利益，注重不同层次决策主体用水行为的互动，使得配水方案尽可能让双方决策者满意是保证灌区经济发展和社会稳定需要考虑的问题。

本章对于田间尺度各生育阶段的水资源优化配置，避免采用需用大量田间试验数据的非充分灌溉制度制定方法，而是根据单一作物全生育期水分生产函数并在作物生育期内引入时间要素，同时考虑单一作物灌溉制度结果对整个灌区的影响，考虑灌区不同层次利益主体的灌溉优化配水模型。为实现灌区可持续发展，尝试构建协调上、下两层决策主体利益的灌溉水资源优化配置模型，并给出所构建模型的求解方法。将所构建的模型应用于黑河中游盈科灌区主要粮食作物各生育阶段内的配水中，并将所构建模型与单层模型进行比较来体现所构建模型的性质与适用性，为灌区-田间尺度灌溉水资源优化配置提供方法。

7.1　模 型 构 建

模型构建包括三部分：①构建不确定性条件下分别考虑上、下两层利益主体的灌溉水资源优化配置模型，即区间二次规划（interval quadratic programming，IQP）配水模型（下层）和区间线性分式规划（ILFP）配水模型（上层）；②构建协调上、下两层利益主体的线性分式-二次双层规划（linear fractional quadratic bilevel programming，LFQBP）配水模型；③各模型解法。所构建的模型均为一般形式，其决策变量为灌区不同作物的灌溉水量，目标函数随各层利益主体的不同而不同。

7.1.1　IQP 模型和 ILFP 模型构建

考虑下层农民利益，以作物总产量最大为目标函数，其中作物产量又与作物用水相关，用作物全生育期的水分生产函数来表示。典型的全生育期水分生产函数有线性模型和二次函数模型，二次函数模型能够更好地反映作物生长特点，但对于数据信息不全的干旱地区，可用一次函数表示作物水分生产函数[10]。本章采用二次规划来描述农民层次产量与水量之间的关系，模型目标函数如下：

$$\max Z_1 = \sum_{j=1}^{J} [a_j(x_j)^2 + b_j x_j + \gamma_j] \qquad (7\text{-}1)$$

式中，Z_1 为作物产量；j 为作物种类；x_j 为第 j 种作物的灌溉水量；a_j、b_j、γ_j 分别为第 j 种作物水分生产函数的二次项、一次项、常数项系数。

考虑上层管理者的利益，以灌溉水分生产力最大为目标函数，即达到单位用水下的产量最大，该目标可表示成线性分式规划问题。模型目标函数的一般形式可表示成

$$\max Z_2 = \frac{\sum\limits_{j=1}^{J} c_j x_j + \alpha}{\sum\limits_{j=1}^{J} d_j x_j + \beta} \tag{7-2}$$

式中，Z_2 为作物水分生产力；c_j、α 为与产量、产值相关的参数；d_j、β 为与水量相关的参数。

上述两模型的约束条件可概化为

$$\sum\limits_{j=1}^{J} m_{ij} x_j \leqslant n_i \qquad \forall i = 1, \cdots, I \tag{7-3}$$

$$x_j \geqslant 0 \qquad \forall j = 1, \cdots, J \tag{7-4}$$

式中，m_{ij} 为决策变量前系数；n_i 为约束右端项。具体到灌溉水资源优化配置，约束条件应包括不同水源的供水约束、不同作物的需水约束、水转换约束、政策性约束等。

考虑灌溉水资源优化配置过程中存在的诸多不确定性，如由气候变化和人类活动引起的水文要素（径流、降水、蒸发等）呈现的随机性，又如价格的波动、种植面积的变化等社会经济管理及相关政策中涉及的区间性和模糊性，本章将不确定性技术引入上述两模型中。随机规划、模糊规划和区间规划是 3 种常见的不确定性规划方法。由于随机规划和模糊规划的求解分别建立在参数的概率分布和隶属度函数分布的基础上，而获得这些分布需要大量的数据。相比之下，区间规划只需要知道参数的上、下限值，所需数据量大大减少。因此，为增加模型的实用性，本章将配水过程中涉及的不确定性用区间参数的形式表示，分别形成考虑下层农民利益的 IQP 模型和考虑上层管理者利益的 ILFP 模型，具体如下。

IQP 模型：

$$\max Z_1^{\pm} = \sum\limits_{j=1}^{J} [a_j^{\pm} (x_j^{\pm})^2 + b_j^{\pm} x_j^{\pm} + \gamma_j^{\pm}] \tag{7-5}$$

ILFP 模型：

$$\max Z_2^{\pm} = \frac{\sum\limits_{j=1}^{J} c_j^{\pm} x_j^{\pm} + \alpha^{\pm}}{\sum\limits_{j=1}^{J} d_j^{\pm} x_j^{\pm} + \beta^{\pm}} \tag{7-6}$$

约束条件：

$$\sum_{j=1}^{J} m_{ij}^{\pm} x_j^{\pm} \leqslant n_i^{\pm} \qquad \forall\, i=1,2,\cdots,I \qquad （7\text{-}7）$$

$$x_j^{\pm} \geqslant 0 \qquad \forall\, j=1,2,\cdots,J \qquad （7\text{-}8）$$

一般地，令 $x^{\pm}=[x^-,x^+]$ 为区间数，其中，x^-、x^+ 分别为区间数的下限值、上限值。ILFP 模型即为第 6 章所构建模型的一般形式。

7.1.2　LFQBP 模型构建

为缓解系统内不同层次利益主体间的矛盾，需要将系统内各层次目标作为一个分层次的整体，来优化出一组能够尽量满足上、下两层利益的配水方案，LFQBP 模型因此被建立。LFQBP 模型的上层目标函数为灌区水分生产力最大（管理者利益），下层目标函数为作物产量最大（农民利益）。LFQBP 模型的特点是在一个决策系统内，以管理者利益为主要利益，同时协调下层农民利益，达到各层利益之间的妥协。LFQBP 模型可表述成

$$\begin{cases} \text{上层目标：} \max Z_1 = \left(\sum_{j=1}^{J} c_j x_j + \alpha\right) \Big/ \left(\sum_{j=1}^{J} d_j x_j + \beta\right) \\[2mm] \text{下层目标：} \max Z_2 = \sum_{j=1}^{J} [a_j(x_j)^2 + b_j x_j + \gamma_j] \end{cases} \qquad （7\text{-}9）$$

LFQBP 模型的约束条件同式（7-3）和式（7-4）。

7.1.3　模型解法

本章共构建了 3 个模型，包括 IQP 模型、ILFP 模型和 LFQBP 模型，3 个模型独立求解。其中，IQP 模型和 ILFP 模型为区间不确定性规划模型，其求解关键为将不确定性模型转换成确定性模型再进行求解，常用交互式算法[11]进行模型转换。IQP 模型的详细求解方法见 Chen 和 Huang 于 2001 年提出的解法[12]，ILFP 模型的求解方法见第 6 章。LFQBP 模型是确定性的双层规划模型，其求解的关键为通过构造拉格朗日函数结合库恩-塔克条件将双层规划模型转换成单层规划模型，即线性分式规划模型，再进行求解。LFQBP 模型建立在 IQP 模型和 ILFP 模型的基础上，即将下层规划的 IQP 模型的转换形式作为上层规划的 ILFP 模型的约束条件，而作为约束条件的 IQP 模型的转换形式是通过构建拉格朗日函数结合

库恩-塔克条件实现的,通过这种形式来将 ILFP 模型和 IQP 模型这两个分别反映灌溉水资源优化配置上、下两层的目标函数耦合在一个系统中,形成一个单层规划问题,具体解法如下[13]。

1)构造拉格朗日函数

令 $L(x_j, \lambda_i) = f(x_j) + \lambda_i g_i(x_j)$。其中,$f(x_j) = \sum_{j=1}^{J}[a_j(x_j)^2 + b_j x_j + \gamma_j]$（下层目标函数值）;$g_i(x_j) = n_i - \sum_{j=1}^{J} m_{ij} x_j$（约束条件的转换形式）;$\lambda_i$ 为拉格朗日系数,且 $\lambda_i \geqslant 0$。

2)应用库恩-塔克条件将双层规划模型转化为单层规划模型

库恩-塔克条件可表示成 $\partial L / \partial x_j \leqslant 0, \partial L / \partial \lambda_i \geqslant 0, \partial L / \partial x_j = 0, \partial L / \partial \lambda_i = 0$。在上述库恩-塔克条件的第一项条件中（即 $\partial L / \partial x_j \leqslant 0$）,引入一个松弛变量 u,使由拉格朗日函数对决策变量求导的不等式关系转变成等式关系;同时,在上述库恩-塔克条件的第一项条件中（即 $\partial L / \partial \lambda_i \geqslant 0$）,引入一个剩余变量 y,使由拉格朗日函数对拉格朗日系数求导的不等式关系转变成等式关系,则原 LFQBP 模型可转换成

$$\max Z_2 = \frac{\sum_{j=1}^{J} c_j x_j + \alpha}{\sum_{j=1}^{J} d_j x_j + \beta} \tag{7-10}$$

$$\sum_{j=1}^{J} m_{ij} x_j + y_i = n_i \tag{7-11}$$

$$2a_j x_j + b_j - \sum_{i=1}^{I} \lambda m_{ij} + u_j = 0 \tag{7-12}$$

$$\lambda_i y_i = 0, \quad u_j x_j = 0 \quad x_j, \lambda_i, y_i, u_j \geqslant 0 \quad i = 1, \cdots, I, \ j = 2, \cdots, J \tag{7-13}$$

式中,$\lambda_i y_i = 0$ 和 $u_j x_j = 0$ 为互补条件,给定初值并求解上述线性分式规划模型,可得到 LFQBP 模型的最优解为 $Z_{1\,\text{opt}}$、$Z_{2\,\text{opt}}$、$x_{j\,\text{opt}}$。IQP、ILFP 和 LFQBP 三个配水模型的详细求解流程见图 7-1。

7.1.4　灌区-田间 LFQBP 模型构建

盈科灌区的主要农作物包括玉米（大田玉米和制种玉米）、小麦、瓜菜等,其中小麦和玉米的种植面积占所有作物种植面积的 83%,经济作物面积占 15%。根

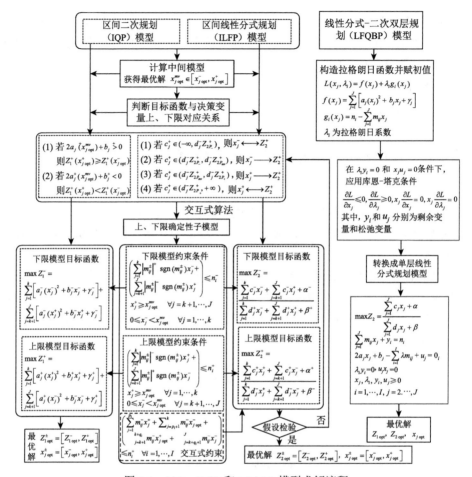

图 7-1　IQP、ILFP 和 LFQBP 模型求解流程

$$\left|m_{ij}^{\pm}\right|^{\lceil} \operatorname{sgn}(m_{ij}^{\pm})x_j^+ = \begin{cases} m_{ij}^- x_j^- & m_{ij}^{\pm} \geq 0 \\ m_{ij}^+ x_j^+ & m_{ij}^{\pm} < 0 \end{cases} , \quad \left|m_{ij}^{\pm}\right|^+ \operatorname{sgn}(m_{ij}^{\pm})x_j^- = \begin{cases} m_{ij}^+ x_j^- & m_{ij}^{\pm} \geq 0 \\ m_{ij}^- x_j^+ & m_{ij}^{\pm} < 0 \end{cases} ; \quad k \text{ 前（即 } 1,2,\cdots,k\text{）为正数的个数，} k \text{ 后}$$

（即 $k+1$, $k+2,\cdots,J$ ）为负数的个数；判断准则中的" $\longleftrightarrow$ "表示决策变量和目标函数之间的上、下限对应关系不需要验证，而" $\longrightarrow$ "表示决策变量和目标函数之间的上、下限对应关系需要验证

据研究区域实际情况，以盈科灌区主要粮食作物，包括大田玉米、制种玉米和小麦，构建灌区-作物尺度的 LFQBP 配水模型。LFQBP 模型的建模思想为通过对灌区主要粮食作物各生育阶段内进行地表水和地下水联合配置以协调灌区-作物尺度不同层次决策主体的利益，即以灌区整体水分生产力为高层次目标，各作物产量最大为低层次目标，同时满足：①所利用水量在可供水量范围内；②各作物需水需求；③地表水和地下水的相互转换。LFQBP 模型可表示成以下形式。

1）目标函数

从灌区农民利益出发，以粮食作物总产量最高为目标函数：

$$\max Y = \sum_{u=1}^{3} A_u \left[a_u \left(\sum_{t=1}^{6} (\mathrm{SW}_{ut} + \mathrm{GW}_{ut}) \right)^2 + b_u \sum_{t=1}^{6} (\mathrm{SW}_{ut} + \mathrm{GW}_{ut}) + \gamma_u \right] \quad (7\text{-}14)$$

从灌区管理者利益出发，以作物整体水分生产力最大为目标函数：

$$\max \mathrm{WP} = \frac{\displaystyle\sum_{u=1}^{3} A_u \cdot \mathrm{PWY}_u \sum_{t=1}^{6} (\mathrm{SW}_{ut} + \mathrm{GW}_{ut})}{\displaystyle\sum_{u=1}^{3} A_u \sum_{t=1}^{6} (\mathrm{SW}_{ut} + \mathrm{GW}_{ut})} \quad （7\text{-}15）$$

综合灌区管理者和农民之间的利益关系，构建协调管理者和农民利益的 LFQBP 模型，其中，上层规划目标函数为式（7-15），下层规划目标函数为式（7-14）。

2）约束条件

地表水可利用水量约束：

$$\sum_{i=1}^{3} A_u \cdot \mathrm{SW}_{ut} \leqslant \beta_1 \cdot \beta_2 \cdot \mathrm{TSW}_t \qquad \forall t \qquad （7\text{-}16）$$

地表水、地下水转换约束：

$$\sum_{i=1}^{3} \sum_{t=1}^{6} \mathrm{GW}_{ut} / \beta_2 \leq \theta_1 \sum_{i=1}^{3} \sum_{t=1}^{6} \mathrm{SW}_{ut} + \theta_2 \left(\beta_1 \sum_{i=1}^{3} \sum_{t=1}^{6} \mathrm{SW}_{ut} + \sum_{i=1}^{3} \sum_{t=1}^{6} \mathrm{GW}_{ut} \right) + \theta_3 \sum_{t=1}^{6} \mathrm{EP}_t + \mu \sum_{t=1}^{6} \Delta h_t$$

$$（7\text{-}17）$$

需水量约束：

$$\mathrm{SW}_{ut} + \mathrm{GW}_{ut} + \mathrm{EP}_t \geqslant \mathrm{IR}_{ut} \qquad \forall u, t \qquad （7\text{-}18）$$

非负约束：

$$\mathrm{SW}_{ut} \geqslant 0 \qquad \forall u, t \; \mathrm{GW}_{ut} \geqslant 0 \qquad \forall u, t \qquad （7\text{-}19）$$

式中，Y 为粮食作物总产量（10^2kg）；WP 为作物水分生产力（kg/m³）；u 为作物种类，$u=1$ 代表大田玉米，$u=2$ 代表制种玉米，$u=3$ 代表小麦；t 为作物生育期内各月份，$t=1 \sim 6$ 代表 4～9 月；A_u 为第 u 种作物的种植面积（10^2hm²）；SW_{ut}、GW_{ut} 分别为第 u 种作物第 t 月的地表水、地下水配水量（cm）；$a_u \left(\sum_{t=1}^{6}(\mathrm{SW}_{ut}+\mathrm{GW}_{ut}) \right)^2 +$ $b_u \sum_{t=1}^{6}(\mathrm{SW}_{ut}+\mathrm{GW}_{ut}) + \gamma_u$ 为第 u 种作物全生育期的水分生产函数（kg/hm²），其中，a_u、b_u、γ_u 分别为第 u 种作物水分生产函数的二次项、一次项、常数项系数；PWY_u 为第 u 种作物的单方水产量（kg/m³）；TSW_t 为第 t 月的地表水可供水量（10^4m³）；EP_t 为第 t 月的有效降水量（cm）；IR_{ut} 为第 u 种作物第 t 月的灌溉需水量（cm）；β_1、β_2 分别为渠系水利用系数、田间灌溉水利用系数；θ_1、θ_2、θ_3 分别为渠系渗漏损失系数、田间水入渗系数、降水入渗补给系数；Δh_t 为第 t 月的地下水位差（cm）；μ 为地下含水层给水度。对实际应用情况，考虑配水过程中存在的不确定

性，将 IQP、ILFP 模型中的参数用区间数表示，包括 $a_u^\pm$、$b_u^\pm$、$c_u^\pm$、$PWY_i^\pm$、$TSW_t^\pm$、$EP_t^\pm$、$IR_{ut}^\pm$。

7.2　结果分析与讨论

　　根据实际情况，春小麦的生育阶段为 4 月 1 日至 7 月 20 日，玉米的生育阶段为 4 月 20 日至 9 月 22 日。不同作物单方水产量区间值由拟合的区间作物水分生产函数与对应的需水量区间值（减去降水量）相除获得。地表水、地下水转换关系及对应系数确定见图 7-2。其余参数包括作物种植面积、地下水位等均来自调研统计资料。其中，各月份地下水位差计算采用盈科灌区包括盈科干渠、南关、下秦等 12 个观测井 1985～2010 年地下水位观测数据的平均值计算。模型基础参数区间值见表 7-1～表 7-3，供需水均值见图 7-3。

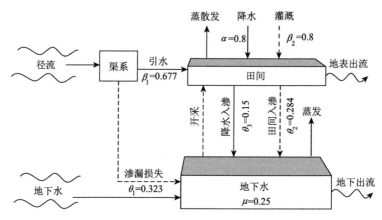

图 7-2　地表水、地下水转换关系及对应系数确定

实线表示模型参数，虚线表示模型变量

表 7-1　作物相关参数

作物	水分生产函数/ (kg/hm²)	单方水产量/ (kg/m³)	灌溉面积 /10²hm²
大田玉米	$Y = (3281.67, 63.26) + (199.83, 5.61)W + (-1.2180, -0.0657)W^2$	[1.74, 1.95]	21.11
制种玉米	$Y = (3604.24, 67.44) + (179.58, 3.10)W + (-1.2292, -0.0167)W^2$	[1.62, 1.72]	42.24
小麦	$Y = (2328.55, 71.22) + (167.67, 1.62)W + (-1.4388, -0.0201)W^2$	[1.59, 1.67]	27.51

　　注：$Y = (\gamma, r_\gamma) + (b, r_b)W + (a, r_a)W^2$ 中，Y 为作物产量（kg/hm²）；W 为灌溉水量（cm）；γ、b、a 分别为水分生产函数的常数项、一次项、二次项系数；r_γ、r_b、r_a 分别为水分生产函数常数项、一次项、二次项系数的变化半径。

表 7-2　地表可供水量与有效降水量

	4 月	5 月	6 月	7 月	8 月	9 月	合计
地表可供水量/万 m³	[428, 451]	[705, 760]	[1229, 1333]	[2156, 2304]	[1978, 2116]	[1390, 1515]	[7886, 8479]
有效降水量/mm	[2.3, 4.0]	[8.7, 12.7]	[14.1, 18.8]	[19.7, 25.1]	[20.2, 25.8]	[12.2, 17.3]	[77.7, 103.7]

表 7-3　作物蒸散发量　　　　　　　　　　（单位：mm）

作物	4 月	5 月	6 月	7 月	8 月	9 月	合计
大田玉米	[23.4, 28.7]	[63.0, 73.0]	[78.3, 92.2]	[221.2, 237.4]	[162.0, 181.6]	[130.0, 169.0]	[677.9, 781.9]
制种玉米	[25.7, 31.6]	[71.6, 82.9]	[171.3, 201.8]	[181.8, 195.1]	[170.5, 191.1]	[63.9, 83.1]	[684.8, 785.6]
小麦	[35.1, 43.0]	[164.6, 190.7]	[169.9, 200.1]	[140.1, 150.4]			[509.7, 584.2]

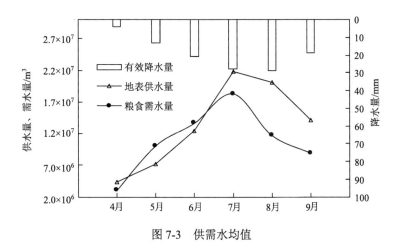

图 7-3　供需水均值

按照前述模型解法，考虑灌区不同层次利益主体及配水过程中存在的不确定性，分别求解 IQP 模型和 ILFP 模型，得到盈科灌区不同作物不同月份的地表水和地下水配水方案。图 7-4 和图 7-5 分别展示了 IQP 模型和 ILFP 模型 3 种粮食作物在生育阶段内各月份的总配水情况。2 个模型的结果均用区间数表示，说明优化配水结果对模型输入的不确定性是敏感的。IQP 模型和 ILFP 模型关于 3 种粮食作物在不同月份内的配水规律是一致的。对于 IQP 模型，单位面积总配水量由大到小为大田玉米[75.64cm, 89.15cm]、制种玉米[70.82cm, 75.33cm]、小麦[53.37cm, 55.31cm]。同样，对于 ILFP 模型，单位面积总配水量由大到小为大田玉米[75.64cm, 85.15cm]、制种玉米[58.13cm, 63.17cm]、小麦[44.92cm, 48.31cm]。大田玉米单位面积总配水量最多，是因为大田玉米的单方水产量是 3 种作物中最高的，这由作物水分生产函数决定，即在给予同样水量的前提下，大田玉米获得的产量最高，

其次是制种玉米，最后是小麦。对于每种作物不同月份内的配水量，无论是 IQP
模型还是 ILFP 模型，配水量都呈现先增加后递减的趋势。大田玉米的配水集中在
7～9 月，制种玉米的配水集中在 6～8 月，小麦的配水集中在 5～7 月，配水规律与
需水规律一致。IQP 模型各月份配水量均值占总配水量比例：6.56%（4 月）、15.67%
（5 月）、21.18%（6 月）、26.60%（7 月）、17.04%（8 月）、12.95%（9 月）。ILFP
模型各月份配水量均值占总配水量比例：6.09%（4 月）、15.62%（5 月）、21.30%
（6 月）、27.79%（7 月）、17.72%（8 月）、11.49%（9 月）。基于区间数的决策方
案能够为决策者提供更多的配水方案参考，激进的决策者倾向于选取配水量上限
值，以便获得较高的产量或水分生产力，同时由于可供水量是有限的，在规划年
不易确定来水量是否能够达到上限值，因此该种决策存在一定的缺水风险。反之，
保守的决策者倾向于选取配水量下限值，以便尽可能保证所有作物用水需求，但
同时获得的产量或水分生产力相对较低。

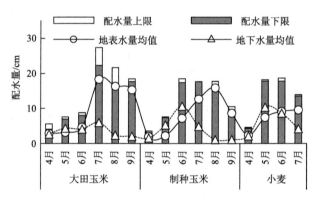

图 7-4　IQP 模型配水结果

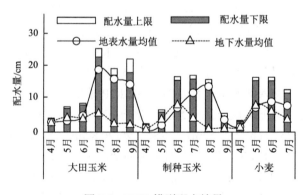

图 7-5　ILFP 模型配水结果

根据图 7-4 和图 7-5 所示的各作物单位面积优化配水量，同时考虑各作物的

灌溉面积，可知 IQP 模型的总配水量比 ILFP 模型多[768.94 万 m³, 790.29 万 m³]，这是由于两个模型考虑的利益主体不同。IQP 模型考虑的是农民的利益，希望获得最大的产量，即在有限的可供水量和不超过每种作物最大产量对应的灌水量的前提下，分配给作物的水量越多对提高产量越有利；而 ILFP 模型考虑的是决策者的利益，即获得最大的作物水分生产力。ILFP 模型的水分生产力（总产量与总水量之比）为[1.54kg/m³, 1.56kg/m³]，IQP 模型的水分生产力为[1.37kg/m³, 1.39kg/m³]，ILFP 模型的水分生产力比 IQP 模型高 0.17kg/m³，从结果中可以看出，在满足每种作物需水量要求的情况下，ILFP 模型趋向于分配给作物较少的水量来获得较高的水分生产力。

　　LFQBP 模型的优点是能够平衡上层和下层决策主体的利益，优化出一组能够最大限度同时满足上、下层决策者利益的配水方案。图 7-6 给出 LFQBP 模型优化出的 3 种粮食作物不同月份的地表水和地下水的配水方案。由图 7-6 可以看出，LFQBP 模型的配水规律与 ILFP 模型和 IQP 模型的配水规律类似，即各月份的配水集中在 6~8 月；大田玉米被分配的单位面积水量最多，其次是制种玉米，最后是小麦；3 种作物地表水配水量均大于地下水配水量。表 7-4 给出了不同模型不同作物全生育期累计配水量均值。从表 7-4 可以看出，3 种模型中大田玉米的总配水量相同，原因与上述相同。由于制种玉米在 3 种粮食作物中占有最大的灌溉面积，因此制种玉米的总配水量最多。3 种模型各月份的单位面积配水量存在差异，见图 7-4~图 7-6。对于制种玉米和小麦，IQP 模型总配水量最多，ILFP 模型总配水量最少，LFQBP 模型的总配水量在 IQP 模型和 ILFP 模型之间，3 种模型对各作物配水量趋势与总配水量趋势基本一致。表 7-5 对 IQP 模型、ILFP 模型和 LFQBP 模型的总配水量、总产量和水分生产力这 3 个指标的均值进行了比较。从表 7-5 可以看出，若单纯注重灌区上层管理者的利益，则总配水量为 5501 万 m³，水分生产力为 1.55kg/m³，虽然该结果比单纯注重农民利益的配水结果节水 800 万 m³，且水分生产力增加 0.17kg/m³，但粮食产量降低 1.59 万 kg，直接造成农民的经济损失，从而可能影响农民种植积极性。而 LFQBP 模型的优点即能够在一个系统内寻找灌区上层管理者利益和灌区下层农民利益之间的平衡点，LFQBP 模型以灌区上层管理者利益为主要利益，同时又能尽量满足灌区下层农民的利益。LFQBP 模型的计算结果显示，总配水量为 6034 万 m³，比单纯考虑灌区上层管理者利益（ILFP 模型）的结果多配水 533 万 m³，比单纯考虑灌区下层农民利益（IQP 模型）的结果节水 267 万 m³，就总配水量而言，若以 ILFP 模型配水量结果为起点，IQP 模型配水量结果为终点，整个配水量长度设为 1，则 LFQBP 模型的结果在距离起点 0.67 处寻优到了配水量的平衡点，即可以理解成 LFQBP 模型的配水量结果中，67%倾向于上层管理者利益，33%倾向于下层农民利益。同理，就产量而言，LFQBP 模型的结果中 76%倾向于上层管理者利益，24%倾向于下层农民利益；就水分生产力而言，LFQBP 模型的结果中 65%倾向于上层管理者利益，35%倾向于下层农民利益。综上，IQP 模型的配水量最多，产量最大，但水分生产力最低；ILFP 模型的配水量最少，产量最低，但水分生产力最高；LFQBP 模型中这 3 个指标值均在 IQP 模型和 ILFP 模型之间，平衡了灌区上、下两层的利益，在有限的可供水量下，LFQBP 模型能够保证灌区作物产量和水分生产力均达到较高水平，有利于灌区的社会经济稳定，促进灌区可持续发展。综上所述，本章所构建的 LFQBP 模型具有以下优点：①在一个系统内，同时进行不同层次利益主体的决策；②能够同时反映系统的效率和效益问题；③处理农业灌溉水资源优化配置中存在的非线性问题。

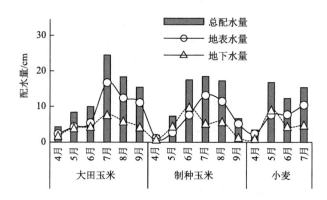

图 7-6　LFQBP 模型配水结果

表 7-4　不同模型不同作物全生育期累计配水量均值　（单位：万 m³）

模型	大田玉米			制种玉米			小麦		
	地表配水	地下配水	总配水	地表配水	地下配水	总配水	地表配水	地下配水	总配水
IQP	1277	455	1732	2045	1040	3086	783	700	1483
ILFP	1251	481	1732	1651	861	2511	701	557	1257
LFQBP	1121	611	1732	1768	1199	2967	789	546	1335

表 7-5　IQP 模型、ILFP 模型、LFQBP 模型比较

指标	IQP 模型	ILFP 模型	LFQBP 模型
总配水量/万 m³	6301	5501	6034
总产量/万 kg	87.01	85.42	86.63
水分生产力/(kg/m³)	1.38	1.55	1.44

参 考 文 献

[1] Oozbahani R，Abbasi B，Schreider S，et al. A multi-objective approach for transboundary river water allocation. Water Resources Management，2014，28（15）：5447-5463.

[2] Davijani M H，Banihabib M F，Nadjafzadeh A，et al. Multi-objective optimization model for the allocation of water resources in arid regions based on the maximization of socioeconomic efficiency. Water Resources Management，2016，30（3）：927-946.

[3] 陈晓宏，陈永勤，赖国友. 东江流域水资源优化配置研究. 自然资源学报，2002，17（3）：366-372.

[4] 吴丹，吴凤平，陈艳萍. 流域初始水权配置复合系统双层优化模型. 系统工程理论与实践，2012，32（1）：196-202.

[5] Madani K. Game theory and water resources. Journal of Hydrology，2010，381（3-4）：225-238.

[6] 付湘，陆帆，胡铁松. 利益相关者的水资源配置博弈. 水利学报，2016，47（1）：38-43.

[7] 张展羽，司涵，冯宝平，等. 缺水灌区农业水土资源优化配置模型. 水利学报，2014，45（4）：403-409.

[8] 付强，刘银凤，刘东，等. 基于区间多阶段随机规划模型的灌区多水源优化配置. 农业工程学报，2016，32（1）：132-139.

[9] 莫淑红，段海妮，沈冰，等. 考虑不确定性的区间多阶段随机规划模型研究. 水利学报，2014，45（12）：1427-1434.

[10] 康绍忠，粟晓玲，杜太生，等. 西北旱区流域尺度水资源转化规律及其节水调控模式——以甘肃石羊河流域为例. 北京：水利水电出版社，2009.

[11] Huang G，Baeta B W，Patry G G. A grey linear programming approach for municipal solid waste management planning under uncertainty. Civil Engineering Systems，1992，9（4）：319-335.

[12] Chen M J，Huang G H. A derivative algorithm for inexact quadratic program-application to environmental decision-making under uncertainty. European Journal of Operational Research，2001，128（3）：570-586.

[13] Arora R，Arora S R. An algorithm for solving an integer linear fractional/quadratic bilevel programming problem. Advanced Modeling and Optimization，2012，14（1）：57-78.

第8章 基于水资源利用阈值的农业水土资源规划

我国农业灌溉用水比例高、管理不当且效率低等特点，使得在考虑区域社会经济和生态可持续发展的前提下，合理且高效地规划农业水土资源，成为决策者面临的紧迫任务。近年来，农业水土资源规划逐渐考虑资源、社会经济及生态环境的协调发展等因素，以促进农业可持续发展。水资源阈值建立在水资源、社会经济及生态环境协调发展基础上，将有限的水资源量在研究区域内进行合理配置。然而，已有农业水土资源优化配置研究却很少考虑用水阈值，导致可分配的水量超出水资源利用安全界限。不同尺度阈值确定的方法不同，农用配水结果也不同，考虑可持续发展的灌溉水资源优化配置需建立在不同尺度农业用水阈值的基础上，本章中的理论将应用于黑河中游绿洲。

8.1 不确定性要素的估算、模拟与预测

不确定要素主要包括水文要素及社会经济管理要素，灌区水资源规划建立在不确定要素预测的基础上，对灌区水资源优化配置相关参数进行模拟、估算与预测是非常必要的。黑河干流的莺落峡和正义峡将黑河分为上游、中游、下游，本章首先采用多种预测方法加权组合的形式对莺落峡断面年径流进行模拟和预测，并根据黑河分水曲线预测正义峡断面的年径流。采用突变检验结合趋势分析的方法对黑河中游的蒸散发量进行模拟和预测，了解黑河中游供需水情况的动态变化。黑河中游绿洲与水资源规划相关的主要社会经济参数包括农作物种植面积、产量及人口，分别采用规划模型、灰色预测结合 Logistic 模型对各社会经济参数进行预测。本章内容的模拟年份为各水文要素历史序列起始年份（或突变后年份）至2013 年，预测年份为 2014~2025 年。

8.1.1 基于加权组合模型的径流模拟与预测

径流预测是灌区农业水资源系统预测的重要组成部分，其预测结果是制订灌区农业水资源规划方案的基础。就预测内容而言，径流预测分为日径流预测、月径流预测和年径流预测，本章重点进行黑河莺落峡断面的年径流预测。就预测方法而言，径流预测可分为定性预测方法和定量预测方法，其中，定性预测方法包

括专家意见预测法和主观概率法。定量预测方法包括过程驱动模型（枯季径流退水模型和概念性流域降水径流模型）和数据驱动模型。目前数据驱动模型在国内外应用得比较多，它是以建立输入输出数据之间的最优数学关系为目标的黑箱子方法[1]。数据驱动模型大致可以分为以下几种：回归分析模型、时间序列模型、神经网络模型、模糊数学模型、灰色系统模型、小波分析、分形理论、混沌理论、最近邻模型等。这些预报方法都各有优缺点与不足，而将若干种预测方法组合成一个预报模型，可以更真实、合理地描述客观实际并提高预测精度[2]。因此，本章将三种常用的单项径流预测模型（包括灰色时间序列分析、BP 神经网络法及多元线性回归法）进行组合，对黑河莺落峡断面年径流进行模拟和预测。

1. 灰色关联分析

影响径流变化的因素很多，包括各种气象要素和人类活动，各因素之间的相互关系较为复杂，从而导致径流量的变化与影响因素之间的关系存在着不确定性。本章采用灰色关联分析法来分析和提取影响径流变化的主要因素。灰色关联分析的基本思想是根据离散序列之间的几何相似程度来判断两个序列间关联性大小。灰色关联分析方法的步骤如下[3]：

（1）确定反映系统行为特征的参考数列和影响系统行为的比较数列。设 $X_0 = (X_0(1), X_0(2), \cdots, X_0(n))$ 为参考数列，$X_i = (X_i(1), X_i(2), \cdots, X_i(n))$ 为比较数列。

（2）无量纲化处理。对参考数列和比较数列进行无量纲化处理的公式如下：

$$X_i = \left(1, \frac{X_i(2)}{X_i(1)}, \cdots, \frac{X_i(n)}{X_i(1)} \right) \tag{8-1}$$

（3）求参考数列与比较数列的灰色关联系数。将经无量纲化处理后的系统特征行为数列记为 $\{X_0(t)\}$，相关子数列记为 $\{X_i(t)\}$，则 X_0 与 X_i 在 t 点的关联系数表示为

$$D_i(t) = \frac{\min\limits_i \min\limits_t |X_0(t) - X_i(t)| + \beta \max\limits_i \max\limits_t |X_0(t) - X_i(t)|}{|X_0(t) - X_i(t)| + \beta \max\limits_i \max\limits_t |X_0(t) - X_i(t)|} \tag{8-2}$$

式中，$|X_0(t) - X_i(t)| = \Delta_i(t)$ 为 t 点 X_0 与 X_i 的绝对差；$\min\limits_i \min\limits_t |X_0(t) - X_i(t)|$ 为两级最小差；$\max\limits_i \max\limits_t |X_0(t) - X_i(t)|$ 为两级最大差；β 为分辨系数，其值在 0～1，一般取 $\beta = 0.5$。

（4）求关联度。关联度的计算公式为

$$\gamma_i = \frac{1}{n} \sum_{i=1}^{n} D_i(t) \tag{8-3}$$

式中，γ_i 为相关数列与特征行为数列的关联度；$D_i(t)$ 为相关数列与特征行为数列的关联系数；n 为比较数列的数据个数，$i = 1, 2, \cdots, n$。

2. 灰色时间序列分析

假定组成水文序列的各种成分是线性叠加的，$X(t)$ 可按下式表示[4]：

$$X(t) = Q(t) + P(t) + R(t) \qquad (8\text{-}4)$$

式中，$Q(t)$ 为确定性的非周期成分，其最主要组成部分为趋势项，反映年径流因水文或气象因素而引起的季节性趋势或多年变化趋势；$P(t)$ 为周期项，反映年径流随时间变化而呈现出的周期性变化；$R(t)$ 为随机成分。将年径流时间序列分解成 3 个组成部分以后，就可按各组成项的变化规律对未来时刻年径流量进行外推，再将各项合成作为预报值。

1）趋势项的灰色预测方法

由于水文系统受诸多因素的影响，水文预报的不确定性问题非常突出。灰色系统分析法对解决水文不确定性现象提供了新的途径，其中，灰色系统 GM(1,1) 模型应用最为广泛，GM(1,1) 模型为具有 1 个变量、1 阶方程的灰色模型，计算原理如下[5]。

设 $x^{(0)}(t), t = 1, 2, \cdots, n$ 是灰色过程 $x(\phi, t)$ 的一个白化序列，且为非负，记

$$x^{(1)}(k) = \sum_{t=1}^{k} x^{(0)}(t) \qquad k = 1, 2, \cdots, n \qquad (8\text{-}5)$$

称 $x^{(1)}(k)$ 为一次累加生成序列。GM(1,1) 模型具有下述形式：

$$\frac{\mathrm{d}x^{(1)}(t)}{\mathrm{d}t} + ax^{(1)}(t) = b \qquad (8\text{-}6)$$

式中，a、b 为特定参数，将上式离散化，即得

$$\Delta x^{(1)}(k+1) + ax^{(1)}(k+1) = b \qquad (8\text{-}7)$$

其中，

$$\Delta x^{(1)}(k+1) = x^{(1)}(k+1) - x^{(1)}(k) = x^{(0)}(k+1)$$

$$x^{(1)}(k+1) = \frac{x^{(1)}(k+1) + x^{(1)}(k)}{2}$$

将其代入式（8-7）中，得

$$x^{(0)}(k+1) = a\left[-\frac{x^{(1)}(k+1) + x^{(1)}(k)}{2} \right] + b \qquad k = 1, 2, \cdots, n-1 \qquad (8\text{-}8)$$

令 $Y = \begin{pmatrix} x^{(0)}(2) \\ x^{(0)}(3) \\ \vdots \\ x^{(0)}(n) \end{pmatrix}$, $I = \begin{pmatrix} 1 \\ 1 \\ \vdots \\ 1 \end{pmatrix}$, $X = \begin{pmatrix} -\dfrac{x^{(1)}(2) + x^{(1)}(1)}{2} \\ -\dfrac{x^{(1)}(3) + x^{(1)}(2)}{2} \\ \vdots \\ -\dfrac{x^{(1)}(n) + x^{(1)}(n-1)}{2} \end{pmatrix}$, 则式（8-8）可以改

写为

$$Y = aX + bI = (X / I)\begin{pmatrix} a \\ b \end{pmatrix} \tag{8-9}$$

记 $B = (X / I)$, $\theta = \begin{pmatrix} a \\ b \end{pmatrix}$, 则有 $Y = B\theta$。由最小二乘法可求得参数向量 θ 的

估计值为

$$\hat{\theta} = \begin{pmatrix} \hat{a} \\ \hat{b} \end{pmatrix} = (B^{\mathrm{T}}B)^{-1}B^{\mathrm{T}}Y \tag{8-10}$$

将 $\hat{\theta}$ 代入式（8-7）求解，其解的离散化形式为

$$\hat{x}^{(1)}(k+1) = \left[x^{(0)}(1) - \frac{\hat{b}}{\hat{a}} \right]e^{-\hat{a}k} + \frac{\hat{b}}{\hat{a}} \tag{8-11}$$

称式（8-11）为 GM(1,1) 模型的时间响应函数模型。$\hat{x}^{(1)}(k)$ 为生成数列 $x^{(1)}(k)$ 的模拟值，再通过累减生成运算。

记

$$\hat{x}^{(0)}(k+1) = \hat{x}^{(1)}(k+1) - \hat{x}^{(1)}(k) = (1 - e^{\hat{a}})\left[x^{(0)}(1) - \frac{\hat{b}}{\hat{a}} \right]e^{-\hat{a}k} \tag{8-12}$$

则 $\hat{x}^{(0)}(k)$, $k = 2,3,\cdots,n$ 即为原始序列的模拟值。

2）周期项分析

时间序列分离趋势项以后，将剩余的序列进行周期分析。周期项分析方法主要有 3 种，分别为周期图法、方差谱密度法和累积解释方差图法，本章采用周期图法进行分析。

若序列 x_t $(t = 1,2,\cdots,n)$ 满足狄利克雷条件，则可以展成傅里叶级数：

$$x_t = \mu_x + \sum_{j=1}^{l}(a_j \cos \omega_j t + b_j \sin \omega_j t) \tag{8-13}$$

或

$$x_t = \mu_x + \sum_{j=1}^{l} A_j \cos(\omega_j t + \theta_j) \tag{8-14}$$

式中，l 为谐波的总个数（n 为偶数时 $l = \dfrac{n}{2}$，n 为奇数时 $l = \dfrac{n-1}{2}$）；a_j、b_j 为各谐波分量的振幅（即傅里叶系数），按式（8-15）计算：

$$\begin{cases} a_j = \dfrac{2}{n}\sum\limits_{t=1}^{n} x_t \cos \omega_j t \\[2mm] b_j = \dfrac{2}{n}\sum\limits_{t=1}^{n} x_t \sin \omega_j t \end{cases} \tag{8-15}$$

式中，μ_x 为序列的均值；ω_j 为角频率，$\omega_j = (2\pi / n)j$（$2\pi / n$ 为基本角频率）；A_j 为谐波振幅，$A_j = \sqrt{a_j^2 + b_j^2}$；$\theta_j$ 为相位，$\theta_j = \operatorname{arccot}(-b_j / a_j)$。由于振幅 A_j 与角频率 ω_j 一一对应，且 $A_j / 2$ 为 ω_j 对应的谐波的方差，因此在实际工作中常建立 $A_j / 2$-ω_j 二者的关系图，一般称此图为频谱或周期图。

在周期图中可以找到一些较大谐波的方差，而其对应的周期 T_j 既可能是真正的周期，也可能是虚假的周期。为了选择真正的周期，通常采用费希尔（Fisher）检验统计变量检验谐波分量的显著性：

$$g_1 = \frac{A_m^2}{2S^2} \tag{8-16}$$

式中，A_m^2 为 A_j^2 中的最大值，$A_j^2 = a_j^2 + b_j^2$；S^2 为除去趋势项后新序列 x_t 的方差。

式（8-16）中 g_1 值超过临界值 g 的概率近似为

$$P_f \approx k(1-g)^{k-1} \tag{8-17}$$

$$k = \begin{cases} \dfrac{N}{2} & N\text{为偶数} \\[3mm] \dfrac{N-1}{2} & N\text{为奇数} \end{cases} \tag{8-18}$$

给定显著水平 α（即为 P_f）后，可求出临界值 g。若 $g_1 > g$，被检验的这个谐波是显著的。下一个最高的 A_2^2 的检验，统计量为

$$g_2 = \frac{A_2^2}{2S^2 - A_m^2} \tag{8-19}$$

若 $g_2 > g$，则被检验的这个谐波是显著的。如此下去，用式（8-20）以 A_j^2 递减的次序就可以选出第 i 个谐波分量：

$$g_i = \frac{A_i^2}{2S^2 - \sum\limits_{j=1}^{i-1} A_j^2} \tag{8-20}$$

式（8-20）中的 A_j^2 全部比 A_i^2 大。

3）随机项分析

从时间序列中除去趋势项和周期项之后得到新序列 x_t，检验新序列是否为平稳随机序列及其相依性。序列自相关系数 r_k 按式（8-21）计算：

$$r_k = \frac{\sum_{t=1}^{n-k}(x_t - \overline{x})(x_{t+k} - \overline{x})}{\sum_{t=1}^{n}(x_t - \overline{x})^2} \tag{8-21}$$

式中，$\overline{x} = \sum_{t=1}^{n} x_t / n$；$k = 0,1,2,\cdots,m$；$m \ll n$。当样本总数 $n \geqslant 50$ 时，$m < n/4$；当 $n < 50$ 时，$m = n/4$ 或 $n-10$，原则上参加计算的项数不应少于 10 项。r_k 的方差随 k 的增大而增加，其估计精度将降低，因此 m 应取较小的值。

r_k 的抽样分布均值近似：

$$Er_k = -\frac{1}{n-k-1} \tag{8-22}$$

方差：

$$V_{ar}r_k = \frac{(n-k+1)^3 - 3(n-k+1)^2 + 4}{(n-k+1)^2[(n-k+1)^2 - 1]} \tag{8-23}$$

统计量：

$$U_k = \frac{r_k - Er_k}{\sqrt{V_{ar}r_k}} \tag{8-24}$$

选择置信水平 α，当 $|U_k| < u_{\alpha/2}$ 时，序列独立性显著；反之，序列相依性显著。

观察估计的 r_k 值，如果随 k 值的增大，自相关系数 r_k 的值越来越小，则序列相依性越来越弱，呈拖尾状，这时序列为平稳随机序列，可用自回归（autoregressive，AR）模型来表示。

当显著水平 $\alpha = 5\%$ 时，即置信水平 $p = 1-\alpha = 95\%$ 时，序列自相关系数 r_k 的容许限为

$$r_k(\alpha = 5\%) = \frac{-1 \pm 1.96\sqrt{n-k-1}}{n-k} \tag{8-25}$$

如果估计的 $r_k \notin \left(\dfrac{-1-1.96\sqrt{n-k-1}}{n-k}, \dfrac{-1+1.96\sqrt{n-k-1}}{n-k} \right)$，那么，序列延迟 k 步相依性显著。一般自回归 AR 模型的最大阶数不应大于相依性显著的最大延迟步数。

x_t 为年径流序列剔除趋势项和周期项后得到的新序列。p 阶自回归模型 $AR(p)$ 可表示为

$$x_t = \mu + \phi_1(x_{t-1} - \mu) + \phi_2(x_{t-2} - \mu) + \cdots + \phi_p(x_{t-p} - \mu) + \varepsilon_t \tag{8-26}$$

式中，μ 为新序列的平均值；ε_t 为与 x_t 无关的独立随机变量，其均值为 0，主要用

于径流的随机模型，在水文预报中不予考虑。式中的自回归系数 ϕ_i 根据矩法估计：

$$\begin{pmatrix} \phi_1 \\ \phi_2 \\ \vdots \\ \phi_p \end{pmatrix} = \begin{pmatrix} 1 & r_1 & r_2 & \cdots & r_{p-1} \\ r_1 & 1 & r_1 & \cdots & r_{p-2} \\ \vdots & \vdots & \vdots & & \vdots \\ r_{p-1} & r_{p-2} & r_{p-3} & \cdots & 1 \end{pmatrix}^{-1} \begin{pmatrix} r_1 \\ r_2 \\ \vdots \\ r_p \end{pmatrix} \tag{8-27}$$

模型的阶数 p 可通过最小赤池信息量准则（Akaike information criterion，AIC）来确定：

$$AIC(p) = n\ln(\sigma_\varepsilon^2) + 2p \tag{8-28}$$

式中，n 为时间序列的样本容量；σ_ε^2 为计算值与实测值的估计方差。

3. BP 神经网络径流预测

神经网络是模仿人的大脑神经元结构特性而建立的一种非线性动力学网络系统，由大量的非线性处理单元高度并联、互联而成，具有对人脑某些基本特性的简单数学模仿能力。反向传播（back propagation，BP）神经网络是一种多层前馈神经网络，1986 年由 Rumelhart 和 McCelland 为首的科学家小组提出，是目前实现途径最直观、应用最广、研究最深入且运算机制最易理解的一种人工神经网络，其主要特点是信号前向传递、误差反向传播。由于 BP 神经网络在水文模拟和预报中相对传统预报方法更有效和便捷而被广泛应用于径流预测中[6]。

1）网络结构

BP 神经网络由输入层、隐含层和输出层组成。首先输入信号从输入层进入网络，经隐含层逐层处理后到达输出层。每层的神经元状态只影响下一层的神经元状态。如果输出层得不到期望输出，则误差反向传播，根据误差调整网络权值和阈值，从而使 BP 神经网络预测输出不断逼近目标值。BP 神经网络拓扑结构如图 8-1 所示[7]。

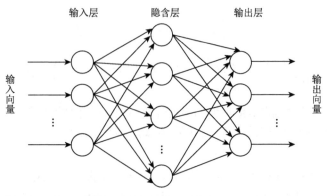

图 8-1　BP 神经网络拓扑结构

2）网络模型

人工神经网络元可以对输入的信号进行加权求和处理。设神经元网络有 n 个输入神经元、m 个输出神经元和 l 个隐层神经元，则输出层神经元的输出为

$$y_i = \sum_{j=1}^{n} \omega_{ij} x_j + b_i \qquad i = 1, 2, \cdots, m; \ j = 1, 2, \cdots, n \qquad (8\text{-}29)$$

式中，y_i 为神经元的输出；x_j 为输入值；ω_{ij} 为权重；b_i 为阈值。

BP 神经网络的激励函数通常选取对数——S 型函数，表达形式如下：

$$f(x) = \frac{1}{1 + \mathrm{e}^{-ax}} \qquad a > 0 \qquad (8\text{-}30)$$

3）建模步骤[8]

（1）对数据进行标准化处理，归一于 0~1。

（2）网络初始化。根据输入输出序列 (X, Y) 分别确定网络输入层、隐含层、输出层节点数 n、l、m。初始化各层网络神经元之间的连接权值 $\omega_{i,j}$ 和 $\omega_{j,k}$、输出层阈值 b 和隐含层阈值 a，同时给定神经元激励函数和学习速率。

（3）输出训练样本对，计算各输出层。根据输入向量 X、隐含层阈值 a 及输入层和隐含层间连接权值 $\omega_{i,j}$ 计算隐含层输出 H。

$$H_f = f\left(\sum_{i=1}^{n} (\omega_{i,j} x_i - a_j) \right) \qquad j = 1, 2, \cdots, l \qquad (8\text{-}31)$$

式中，l 为隐含层节点数；f 为隐含层激励函数，该函数有多种表达形式，一般常用 Sigmoid 函数，主要包括 Log-Sigmoid 函数和 Tan-Sigmoid 函数。

（4）计算网络输出误差。根据网络预测输出 O 和期望输出 Y，计算网络预测误差 e_k：

$$e_k = Y_k - O_k \qquad k = 1, 2, \cdots, m \qquad (8\text{-}32)$$

（5）调整各层权值。根据预测误差 e_k 对网络节点权值 $\omega_{i,j}$ 和 $\omega_{j,k}$ 进行更新：

$$\omega_{i,j} = \omega_{i,j} + \eta H_j (1 - H_j) x(i) \sum_{k=1}^{m} \omega_{j,k} e_k \qquad (8\text{-}33)$$

$$\omega_{j,k} = \omega_{j,k} + \eta H_j e_k \qquad (8\text{-}34)$$

式中，η 为学习速率。

（6）阈值更新。根据网络预测误差 e_k 对网络节点阈值 a 和 b 进行更新：

$$a_j = a_j + \eta H_j (1 - H_j) \sum_{k=1}^{m} \omega_{j,k} e_k \qquad (8\text{-}35)$$

$$b_k = b_k + e_k \qquad k = 1, 2, \cdots, m \qquad (8\text{-}36)$$

（7）判断算法迭代是否结束，若误差精度不合格，返回步骤（2）。

综上所述，绘制 BP 神经网络建模流程图，见图 8-2。

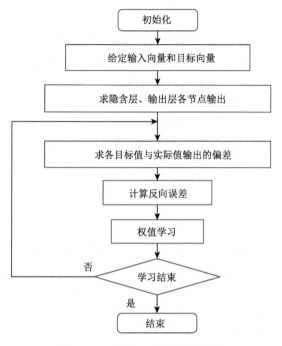

图 8-2 BP 神经网络建模流程图

4. 多元线性回归

多元回归模型的思想是，尽管自变量（解释变量）和因变量（被解释变量）之间可能不存在确定性的、标准的函数关系，但仍可以设法找出最能代表它们之间数学关系的表达式。回归过程中应用最广泛的为多元线性回归方法，相应的数学表达式为

$$y = \beta_0 + \beta_1 x_1 + \beta_2 x_2 + \cdots + \beta_n x_n + \varepsilon \tag{8-37}$$

上式表明 y 的变化由两部分进行解释：①由 n 个解释变量 x 的变化引起的 y 的线性变化部分；②由其他随机因素引起的 y 的随机变化部分。ε 为随机误差，β_0 为常数项，β_i 为偏回归系数，$i = 1, 2, \cdots, n$。

5. 预报合格率与径流加权组合

参照《水文情报预报规范》（GB/T 22482—2008），取预见期内实测变幅的 20% 作为许可误差[9]。一次预报的误差小于许可误差时，为合格预报。合格预报次数与预报总次数之比的百分数为合格率，表示多次预报总体的精度水平。合格率按以下公式计算：

$$QR = \frac{n}{m} \times 100\% \tag{8-38}$$

式中，QR 为合格率；n 为合格预报次数；m 为预报总次数。预报项目的精度按合格率的大小分为 3 个等级，精度等级按表 8-1 规定确定。

表 8-1　预报项目精度等级表

	甲级	乙级	丙级
合格率/%	QR > 85	85 ≥ QR > 70	70 ≥ QR > 60

设对径流有 n 种预测方法，径流的 N 个实际观测值为 $y_t(t=1,2,\cdots,N)$，记组合预测方法的加权系数向量 $\boldsymbol{K}=(k_1,k_2,\cdots,k_n)^{\mathrm{T}}$，其中，$k_i$ 为第 i 种预测方法在组合预测模型中的权重，由预报合格率确定，且 $\sum_{i=1}^{n}k_i=1$，令第 i 种预测方法的预测值为 f_{it}，则组合预测模型的预测值 f_t 为

$$f_t=\sum_{i=1}^{n}k_i f_{it}=k_1 f_{1t}+k_2 f_{2t}+\cdots+k_n f_{nt} \qquad t=1,2,\cdots,N \qquad (8\text{-}39)$$

8.1.2　作物蒸散发量与有效降水量预测

针对水文气象等长序列资料，可借助假设检验或趋势估算来探究水文过程的内在特性，检验单调性趋势应用最普遍的方法之一即非参数 Mann-Kendall（M-K）方法。在 M-K 检验中，$X=(x_1,x_2,\cdots,x_n)$ 为长度为 n 的数据序列，存在原假设 H_0 和备择假设 H_1，其中，H_0 为未经调整修正的时间序列数据；X 为一个由容量为 n 的元素组成的独立同分布的随机变量；H_1 为双边检验，即对于 $\forall i,j\leqslant n$ 且 $i\neq j$，元素 x_i 和 x_j 的分布不同。通过比较每一个 $\{x_i|i=1,2,\cdots,n-1\}$ 与其后的 $\{x_j|j=i+1,i+2,\cdots,n\}$ 的大小，可依据式（8-40）计算统计量 S。对于原假设 H_0，当 $n\to\infty$ 时，S 近似服从正态分布，数学期望和方差可由式（8-41）和式（8-42）获得。当 $n>10$ 时，标准化的正态统计量 Z_c 可以通过式（8-43）获得。

$$S=\sum_{i=1}^{n-1}\sum_{j=i+1}^{n}\mathrm{sgn}(x_j-x_i) \qquad (8\text{-}40)$$

其中，符号函数 $\mathrm{sgn}(x_j-x_i)=\begin{cases}-1 & x_j-x_i<0 \\ 0 & x_j-x_i=0 \\ 1 & x_j-x_i>0\end{cases}$，$x_i$ 和 x_j 分别为年份 i 和 j 对应的年值。

$$E(S)=0 \qquad (8\text{-}41)$$
$$\mathrm{Var}(S)=[n(n-1)(2n+5)]/18 \qquad (8\text{-}42)$$

$$Z_c = \begin{cases} \dfrac{S-1}{\sqrt{\mathrm{Var}(S)}} & S > 0 \\ 0 & S = 0 \\ \dfrac{S+1}{\sqrt{\mathrm{Var}(S)}} & S < 0 \end{cases} \tag{8-43}$$

在双边趋势检验中，给定置信水平 α_0，查正态分布表获得临界值 $Z_{1-\alpha_0/2}$（$\alpha_0 = 0.05$ 时，$Z_{1-\alpha_0/2} = 1.960$；$\alpha_0 = 0.01$ 时，$Z_{1-\alpha_0/2} = 2.576$）。若 $|Z_c| \geqslant Z_{1-\alpha_0/2}$，则拒绝原假设 H_0，表明时间序列数据存在显著变化趋势；若统计量 $\beta > 0$，为向上趋势；$\beta < 0$，则为下降趋势。

趋势检验和分析主要用于预测规划水平（2014～2025 年）的作物蒸散发量和有效降水量，首先根据第 1 章介绍的原理，采用 FAO-PM 公式计算 ET_0 和有效降水量，主要采用 M-K 检验方法，并适当结合滑动 t 检验[10]来寻求各区域 ET_0 长序列变化的突变点，在此基础上，对突变点后的时间序列进行趋势拟合，估算规划水平的 ET_0，根据作物系数法得到规划水平的 ET_c 均值。有效降水量预测方法与蒸散发量的确定方法相同。

8.1.3 社会经济参数预测

本章社会经济参数主要包括农作物规划种植面积、产量及人口，其中，农作物的规划种植面积将影响黑河绿洲的水资源分配，农作物产量将影响黑河绿洲的农业用水安全，人口将影响黑河绿洲的粮食安全。规划种植面积由规划期内各尺度的优化模型求解获得（详见 8.3 节）。关于作物产量和人口的预测研究，国内外众多学者依据不同的理论和方法建立了不同的预测模型，常见的有指数平滑模型、灰色预测模型、Logistic 模型、多元线性回归模型、神经网络预测模型等。其中，指数平滑模型、Logistic 模型和灰色预测模型从时间序列出发，由于考虑较少的外界因素，只需研究元素时间序列数据即可进行预测而被广泛应用。指数平滑模型（J 形曲线）主要描述元素理想状态的增长情况，而 Logistic 模型（S 形曲线）将增长期分为开始期、加速期、转折期、减速期和饱和期 5 个时期，更能反映实际状态的元素增长情况，因此本章采用灰色时间预测结合 Logistic 模型对作物产量和人口进行预测。首先根据元素的时间序列数据分布确定其增长模式是否满足 Logistic 曲线特征，若满足，拟合其增长的 Logistic 曲线；若不满足，则采用灰色预测方法进行预测。其中，灰色预测方法采用 GM(1,1) 预测模型。

Logistic 模型是 1838 年由比利时数学家 Verhulst 提出的，目前广泛应用于经济学、医学、生物技术、农业等方面。Logistic 模型的表达式可简化如下：

$$y = \frac{k}{1 + ae^{bt}} \qquad (8\text{-}44)$$

Logistic 模型的拟合问题就是确定方程中的三个参数 k、a、b。关于 Logistic 曲线参数的估计方法主要有数值方法、三次设计法、马夸特（Marquardt）方法、枚举法等[11]，本章利用数值微分对函数采用线性拟合的技术来估算相关参数。主要步骤如下：①估算 k，对式（8-44）进行变形得到 $(\mathrm{d}y/\mathrm{d}t)/y = r - (r/k)y$，$r$ 为元素增长率，令 $(\mathrm{d}y/\mathrm{d}t)/y = r_k$ 为年增长率，对 r_k 进行线性拟合求得 $r_k = cy + d$，联立可得 $k = |d/c|$。②估算 a、b，将 k 代入原模型，变形得到 $k/y_0 - 1 = ae^{bt}$ $(a = k/y_0, b = -r)$，两端取对数得 $\ln(k/y_0 - 1) = \ln a + bt$，令 $Y = \ln(k/y_0 - 1)$，$B = \ln a$，$A = b$，则较为烦琐的指数形式的解就可以变换为线性 $Y = At + B$ 的形式，对其进行线性回归得到 A、B 的值，从而求出 $a = \mathrm{e}^B$、$b = A$ 的值，进而拟合 Logistic 模型。

8.2　水资源利用阈值

阈值是指触发某种行为或者反应所需要的极限值，它可以是一个数值、一条分界线或一个区间[12]。阈值的确定取决于事物自身运动变化的规律和人们的价值判断。水资源阈值的概念是近些年根据生态经济系统的资源阈值概念被提出来的新概念[13]。根据阈值的定义，水资源阈值可以表述为在特定区域，综合考虑各种系统要素相互依存、影响、制约和转化关系，遵循生态经济规律，将有限的水资源数量和质量在区域社会经济系统各用水部门间进行合理配置，实现水资源、生态与环境及社会经济系统的可持续发展[14]。对水资源阈值的研究主要体现在以下两个方面：①从水资源开发利用的视角认识水资源阈值问题。例如，李春晖等[15]建立考虑生态需水的水资源开发利用阈值；王西琴和张远[16]以河道生态需水、污径比为约束条件，从水质和水量的角度探讨了基于二元水循环的河流水资源开发利用率的阈值；邓姝杰和崔锦龙[17]认为水资源开发利用过程遵循 Logistic 增长模式，在此基础上利用模糊综合评判方法分析了内蒙古水资源开发利用阈值；曹寅白等[18]和 Gan 等[19]分别利用多维临界调控理论研究了海河流域经济维、社会维、资源维、生态维和环境维的水资源阈值；秦长海等[20]在一定目标和约束条件下，计算了海河流域水资源开发利用阈值；张玉山等[21]根据突变理论开发了水资源安全阈值分析模型，并将开发的方法应用在天津市水资源安全阈值的实例中等。②从粮食安全角度认识水资源阈值问题。如 Yang 等[22]定量地探讨了水资源阈值与粮食安全之间的关系，并对未来全球粮食进出口数量进行了预测；夏铭君和姜文来[23]研究了粮食安全条件下的水稻、小麦、玉米和豆类等作物的灌溉需水量阈值；关帅朋等[24]从粮食安全理念入手，研究了粮食生产所需农业水资源的最低标准，从宏观上把握农业生产需水量阈值;马娟霞等[25]在关帅朋等研究的基础上,探讨了陕西省农业生产需水量阈值的空间分布;姜文来[26]在预测全国有效灌溉面积和灌溉用水定额的基础上,估算了农业水资源量阈值等。上述各项研究从不同侧面探讨了水资源阈值,然而水资源阈值迄今为止仍没有统一的概念或内涵表述。

综上,关于水资源阈值的研究多从水资源开发利用和粮食安全两个角度进行,前者多集中在区域尺度上的研究,而后者多集中在作物尺度上,缺乏灌区尺度农业水资源阈值的研究,基于农业水资源安全阈值的水资源优化配置的研究更是少之又少。本章主要确定两个尺度的农业用水阈值:①区域尺度的农业用水安全阈值;②灌区尺度的农业节水阈值。

8.2.1 农业用水安全阈值

水资源安全阈值的研究主要是确定区域水资源系统安全区间的上、下限值[27],在此区间内,水资源处于安全状态,社会经济与生态可持续发展。对于水资源紧缺的干旱半干旱地区,寻找水资源安全阈值的下限值即不发生干旱的最小用水指标显得尤为重要[21]。近些年,国内关于水资源安全阈值的研究成为热点[22, 28],但多数集中于区域尺度上的研究,对侧重考虑灌溉用水安全阈值的研究较少,尤其是基于灌溉用水安全阈值的灌溉水资源高效配置的研究鲜有报道。

本章以黑河中游的甘州区、临泽县、高台县为研究区域,首先采用模糊识别模型计算区域灌溉水资源与社会经济生态协调发展的协调度,并以此协调度作为状态变量,与由因子分析法确定的控制变量一起拟合基于突变理论的尖点突变模型,并以此确定灌溉水资源安全阈值。

1. 可变模糊识别模型与熵值法

可变模糊识别模型理论与方法建立在相对隶属度与相对隶属函数概念的基础上。该方法可以反映水资源系统的复杂性、不确定性、一定时段内具有的动态性等特点,并且能够客观分析水资源与社会经济生态协调发展的状况。可变模糊识别模型可表示为[29]

$$v_j = \frac{1}{1 + \left\{ \dfrac{\left[\sum\limits_{i=1}^{I} (\omega_i (1 - \mu_{ij}(u_{ij})))^p \right]^{1/p}}{\left[\sum\limits_{i=1}^{I} (\omega_i \mu_{ij}(u_{ij}))^p \right]^{1/p}} \right\}^{\alpha}} \quad (8\text{-}45)$$

式中,v_j 为方案集综合相对优属度;$i = 1, 2, \cdots, I$ 为指标种类;$j = 1, 2, \cdots, J$ 为时段

数；u_{ij} 为 i 指标 j 时段的因子值；ω_i 为 i 指标的权重；$\mu_{ij}(u_{ij})$ 为 i 指标 j 时段的相对隶属度；α 为优化准则参数，常取 $\alpha=1$（最小一乘方准则）和 $\alpha=2$（最小二乘方准则）；p 为距离参数，常取 $p=1$（海明距离）和 $p=2$（欧几里得距离）。

令 $d_{bj}=\left\{\sum\limits_{i=1}^{I}[\omega_i(1-\mu_{ij}(u)_{ij}]^p\right\}^{1/p}$ 为时段 j 的最优距离，$d_{wj}=\left\{\sum\limits_{i=1}^{I}[\omega_i\mu_{ij}(u)_{ij}]^p\right\}^{1/p}$ 为时段 j 的最劣距离，式（8-45）中不同 α 和 p 取值的随机组合可形成以下 4 种模型：①当 $\alpha=1, p=1$ 时，$v_j=\sum\limits_{i=1}^{I}\omega_i\mu_{ij}(u)_{ij}$，相当于模糊综合评判模型；②当 $\alpha=1, p=2$ 时，$v_j=d_{wj}/(d_{bj}+d_{wj})$，相当于理想点模型；③当 $\alpha=2, p=1$ 时，$v_j=1/\{1+[(1-d_{wj})/d_{wj}]^2\}$，此时为 Sigmoid 函数，是一个良好的阈值函数；④当 $\alpha=2, p=2$ 时，$v_j=1/[1+(d_{bj}/d_{wj})^2]$，此时为模糊优选模型。

在上述各模糊识别模型中，一个重要的参数就是指标的权重 ω_i。关于指标权重的确定方法有很多，其中熵值法确定权重由于其客观合理性而在水资源评价领域中被广泛应用[30]，其确定过程可总结如下：①归一化非负处理评价因子集 $u_{ij}'=(u_{ij}-\min u_{ij})/(\max u_{ij}-\min u_{ij})+1$，其中，"$+1$"项为避免求熵时取对数的无意义；②计算 i 指标 j 时段占总体比例 $p_{ij}=u_{ij}'\Big/\sum\limits_j u_{ij}'$；③计算各因子权重

$$\omega_i=d_i\Big/\sum\limits_{i=1}^{I}d_i，\quad 其中，\quad d_i=(1-e_i)\Big/\left(I-\sum\limits_{i=1}^{I}e_i\right)，\quad e_i=-\left[\left(1\Big/\ln(J)\sum\limits_{j=1}^{J}p_{ij}\ln p_{ij}\right)\right]。$$

本章选取代表灌溉水资源、经济、社会及生态各维度的典型指标集合，记为 B，在此基础上，根据上述各可变模糊识别模型计算研究区域不同年份的灌溉水资源与社会经济生态协调发展的协调度（以下简称为"协调度"）。由于该"协调度"代表灌溉水资源的可持续利用状态，在一定程度上反映灌溉水资源的安全程度，因此本章选用此"协调度"作为后述尖点突变模型的状态变量。

2. 尖点突变模型

突变理论是根据势函数来研究对象的变化过程和突变线性，系统的势函数可表示系统任一状态值，这个值是控制变量与状态变量的统一。水资源系统满足尖点突变的两个特性，即突跳性和发散性，因此可采用尖点突变模型对水资源安全系统进行突变分析[27]。尖点突变模型由两个控制变量和一个状态变量构成，其势函数可表示成

$$V(x)=x^4+ux^2+vx \tag{8-46}$$

式中，x 为状态变量；u 为主控制变量；v 为次控制变量。尖点突变模型中的一个

状态变量和两个控制变量组成的相空间呈三维形式，对尖点突变模型求一阶导数，可得到突变流型或称其为平衡曲面 M，见图 8-3，对势函数求导可得到其临界点，其表达式如下：

$$\frac{\mathrm{d}V(x)}{\mathrm{d}x} = 4x^3 + 2ux + v = 0 \qquad (8\text{-}47)$$

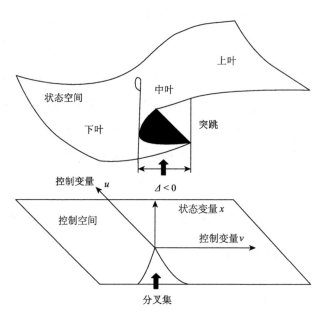

图 8-3　尖点突变的平衡曲面和分歧点集

针对图 8-3 所示的图形，假设以 x、u、v 的坐标的三维空间的一个点可以代表系统的任一状态，则相点必定位于曲面上，又由于中叶所代表的是不稳定平衡状态，所以实际情况下，它必然处在系统的两个平衡状态中，也就是图 8-3 所示的上叶或者下叶。对势函数求二阶导数，得到奇点方程为

$$\frac{\mathrm{d}^2V(x)}{\mathrm{d}x} = 12x^2 + 2u = 0 \qquad (8\text{-}48)$$

联立势函数的一阶导数、二阶导数，消去 x，得分歧点方程为

$$8u^3 + 27v^2 = 0 \qquad (8\text{-}49)$$

令 $\Delta = 8u^3 + 27v^2$ 代表突变判别式，$\Delta > 0$ 时，系统是稳定安全的；$\Delta < 0$ 时，系统会发生突变；$\Delta = 0$ 是发生突变的临界值。

尖点突变模型在实际应用中的具体步骤表述如下：①选取势函数中的控制变量和状态变量。其中，状态变量为根据模糊识别模型求得的"协调度"，对于主控制变量和次控制变量的选择，若指标集合 B 中指标较多，可先采用因子分析方法对指标进行筛选,根据旋转后的因子负荷矩阵[31]排序选取主、次控制变量。②变量(包括控制变量和状态变量)归一化处理,其中,"越大越优"型指标采用公式 $u''_{ij} = (u''_{ij} - u_{ij\min}) / (u_{ij\max} - u_{ij\min})$ 计算,而"越小越优"型指标采用公式 $u''_{ij} = 1 - (u''_{ij} - u_{ij\min}) / (u_{ij\max} - u_{ij\min})$ 计算。③熵值法计算各控制变量权重。④模型拟合,将尖点突变模型的平衡曲面写成 $4x^3 = -2qx - r$ 的形式,令 $y = 4x^3$,则尖点突变平衡曲面拟合式可表述为 $y = k_1(-2u'x') + k_2(-v') + k_3$,其中,$u'$、$v'$ 和 x' 分别为主控制变量、次控制变量和状态变量的归一化值,采用多元回归分析法求得 k_1、k_2、k_3 值。⑤根据拟合结果计算判别式 Δ 从而获得灌溉用水安全阈值。

上述步骤中涉及用因子分析法对初始指标体系进行筛选得到主、次控制变量,其中,因子分析法是从研究变量内部相关的依赖关系出发,把一些具有错综复杂关系的变量归纳为少数综合因子的一种多变量统计方法[32],计算步骤可归纳如下:①将原始指标体系标准化;②求标准化矩阵的相关矩阵;③求相关矩阵的特征值和特征向量;④计算各因子方差贡献率和累计方差贡献率;⑤根据方差累计贡献率程度(不低于85%)确定公共因子;⑥通过正交旋转法进行因子旋转;⑦根据旋转后因子负荷矩阵筛选主要影响因子。

8.2.2 灌区用水阈值区间

1. 基于边际效益理论的灌水阈值上限

在经济学中,边际效益是指每增加一件产品获得的利益。边际成本是指每增加一件产品增加的成本。一般情况下,边际成本随着生产规模的扩大先递减后递增。当边际效益大于边际成本时,产商增加一单位产量获得的收益大于边际付出的成本,所以产商增加产量是有利的,总利润会随之增加。当产商增加的产量达到一定程度时边际成本就开始增加。当增加到等于边际效益之前,增加产量都会使总利润增加;当边际成本大于边际效益后,每多生产一单位产品获得的收益将小于成本,多生产多亏损。所以只有当边际成本等于边际效益时,总利润才能达到最大。根据上述原理,本章首先拟合黑河绿洲各灌区效益与净灌溉水量的函数关系。其次,对所拟合的函数求一阶偏导,得到各灌区的边际效益函数(线性)。然后,拟合黑河绿洲各灌区总花费(包括管理费、维修费、经营费等)与净灌溉水量的函数关系,之后对其求一阶偏导,得到灌区的边际成本函数(线性)。最后,利用灌溉水量的边际效益函数等于边际成本函数的原理,得到黑河绿洲各灌区的最大灌溉水量。

2. 基于节水效果的灌水阈值下限

对于灌水阈值下限,本章参照刘思清等[33]提出的数学函数确定方法。选用指

标 $Z = Y'/K$，其中，Y' 为水的边际产量函数；K 为水分生产率函数；Z 为作物水分生产函数。各参数图解见图 8-4，在 B 点附近，边际产量与水分生产率达到较好的配合，$Y'/K = C$ 为 Z 曲线的最大值，此时能保证边际产量与水分生产率都达到相对合理水平。Z 达到最大值时所对应的产量被定义为基准产量，是农业节水所追求产量的最低限，即若产量低于此值灌区不具备参评资格，即基本没有实施节水措施。根据各灌区作物水分生产函数，该产量对应的灌溉水量被定义为各灌区灌水阈值下限。因此，为确定各灌区灌水阈值下限，首先拟合各灌区产量与灌溉水量函数关系，即水分生产函数，对其求一阶导数。然后根据水分生产函数求得水分生产率函数，即用水分生产函数除以总灌溉水量。最终，确定 Z 曲线，曲线对应的极值即为灌水阈值下限。

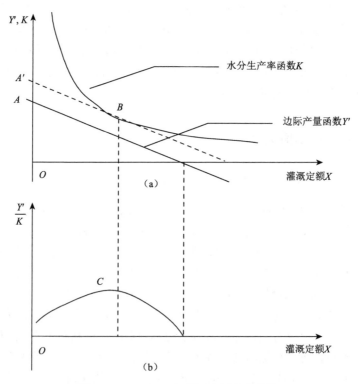

图 8-4 $Z = Y'/K$ 与灌溉定额关系曲线

8.3   农业水土资源规划模型

根据各尺度配水特点，本节构建区域尺度、灌区尺度、田间尺度农业水土资源优化配置模型，所构建的模型同时考虑了水土资源配置过程中涉及的不确定性，并将所构建模型应用于实例研究，通过与实际情况和常规模型的对比来验证本书所构建各尺度农业水土资源优化配置模型的可行性与适用性。前面各章内容侧重不确定性模型的构建与方法的开发，力求更真实且有效地反映农业水土资源配置的实际情况，由于前面章节所构建模型中，部分模型引入多重不确定性方法，部分模型为双层规划模型，部分模型为非常规线性规划模型，在一定程度上求解较困难。为构建黑河中游各尺度农业水土资源规划决策支持系统，本章在前述各尺度模型框架的基础上进行简化，仅考虑模型的随机性，忽略模糊性和区间性，主要考虑区域尺度、灌区尺度和田间尺度 3 个尺度的农业水土资源规划。其中，区域尺度将农业水、土地资源同时配置，以产量最高和用水最小为目标函数，为线性多目标规划模型，决策变量为分配给甘州区、临泽县和高台县的农业水资源量（包括地表水和地下水）和土地资源量。区域尺度优化出来的 3 个区（县）的农业水资源将作为灌区尺度的可利用水资源的约束条件，根据优化出的 3 个区（县）土地资源量乘以各灌区土地面积比例来确定各区（县）内各灌区的土地面积分配量，并作为输入参数输入到灌区尺度的水资源优化配置模型中。灌区尺度配水模型采用第 4 章构建的模型框架，即两阶段随机规划模型，以灌区整体产量最大为目标函数，优化得到高流量、中流量和低流量 3 种流量水平下 17 个灌区的灌溉水资源分配量，得到的结果作为可利用水量约束输入到田间尺度的农业水土资源优化配置模型中。田间尺度的农业水土资源分配模型为两个独立配置模型，其中，水资源配置模型中的种植面积为土地资源配置模型的结果，田间尺度的水土分配模型框架均采用第 7 章构建的线性分式规划模型框架，目标函数为田间的土/水资源利用率最高，优化得到田间各作物的最优土地和水资源的分配量。区域尺度水资源分配量下限边界值即为由尖点突变模型计算出的区域水资源利用安全阈值，灌区尺度的水资源分配下限边界值为根据节水潜力理论估算的节水阈值，上限边界值为根据边际效益理论计算得到的配水阈值。3 个尺度的配水模型表示如下。

8.3.1　区域尺度水土资源综合优化配置模型

目标函数：

$$\text{RF}_1 = \max\left\{\sum_{i=1}^{I} \text{RY}_i (\text{RSW}_i + \text{RGW}_i + \text{REP}_i)\text{RA}_i\right\} \tag{8-50}$$

$$\text{RF}_2 = \min\left\{\sum_{i=1}^{I} (\text{RSW}_i + \text{RGW}_i)\text{RA}_i\right\} \tag{8-51}$$

约束条件：

$$\mathrm{RA}_i \cdot \mathrm{RSW}_i \leqslant \mathrm{RC}\eta_i \cdot \mathrm{RF}\eta_i \cdot p_i(Q_{ui} + Q_{si}) \qquad \forall i \qquad (8\text{-}52)$$

$$\sum_i^l Q_{ui} \leqslant \mathrm{QU} + \mathrm{QL} - \mathrm{QD} \qquad (8\text{-}53)$$

$$\mathrm{RA}_i \cdot \mathrm{RGW}_i \leqslant \mathrm{RF}\eta_i \cdot G_i \qquad \forall i \qquad (8\text{-}54)$$

$$\mathrm{RA}_i(\mathrm{RSW}_i + \mathrm{RGW}_i) \geqslant \mathrm{RF}\eta_i(\mathrm{RM}_{\min})_i \qquad \forall i \qquad (8\text{-}55)$$

$$(\mathrm{RA}_{\min})_i \leqslant \mathrm{RA}_i \leqslant (\mathrm{RA}_{\max})_i \qquad \forall i \qquad (8\text{-}56)$$

$$\mathrm{RSW}_i \geqslant 0, \quad \mathrm{RGW}_i \geqslant 0 \qquad \forall i \qquad (8\text{-}57)$$

式中，RF_1 为区域尺度水土资源配置的第一个目标函数，为产量最高（kg）；RF_2 为区域尺度水土资源配置的第二个目标函数，为总配水量最小（m³）；i 为区域，本章指甘州区、临泽县和高台县；RY_i 为第 i 区域的单方水产量（kg/m³）；RSW_i、RGW_i 分别为第 i 区域的地表、地下配水量（m³/hm²），为决策变量；REP_i 为第 i 区域的有效降水量（m³/hm²）；RA_i 为第 i 区域的可配土地资源量（万 hm²）；$\mathrm{RC}\eta_i$、$\mathrm{RF}\eta_i$ 分别为第 i 区域的渠系、田间水利用系数；p_i 为第 i 区域的农业用水比例；Q_{ui}、Q_{si} 分别为第 i 区域的径流供水、小河流自产水（万 m³）；QU、QL、QD 分别为莺落峡供水量、梨园河供水量、下泄到正义峡的水量（万 m³）；G_i 为第 i 区域的地下水可供水量（万 m³）；$(\mathrm{RM}_{\min})_i$ 为第 i 区域为防止干旱的灌水阈值下限，由尖点突变模型的结果获得（万 m³）；$(\mathrm{RA}_{\min})_i$、$(\mathrm{RA}_{\max})_i$ 分别为第 i 区域的土地资源配置的最小值、最大值（万 hm²）。

上述多目标模型可采用基于相对偏差的最小偏差法进行求解，一般多目标优化设计问题数学模型可以描述为

$$V = \begin{cases} \begin{cases} \min F_1(\boldsymbol{X}) = [f_1(\boldsymbol{X}), f_2(\boldsymbol{X}), \cdots, f_l(\boldsymbol{X})]^{\mathrm{T}} \\ \max F_2(\boldsymbol{X}) = [f_{l+1}(\boldsymbol{X}), f_{l+2}(\boldsymbol{X}), \cdots, f_m(\boldsymbol{X})]^{\mathrm{T}} \end{cases} \\ \boldsymbol{X} \in \mathbf{R}^n \\ g_j(\boldsymbol{X}) \geqslant 0 \qquad j = 1, 2, \cdots, p \\ h_k(\boldsymbol{X}) = 0 \qquad k = 1, 2, \cdots, q < n \end{cases} \qquad (8\text{-}58)$$

式中，$f_1(\boldsymbol{X}), f_2(\boldsymbol{X}), \cdots, f_l(\boldsymbol{X})$ 为 l 个极小化目标函数；$f_{l+1}(\boldsymbol{X}), f_{l+2}(\boldsymbol{X}), \cdots, f_m(\boldsymbol{X})$ 为 $m-l$ 个极大化目标函数；$\boldsymbol{X} = [x_1, x_2, \cdots, x_n]^{\mathrm{T}}$ 为设计变量。则基于相对偏差的最小偏差法将目标函数统一表示为

$$\min F'(\boldsymbol{X}) = \sum_{i=1}^l \frac{f_i(\boldsymbol{X}) - f_i^*}{f_i' - f_i^*} + \sum_{j=i+1}^m \frac{f_j^* - f_j(\boldsymbol{X})}{f_j^* - f_j'} \qquad (8\text{-}59)$$

式中，f_i^* 和 f_j^* 分别为式（8-59）中多目标优化设计问题的 l 个极小化目标函数 $f_i(\boldsymbol{X})$ $(i = 1, 2, \cdots, l)$ 和 $m-l$ 个极大化目标函数 $f_j(\boldsymbol{X})$ $(j = l+1, l+2, \cdots, m)$ 进行单

目标优化所得到最优解的相应函数值；f_i' 和 f_j' 分别为式（8-59）中多目标优化设计问题的 l 个极小化目标函数 $f_i(\boldsymbol{X})$ $(i=1,2,\cdots,l)$ 的最大期望值和 $m-l$ 个极大化目标函数 $f_j(\boldsymbol{X})$ $(j=l+1,l+2,\cdots,m)$ 的最小期望值。

最小偏差法是基于理想点法的一种改进算法，其优点在于在计算中只要保证 f_i'、f_j' 和 f_i^*、f_j^* 不相等或接近，就能找到 $F'(\boldsymbol{X})$ 的最优解，而不必考虑 $F'(\boldsymbol{X})$ 的数学特征[34]。

8.3.2　灌区尺度水资源优化配置模型

目标函数：

$$IF = \max\left\{\sum_{l=1}^{L} IY_l \cdot IW_l - \sum_{l=1}^{L}\sum_{h=1}^{H} p_h \cdot IPC_l \cdot IS_{lh}\right\} \tag{8-60}$$

约束条件：

$$\sum_{l=1}^{L} IA_l(IW_l - IS_{lh}) \leqslant RA_1(RSW_1 + RGW_1) \qquad \forall h,\ l=1,2,\cdots,6 \tag{8-61}$$

$$\sum_{l=1}^{L} IA_l(IW_l - IS_{lh}) \leqslant RA_2(RSW_2 + RGW_2) \qquad \forall h,\ l=7,8,\cdots,12 \tag{8-62}$$

$$\sum_{l=1}^{L} IA_l(IW_l - IS_{lh}) \leqslant RA_3(RSW_3 + RGW_3) \qquad \forall h,\ l=13,14,\cdots,17 \tag{8-63}$$

$$(IM_{\min})_l \leqslant IA_l(IW_l - IS_{lh}) \leqslant (IM_{\max})_l \qquad \forall l,h \tag{8-64}$$

式中，IF 为灌区尺度的目标函数，为灌溉水所获得的最大产量（kg/m³）；l 为灌区，本章研究甘州区、临泽县和高台县 3 个区（县）共 17 个灌区，包括甘州区的大满灌区、盈科灌区、西浚灌区、上三灌区、安阳灌区、花寨灌区，临泽县的平川灌区、板桥灌区、鸭暖灌区、蓼泉灌区、沙河灌区、梨园河灌区，高台县的友联灌区、六坝灌区、罗城灌区、新坝灌区、红崖子灌区；h 为流量水平，分为高流量、中流量和低流量；IY_l 为第 l 灌区的单方水产量（kg/m³）；IW_l 为第 l 灌区的目标配水量（m³/hm²）；p_h 为 h 流量水平发生的概率；IPC_l 为第 l 灌区的缺水惩罚（kg/m³）；IS_{lh} 为第 l 灌区第 h 流量水平下的单位面积缺水量（m³/hm²），决策变量；IA_l 为第 l 灌区的可利用的土地资源量（万 hm²），该值由区域尺度优化得到的各区域的土地面积乘以各区域内各灌区占整个区域的比例而获得；RA_i、RSW_i、RGW_i 分别为区域尺度模型求解获得的第 i 区域的可利用土地面积（万 hm²）、地表水资源量（m³/hm²）、地下水资源量（m³/hm²），其中，RA_1、RSW_1、RGW_1 为与甘州区相关的参数，RA_2、RSW_2、RGW_2 为与临泽县相关的参数，RA_3、RSW_3、RGW_3

为与高台县相关的参数；$(IM_{min})_l$、$(IM_{max})_l$ 分别为第 l 灌区的最小灌水、最大灌水阈值（m^3/hm^2），分别由节水潜力相关理论和边际效益理论获得。

8.3.3　田间尺度土地资源优化配置模型

目标函数：

$$FLF = \max\left\{\left(\sum_{l=1}^{L}\sum_{k=1}^{K}FAY_{lk}\cdot FA_{lk}\right)\Big/\left(\sum_{l=1}^{L}\sum_{k=1}^{K}IQ_{lk}\cdot FA_{lk}\right)\right\} \qquad （8-65）$$

约束条件：

$$\sum_{k=1}^{K}FA_{lk} \leqslant LA_{lh} \qquad \forall l,h \qquad （8-66）$$

$$FYA_{lk}\cdot FA_{lk} \geqslant PO_l\cdot\varepsilon_k \qquad \forall l,k \qquad （8-67）$$

$$FA_{lk} \geqslant (FA_{min})_{lk} \qquad （8-68）$$

田间尺度水资源优化配置模型：

$$FWF = \max\left\{\left(\sum_{l=1}^{L}\sum_{k=1}^{K}FWY_{lk}\left(FM_{lk}+EP_{lk}\right)\right)\Big/\left(\sum_{l=1}^{L}\sum_{k=1}^{K}FM_{lk}\right)\right\} \qquad （8-69）$$

$$\sum_{k=1}^{K}FA_{lk}\cdot FM_{lk} \leqslant IWA_{lh} \qquad \forall l,h \qquad （8-70）$$

$$FWY_{lk}\cdot FA_{lk}\cdot FM_{lk} \geqslant PO_l\cdot\varepsilon_k \qquad \forall l,h \qquad （8-71）$$

$$(FQ_{min})_{lk} \leqslant FM_{lk} \leqslant (FQ_{max})_{lk} \qquad \forall l,k \qquad （8-72）$$

式中，FLF 为田间尺度土地资源目标函数（kg/hm^2）；k 为作物，包括小麦、玉米和经济作物；FAY_{lk} 为第 l 灌区第 k 作物的单位面积产量（kg/hm^2）；FA_{lk} 为第 l 灌区第 k 作物的种植面积（hm^2）；IQ_{lk} 为第 l 灌区第 k 作物的灌溉定额（m^3/hm^2）；LA_{lh} 为第 l 灌区 h 流量水平下的可利用的土地资源量（万 hm^2）；PO_l 为第 l 灌区的人口（万人）；ε_k 为第 k 作物的人均最小需求量（$kg/$人）；$(FA_{min})_{lk}$ 为第 l 灌区第 k 作物的最小种植面积（hm^2）；FWF 为田间尺度水资源优化配置的目标函数（kg/m^3）；FWY_{lk} 为第 l 灌区第 k 作物的单方水产量（kg/m^3）；FM_{lk} 为第 l 灌区第 k 作物的分配水量（m^3/hm^2）；EP_{lk} 为第 l 灌区第 k 作物的有效降水量（m^3/hm^2）；IWA_{lh} 为第 l 灌区第 h 流量水平下的配水量（m^3），由灌区尺度的模型结果 $IWA_{lh}=IW_l-IS_{lh}$ 计算得到；$(FQ_{min})_{lk}$、$(FQ_{max})_{lk}$ 分别为第 l 灌区第 k 作物的最小、最大灌溉水量（m^3/hm^2）。

8.4　农业水资源安全度量

水资源安全是水资源管理的核心内容，然而随着社会经济的快速发展，水资源短缺和污染问题已严重威胁到水资源安全，从而对粮食安全、生态环境安全及经济安全造成显著影响。农业是最主要的用水部门，消耗了全球总用水量的70%。因此，充分认清目前及未来面临的农业水资源安全形势，改善农业水资源管理策略，是保障农业可持续发展的有效途径。农业水资源安全可被理解为水资源的供应要保障农业不受威胁，没有危险、危害和损失[35]。国内外学者对农业水资源安全开展了一系列研究，多数集中于对农业水资源安全进行综合评价方面。农业水资源安全包括自然属性、社会经济属性以及人为属性。人们在对农业水资源进行评价时更多关注农业水资源安全利用的社会和经济属性，对其自然属性有所忽略，尤其是气候变化严重影响农业水资源安全的自然属性。另外，灌溉水资源配置方案是农业水资源安全度量的一个重要因素，通过优化方法可得到最优的灌溉水资源配置方案，以达到节水增产的目的，提高灌溉水生产力，而由气候变化导致水文要素的改变也会直接影响农业灌溉水量的配置。因此，在未来水文要素变化的环境下，通过优化方法得到农业灌溉水资源配置方案，以促进农业水资源的高效利用，并在此基础上动态分析现状和规划水平下农业水资源安全形势，将有助于研究区域农业可持续发展。

本章采用由刘布春[36]提出的能够基本解释农业水资源安全内涵的农业水资源相对安全度模型来度量和评价农业水资源现状及规划水平下的安全状态。农业水资源相对安全度模型可表示为

$$RS = \frac{SW_f}{SW_c} \cdot \frac{SY_f}{SY_c} \tag{8-73}$$

式中，RS 为农业水资源相对安全度；SW_f、SW_c 分别为规划、现状水平的水分满足度指数；SY_f、SY_c 分别为规划、现状水平的产量满足度指数。

式（8-73）即把农业水资源相对安全度表示为规划水平农业水分满足程度和产量满足程度与现状水平农业水分满足程度和产量满足程度的比值，其意义在于分析与评估未来农业水资源供需平衡和在这种平衡下的农业产量与产量需求相对于现状水平的相对安全程度。

农业水资源相对安全度模型中，规划和现状水平的水分满足程度指数 SW_f 和 SW_c 可分别表示成式（8-74）和式（8-75）：

$$SW_f = \frac{I_f + P_f}{(ET_c)_f} \tag{8-74}$$

$$SW_c = \frac{I_c + P_c}{(ET_c)_c} \tag{8-75}$$

式中，I_f 和 I_c 分别为规划和现状水平的农业灌溉水量（mm）；P_f 和 P_c 分别为规划

和现状水平的有效降水量（mm）；$(ET_c)_f$ 和 $(ET_c)_c$ 分别为规划和现状水平的作物需水量（mm）。

规划和现状水平下的粮食满足程度指数 SY_f 和 SY_c 可表示成式（8-76）和式（8-77）：

$$SY_f = \frac{YA_f}{YE_f} \qquad\qquad (8\text{-}76)$$

$$SY_c = \frac{YA_c}{YE_c} \qquad\qquad (8\text{-}77)$$

式中，YA_f 和 YE_f 分别为未来某时段内的模拟产量和期望产量（kg）；YA_c 和 YE_c 分别为现状水平下的实际产量和期望产量（kg）。

由上述原理可知，各主要参数的准确确定对农业水资源安全度的估算具有重要作用，本章中农业水资源安全度量模型中各参数的确定方法与原则如下：①规划水平的有效降水量、作物需水量和模拟产量数据根据历史资料通过预测技术获得，规划水平的灌溉水量通过优化技术获得，所获得的规划水平各参数数值均为规划时段的均值。②现状水平的有效降水量、作物需水量和实际产量为历史资料平均值，其中作物需水量通过作物系数法结合 FAO-PM 公式计算获得，现状水平的灌溉水量通过优化技术获得。③农业水资源安全度模型中涉及的期望产量，即想要实现的产量目标反映的是客观条件下的主观愿望，是个较难量化的参数。期望产量应与实际产量相关并应不低于实际产量，且不能脱离实际太远，基于此原则，本章分别对现状水平的农业实际产量和规划水平的农业模拟产量进行区间回归，把区间回归得到的产量上限值作为现状和规划水平的期望产量。

8.5 结果分析与讨论

8.5.1 供需水量及社会经济参数预测结果

1. 径流模拟预测结果

1) 灰色时间序列预测结果

根据灰色时间序列预测径流的原理，以莺落峡断面 1944~2013 年 70 年的年径流资料为基础数据，根据式（8-5）生成累加序列，利用最小二乘法估算参数，得到 $\hat{a} = -0.003$，$\hat{b} = 14.04$，根据式（8-11），可得莺落峡断面年径流量趋势项预测模型为 $3914.45e^{-0.0036k} - 3899.44$。

采用周期图法对莺落峡断面年径流水文序列提取趋势项后得到的新水文序列进行周期分析。谐波总个数为 35，计算得到 ω_j、a_j、b_j、$A_j / 2$ 数值，绘制年径流序列周期图，见图 8-5。

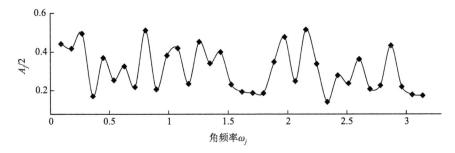

图 8-5　莺落峡断面年径流序列周期图

在周期图中可以找到一些较大的谐波的方差，为了选择真正的周期，采用费希尔检验统计变量检验谐波分量的显著性。将 T_j^2 按大小排序后，计算得到 g_i 值。给定显著水平 α（即为 P_f）= 0.05，$P_f \approx k(1-g)^{k-1}$，其中，$k = N/2 = 35$，求出临界值 $g = 0.8247$。所有的 g_i 值均小于临界值，说明新水文序列周期成分不显著，即无周期项存在。

对莺落峡断面径流时间序列进行随机项分析，计算序列自相关系数 r_k、r_k 的抽样分布均值近似值 $\mathrm{E}r_k$、方差 $V_{ar}r_k$ 以及统计量 U_k，结果如表 8-2 所示。样本数为 70，m 应小于 70/4 = 15，但应大于 10，本章选用 $m = 15$。选择置信水平 $\alpha = 0.05$，在正态分布概率表中查出 $U_{\alpha/2} = 1.96$。由表 8-2 可知，$|U_k|$ 在 $k = 0$ 时大于 $|U_{\alpha/2}|$，序列相依性显著。做出自相关系数随 k 变化的图形，并按式（8-25）计算出 r_k 的容许上下限，见图 8-6。

表 8-2　随机水文序列自相关分析表

| | \multicolumn{8}{c}{k} |
	0	1	2	3	4	5	6	7
r_k	1.0000	0.1526	−0.0202	0.0508	−0.0319	0.0719	0.1761	−0.0079
$\mathrm{E}r_k$	−0.0145	−0.0147	−0.0149	−0.0152	−0.0154	−0.0156	−0.0159	−0.0161
$V_{ar}r_k$	0.0135	0.0137	0.0139	0.0141	0.0143	0.0145	0.0147	0.0149
U_k	8.7339	1.4310	−0.0444	0.5565	−0.1384	0.7275	1.5848	0.0678

| | \multicolumn{8}{c}{k} |
	8	9	10	11	12	13	14	15
r_k	−0.1051	0.0973	−0.0893	−0.1364	−0.0840	−0.0772	−0.0852	−0.0801
$\mathrm{E}r_k$	−0.0164	−0.0167	−0.0169	−0.0172	−0.0175	−0.0179	−0.0182	−0.0185
$V_{ar}r_k$	0.0151	0.0154	0.0156	0.0158	0.0161	0.0164	0.0166	0.0169
U_k	−0.7213	0.9198	−0.5791	−0.9471	−0.5241	−0.4638	−0.5194	−0.4738

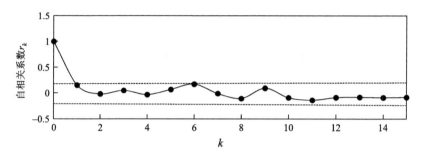

图 8-6　莺落峡断面年径流序列自相关图

由图 8-6 可知，随 k 值增大，自相关系数 r_k 值减小，表明序列相依性越来越弱，呈拖尾状，表明序列为平稳随机序列，可用 AR 模型来表示。同时，$k=0$ 时，$r_k \notin ((-1-1.96\sqrt{n-k-1})/n-k, (-1+1.96\sqrt{n-k-1})/n-k)$。若根据 AIC 来确定模型的阶数 p，AIC 最小值为 $p=0$，此时随机项即为样本均值。由图 8-6 可知，序列延迟 6 步相依性显著，一般 AR 模型的最大阶数不应大于相依性显著的最大延迟步数，但是阶数越大，预测越准确，因此本章选取 $p=6$，根据式（8-26），AR（6）模型如下：

$$x_t = 0.0169 + 0.1813(x_{t-1} - 0.0169) + 0.0172(x_{t-2} - 0.0169) + 0.089(x_{t-3} - 0.0169)$$
$$+ 0.006(x_{t-4} - 0.0169) + 0.0559(x_{t-5} - 0.0169) + 0.1878(x_{t-6} - 0.0169)$$

根据《水文情报预报规范》（GB/T 22482—2008）进行模型精度的评定，计算得到基于灰色时间序列的莺落峡测站年径流预报方案的合格率为 77%，预报等级为乙级。将上述计算得到的趋势项、周期项和随机项综合起来，即得到莺落峡断面年径流模拟和预测的结果，见图 8-7。

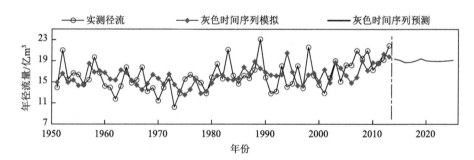

图 8-7　莺落峡断面年径流量的灰色时间序列模拟与预测结果

2）BP 神经网络径流预测结果

莺落峡水文站附近有野牛沟、祁连和张掖 3 个气象站。选用张掖站降水量、张掖站蒸发量、张掖站年均气温、祁连站降水量、祁连站年均气温、野牛沟站降水量、野牛沟站年均气温、莺落峡断面五年滑动径流和七年滑动径流量 9 个因素进行影响莺落峡断面年径流变化因子的灰色关联分析。根据灰色关联分析原理，得到上述 9 个影响因素与莺落峡断面径流的关联度分别为 0.91、0.94、0.92、0.94、0.62、0.79、0.87、0.94、0.94，除祁连站年均气温和野牛沟站降水量相关性较低外，其余影响因素关联度均较高，选取关联度达到 0.9 以上的 6 个因素为主要影响因素，包括张掖站降水量、张掖站蒸发量、张掖站年均气温、祁连站降水量、莺落峡断面五年和七年滑动径流量。选取的这 6 个主要影响因素将作为 BP 神经网络和多元线性回归预测径流方法的输入项，莺落峡断面年径流作为输出项。

由于 BP 神经网络的输入项包含一些气象因子，而这些气象因子的时间序列起始年份为 1951 年，为了使气象要素与水文要素时间序列对应年份统一，本章中 BP 神经网络和后述的多元线性回归方法预测径流的起始年份选为 1951 年。将 1951～2013 年共计 63 组数据分成两组，1951～2005 年共计 55 组数据用于网络训练，将 2006～2013 年共计 8 组数据输入训练完成的 BP 神经网络中进行预测，验证模型的精度，从而进行预测。

采用 MATLAB 2014a 自带的 Time Series Neural Network 工具箱建立径流预测模型。训练函数采用不易出现过拟合现象且收敛速度较快的函数，隐含层神经元数取 5。输入层为 6 个神经元，输出层为 1 个神经元。训练样本、检测样本、测验样本和全部预测数据与实测值的关联系数分别为 0.96、0.64、0.70 和 0.89，模拟与预测结果见图 8-8，模拟合格率 QR 为 88%。

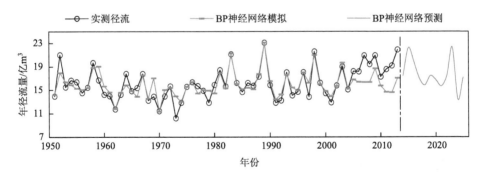

图 8-8　莺落峡断面年径流量的 BP 神经网络模拟与预测结果

3）多元线性回归与加权结果

根据灰色关联分析结果和多元线性回归原理，得到张掖站降水量、张掖站蒸发量、张掖站年均气温、祁连站降水量、莺落峡断面五年和七年滑动径流的回归系数分别为 0.0163、0.5807、−0.0093、0.0246、−0.1563 和 0.6652，常数项为 3.1109，莺落峡断面的年径流模拟和预测结果见图 8-9，模拟合格率 QR 为 85%。

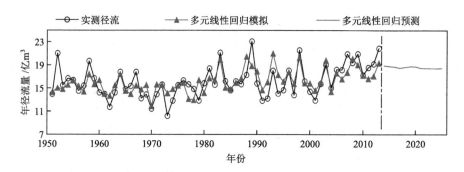

图 8-9 莺落峡断面年径流量的多元线性回归模拟与预测结果

根据各预测方法的模拟精度,采用第 2 章介绍的 AHP 计算,3 种预测方法的权重系数分别为 0.2167、0.4258、0.3575。加权组合得到 2014~2025 年莺落峡断面年径流分别为 18.38 亿 m^3、20.34 亿 m^3、19.22 亿 m^3、17.91 亿 m^3、17.52 亿 m^3、18.34 亿 m^3、17.94 亿 m^3、17.38 亿 m^3、18.12 亿 m^3、20.21 亿 m^3、16.42 亿 m^3、18.05 亿 m^3,从而得到 2014~2025 年莺落峡断面年径流平均值约为 18.32 亿 m^3。

根据黑河水量调度方案,正义峡断面年径流与莺落峡断面年径流存在一定数学关系(见第 1 章),因此根据莺落峡断面的径流预测结果,假设 2025 年前黑河水量调度方案不发生改变,则可得到正义峡规划水平(2014~2025 年)年均径流值为 12.38 亿 m^3。

2. 蒸散发量与有效降水量预测结果

根据 FAO-PM 公式计算 ET_0,涉及的气象因子(包括平均气温、最高气温、最低气温、平均相对湿度、平均风速、日照时数等)数据来源于国家气象网 1955~2013 年的长序列数据,计算得到黑河中游甘州区、临泽县和高台县的日参考作物蒸散发量,月和年参考作物蒸散发量为日量的累计,通过计算,3 个区(县)的年均参考作物蒸散发量分别为 1160mm、1103mm、1041mm。根据各区域的 K_c 值,可得到 3 个区(县)日、月、年的实际蒸散发量。根据历年降水资料,可取黑河中游绿洲有效降水系数为 0.8,3 个区(县)的降水量分别为 124.89mm、112.71mm、102.34mm。

对规划水平的作物蒸散发量和降水量采用突变检验结合趋势分析的方法进行估算。以甘州区的降水量为例,其 M-K 检验结果见图 8-10。从图 8-10(a)可以看出,统计量 UF 和 UB 在 95%置信区间内有 3 个交点,分别发生在 1982 年、1983 年和 1986 年,相交后变化趋势均没有超过置信区间,表明变化不明显。采用滑动 t 检验对这 3 个可能突变点进行再检验,发现突变都不明显,因此甘州区规划水平的降水量可采用现状水平均值,即 124.89mm。类似地,若经过 M-K 和滑动 t 检验发现突变点之后变化趋势显著,则以突变后的水文要素变化趋势估算规划水平的作物蒸散发量和有效降水量。经过判断和趋势拟合，甘州区、临泽县规划水平的降水量与现状相同，高台县规划水平的降水量有增加趋势，为 123.71mm。对 3 个区（县）各月的蒸散发量均做 M-K 检验和趋势分析，共检验 36 次，图 8-10（b）为甘州区 9 月的 ET_0 检验结果，检验之后对各月份预测值进行累加，得到甘州区、临泽县、高台县 3 个区（县）规划水平的年实际蒸散发量分别为 888.61mm、818.49mm、823.22mm。

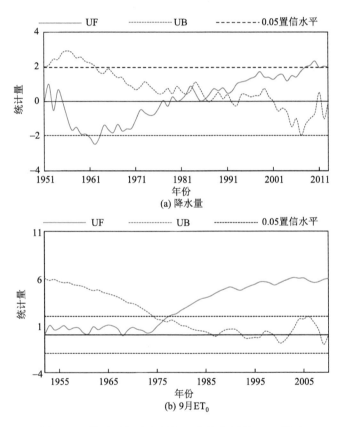

图 8-10　甘州区年降水量与月蒸散发量的 M-K 检验

3. 社会经济参数预测结果

作物产量是重要的社会经济参数，在进行农业水资源安全度量过程中涉及的产量数据包括现状实际产量、未来模拟产量、现状及未来的期望产量。由于研究区域粮食作物的种植面积占总作物种植面积的 72%左右，且在有限的可利用水量下，为保证农业产值经济作物的灌溉优先级大于粮食作物，水量主要限制粮食作物的产量，因此本章仅对粮食作物的上述各产量指标进行估算。根据张掖市统计年鉴资料，绘制甘州区、临泽县和高台县 1989～2014 年的粮食产量变化趋势图，以确定现状水平的粮食实际产量，如图 8-11 所示。从图 8-11 可以看出，3 个区（县）的粮食产量整体呈上升趋势，但在 2000 年，3 个区（县）的粮食产量均开始下降，在 2003 年之后又开始稳步上升，下降原因可能是 2000 年黑河开始实施调水计划，中游农业用水大幅度减少，导致粮食减产。因此，本章以黑河分水后 3 个区（县）的粮食产量均值作为实际产量。从图 8-11 可以看出，仅甘州区的粮食产量变化趋势在黑河分水后符合 Logistic 曲线，采用 Logistic 模型参数估算的方法对甘州区的粮食产量数据先进行产量年增长率和年粮食产量的线性拟合，然而拟合 R^2 低于 0.2，甘州区的粮食产量不适合采用 Logistic 模型，因此本章规划水平的模拟产量首先通过 GM(1, 1)模型对单位种植面积的粮食产量进行预测，再根据规划水平粮食种植面积的变化求均值获得，同时考虑了种植面积和时间序列发展趋势对规划水平粮食产量的影响。现状和规划水平的期望产量基于二次规划的区间回归方法获得（区间回归原理见第 6 章），取实际和模拟产量区间回归的上限值作为现状和未来的期望产量。现状水平期望产量的回归结果见图 8-12。规划期的人口主要影响各灌区的粮食产量，由于缺乏各灌区人口的长序列数据，因此 Logistic 模型和灰色时间序列预测模型均不适合，本章根据各灌区的现有人口

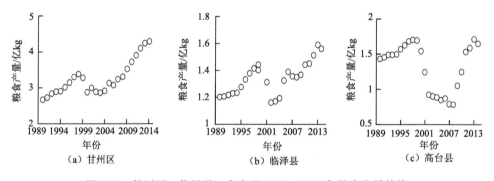

图 8-11　甘州区、临泽县、高台县 1989～2014 年粮食产量趋势

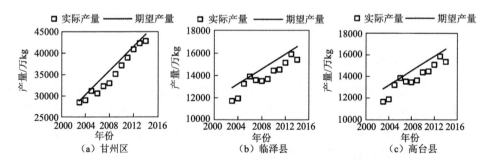

图 8-12　甘州区、临泽县、高台县 2003～2014 年粮食产量区间线性回归

和年鉴多年统计数据，采用各灌区所在行政区的人口多年平均增长率来估算规划水平的人口。

8.5.2　区域尺度用水阈值下限及灌区尺度用水阈值区间

1. 区域尺度用水阈值

甘州区、临泽县和高台县的水资源、经济、社会和生态相关的典型指标体系见表 1-3。根据指标体系计算 3 个区（县）的"协调度"，本章将 4 种可变模糊识别模型均做计算，取 4 种模型的平均值作为各区（县）的"协调度"，如图 8-13 所示。其中，"协调度"的判断标准见表 8-3，由熵值法计算的 3 个区（县）指标权重值见表 8-4。结合图 8-13 和表 8-3 得到甘州区的水资源与社会经济生态发展的协调程度在 2000～2013 年呈好转趋势，其"协调度"从"明显失调-动态平衡"状态转变成"动态平衡-基本协调"状态，水资源基本呈可持续利用状态。而临泽县和高台县的"协调度"整体呈下降趋势。其中，临泽县 2000～2009 年的"协调度"呈波动状态，2009～2012 年的"协调度"大幅度下降，2013 年有所好转。高台县 2000～2002 年的"协调度"呈上升趋势，之后保持 3 年平稳状态，然后呈逐年下降趋势。整体来讲，临泽县和高台县的水资源呈不可持续利用状态，其原因可能是"分水"计划导致中游水资源短缺严重，而甘州区作为张掖市的政治、经济、文化中心，在有限的水资源量情况下，优先保证甘州区的水资源可持续利用。计算得到的 3 个区（县）4 种模型"协调度"的归一化平均值作为尖点突变模型的状态变量。

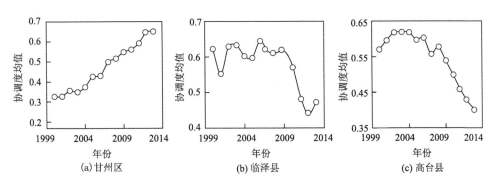

图 8-13　甘州区、临泽县和高台县的"协调度"

表 8-3　"协调度"的判断标准

极端失调	明显失调	动态平衡	基本协调	极端协调
$\mu_A(u)_j = 0$	$\mu_A(u)_j = 0.25$	$\mu_A(u)_j = 0.5$	$\mu_A(u)_j = 0.75$	$\mu_A(u)_j = 1$

表 8-4 熵值法计算的 3 个区（县）指标权重值

	指标	甘州区	临泽县	高台县
水资源指标	用水总量/亿 m³	0.06	0.04	0.05
	灌溉定额/(m³/hm²)	0.05	0.04	0.04
	灌溉水利用系数/%	0.05	0.04	0.07
	地下水量/亿 m³	0.04	0.05	0.05
	万元 GDP 用水量/(m³/万元)	0.0795	0.0667	0.0461
社会经济指标	GDP 总量/亿元	0.06	0.07	0.05
	万人用水量/(m³/万人)	0.04	0.07	0.06
	人均 GDP/(万元/人)	0.06	0.05	0.06
	粮食总产/亿 kg	0.06	0.06	0.07
	有效灌溉面积/万 hm²	0.11	0.14	0.08
	城镇人均收入/(万元/人)	0.055	0.065	0.053
	农民人均收入/(万元/人)	0.063	0.069	0.055
	水费收入/万元	0.055	0.056	0.071
	单方水产量/(kg/m³)	0.070	0.052	0.034
	粮食亩产/(kg/hm²)	0.07	0.07	0.05
生态指标	年降水量/mm	0.04	0.04	0.05
	林草灌溉面积/万 hm²	0.03	0.03	0.12

各区（县）指标体系均包含 17 个指标，指标相对较多，本章通过因子分析方法对各区（县）指标进行筛选，根据旋转后的因子负荷矩阵筛选主、次控制变量。根据各区（县）各因子所占负荷值并协调各综合因子，同时考虑与灌溉用水密切相关的指标，最终确定甘州区的主控制指标为用水总量、年降水量、灌溉定额，次控制指标为农民人均收入、单方水产量、水费收入；临泽县的主控制指标为用水总量、灌溉水利用系数，次控制指标为万元 GDP 用水量、有效灌溉面积、林草灌溉面积；高台县的主控制指标为用水总量、灌溉水利用系数、年降水量，次控制指标为万元 GDP 用水量、GDP 总量、单方水产量。对选好的控制变量进行归一化处理，并根据熵值法对选好的指标进行权重计算，拟合尖点突变模型，并拟合判别式与灌溉毛用水量之间的函数关系，如图 8-14 所示。由于黑河中游处于水资源短缺的半干旱地区，因此寻找的灌溉用水安全阈值为对应的下限值，即不发生干旱灾害的最小灌溉用水量。从图 8-14 可以看出，甘州区和高台县历年灌溉用水情况安全，只有个别年份判别式小于零，而临泽县的灌溉用水因其历年判别式均小于零呈现不安全状态，临泽县的灌溉用水在很大程度上不能满足需求，极易发生干旱。根据图 8-14 拟合的结果，得到甘州区、临泽县和高台县判别式与毛灌溉水量之间的函数关系分别为 $\Delta_甘 = 49x^2 - 754.76x +$

2901.4、$\varDelta_{临} = -6.29x^2 + 77.93x - 247.35$ 和 $\varDelta_{高} = 276.69x^2 - 2563.2x + 5941.4$。通过对判别式求极值得到甘州区、临泽县和高台县的毛用水安全阈值分别为 7.70 亿 m³、6.20 亿 m³ 和 4.63 亿 m³。根据 3 个区（县）多年渠系水利用系数平均值（甘州区 68.79%、临泽县 63.23%、高台县 60.80%）和 3 个区（县）灌溉用水比例，得到甘州区、临泽县和高台县的净灌溉用水安全阈值分别为 4.88 亿 m³、3.02 亿 m³ 和 2.69 亿 m³。

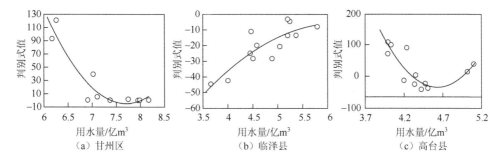

图 8-14　甘州区、临泽县和高台县的判别式值与用水量拟合

本节利用模糊可变识别模型计算甘州区、临泽县和高台县水资源与社会经济生态协调发展的协调度，其中，甘州区的"协调度"呈上升趋势，临泽县和高台县的"协调度"呈波动下降趋势。以 4 种模糊可变识别模型计算的"协调度"均值作为状态变量，结合利用因子分析法筛选出的主、次控制变量拟合尖点突变模型，根据判别式确定甘州区、临泽县和高台县的灌溉用水安全阈值下限分别为 4.88 亿 m³、3.02 亿 m³ 和 2.69 亿 m³。

2. 灌区尺度用水阈值区间

利用边际效益理论计算黑河中游甘州区、临泽县、高台县所辖的 17 个灌区的用水阈值上限。所研究灌区包括甘州区的大满灌区、盈科灌区、西浚灌区、上三灌区、安阳灌区、花寨灌区，临泽县的平川灌区、板桥灌区、鸭暖灌区、蓼泉灌区、沙河灌区、梨园河灌区，高台县的友联灌区、六坝灌区、罗城灌区、新坝灌区、红崖子灌区。拟合数据来自张掖市 1992～2013 年的水利管理年报拟合的各灌区效益-用水函数、花费-用水函数。对拟合效益-用水函数和花费-用水函数分别求一阶导数，两个一阶导数的交点即为所求的各灌区配水上限值，即若灌区配水超过此交点值，其获得的总利润将降低。以黑河中游甘州区主要灌区为例，灌区边际效益函数和边际成本函数（图 8-15）。通过计算，获得黑河绿洲各灌区灌水阈值上限为大满灌区 1.26 亿 m³、盈科灌区 1.84 亿 m³、西浚灌区 1.45 亿 m³、上三灌区 0.44 亿 m³、安阳灌区 0.36 亿 m³、花寨灌区 0.13 亿 m³，平川灌区 0.30 亿 m³、板桥灌区 0.52 亿 m³、鸭暖灌区 0.32 亿 m³、蓼泉灌区 0.47 亿 m³、沙河灌区 0.16 亿 m³、梨园河灌区 1.18 亿 m³，友联灌区 1.09 亿 m³、六坝灌区 0.18 亿 m³、罗城灌区 0.16 亿 m³、新坝灌区 0.31 亿 m³、红崖子灌区 0.22 亿 m³。根据前述原理及基础数据，拟合各灌区用水二次函数，求得 Z 指标的表达式，并绘制与灌溉水量之间的关系，得到各灌区 Z 曲线的极值，即各灌区的配水阈值下限如下：大满灌区 0.93 亿 m³、盈科灌区 1.72 亿 m³、西浚灌区 1.11 亿 m³、上三灌区 0.4 亿 m³、安阳灌区 0.24 亿 m³、花寨灌区 0.074 亿 m³，平川灌区 0.26 亿 m³、板桥灌区 0.22 亿 m³、鸭暖灌区 0.45 亿 m³、蓼泉灌区 −0.67 亿 m³、沙河灌区 0.137 亿 m³、梨园河灌区 1.38 亿 m³，友联灌区 0.69 亿 m³、六坝灌区 0.169 亿 m³、罗城灌区 0.125 亿 m³、新坝灌区 0.183 亿 m³、红崖子灌区 0.09 亿 m³。由上述结果可知，蓼泉灌区的结果为负值，结果显然不合理，鸭暖灌区和梨园河灌区的最小灌溉水量大于其相应的最大灌水阈值，不合理。其原因为这 3 个灌区拟合出的曲线为凹二次函数，而灌水阈值下限确定的原理是建立在曲线为凸函数的基础上的。对于这 3 个灌区，本章将 2003 年张掖市节水改造之后水利年报中的平均灌溉水量作为这 3 个灌区的灌水阈值下限，即蓼泉灌区 0.15 亿 m³、鸭暖灌区 0.16 亿 m³、梨园河灌区 0.85 亿 m³。

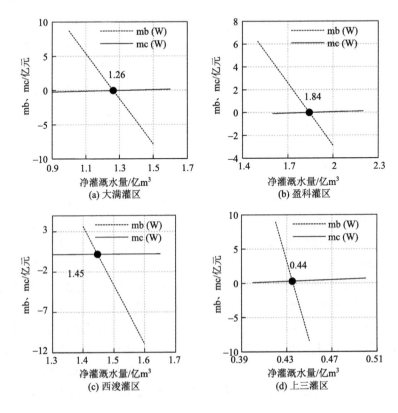

(a) 大满灌区　　　(b) 盈科灌区

(c) 西浚灌区　　　(d) 上三灌区

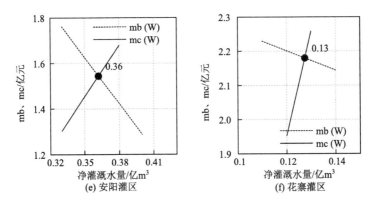

图 8-15　黑河中游绿洲甘州区各灌区灌水量阈值上限

mb(W)为边际效益函数；mc(W)为边际成本函数

8.5.3　各尺度农业水土资源配置现状及规划方案

1. 现状水平决策方案

本章所有优化模型数据来源于张掖市 2000～2013 年的水资源管理年报、张掖市 2005～2014 年统计年鉴及相关参考文献。其中，种植面积上下限值分别为 3 个区（县）2000～2013 年统计数据的最大值和最小值。区域尺度总干流的可利用水量为莺落峡断面径流量减去下泄到正义峡断面的径流量。根据 1944～2013 年莺落峡断面的年径流量和流量水平划分及正义峡断面径流量与莺落峡断面径流量之间的关系，可得到高流量、中流量和低流量 3 种情况下黑河中游 3 个区（县）及所辖的各干流灌区可利用水量分别为 5.98 亿 m³、6.33 亿 m³ 和 6.60 亿 m³。各区（县）不同流量水平下区域尺度相关参数见表 8-5。根据模型输入参数，得到 3 个区（县）不同流量水平下的地表水、地下水、种植面积及各区县莺落峡断面径流利用量的优化结果。各流量水平下各区域的配水量见图 8-16。从图 8-16 可以看出，地表水低流量情况的分配量最大，这与中游可利用水量情况是直接相关的，而高流量情况下的地下水利用量是最高的。总体来讲，高流量、中流量、低流量 3 个区（县）的农业总配水量分别为 8.75 亿 m³、8.36 亿 m³、8.26 亿 m³。图 8-16 中所标注的数值将作为灌区尺度可利用水量约束的右端项。高流量情况下，优化的土地面积结果为：甘州区 6.86 万 hm²、临泽县 3.08 万 hm²、高台县 3.04 万 hm²。中流量情况下，优化的土地面积结果为：甘州区 6.86 万 hm²、临泽县 3.10 万 hm²、高台县 2.89 万 hm²。低流量情况下，优化的土地面积结果为：甘州区 5.56 万 hm²、临泽县 2.04 万 hm²，高台县 2.22 万 hm²。根据区域尺度获得的不同流量水平下的种植面积，再根据各区域所包含各灌区多年平均有效灌溉面积占所属区（县）面积的比例确定各灌区可利用的土地面积，并将各灌区可利用的土地面积作为灌区配水模型的输入参数。

表 8-5 各区（县）不同流量水平下相关参数

流量水平	区（县）	单方水产量/（kg/m³）	有效降水量/（m³/hm²）	用水阈值下限/亿 m³	渠道水利用系数	田间水利用系数	最大种植面积/万 hm²	最小种植面积/万 hm²	地下水可利用量/亿 m³
高流量	甘州	1.55	1191.79	4.52	0.69	0.80	7.35	6.86	2.01
	临泽	1.48	995.87	3.35	0.66	0.80	4.57	3.08	0.56
	高台	1.22	934.65	2.41	0.64	0.80	3.77	3.04	1.38
中流量	甘州	1.34	943.98	4.52	0.67	0.80	7.35	6.86	1.73
	临泽	1.31	843.54	3.35	0.65	0.80	4.57	3.10	0.47
	高台	1.30	784.72	2.41	0.61	0.80	3.77	2.89	1.17
低流量	甘州	1.19	891.39	4.52	0.66	0.80	7.31	5.56	1.36
	临泽	1.20	909.82	3.35	0.66	0.80	4.57	2.04	0.45
	高台	1.21	754.34	2.41	0.64	0.80	2.90	2.22	1.23

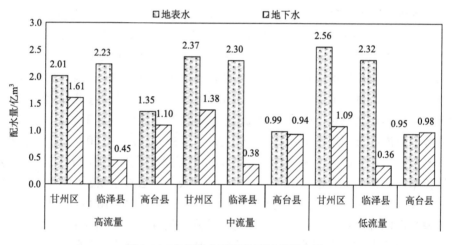

图 8-16 各流量水平下各区域的配水量

灌区尺度配水模型为两阶段随机规划模型，配水模型中的基础输入数据为各灌区的单方水产量、惩罚系数、配水目标、灌水阈值区间。其中，灌区单方水产量数据用各灌区的作物产量数据除以年总用水量数据获得，大满、盈科、西浚、上三、安阳、花寨、平川、板桥、鸭暖、蓼泉、沙河、梨园河、友联、六坝、罗城、新坝、红崖子这 17 个灌区的单方水产量分别为 1.18kg/m³、1.33kg/m³、1.07kg/m³、1.42kg/m³、1.08kg/m³、0.99kg/m³、1.04kg/m³、0.99kg/m³、0.88kg/m³、

$1.15kg/m^3$、$1.08kg/m^3$、$1.03kg/m^3$、$1.12kg/m^3$、$1.05kg/m^3$、$1.15kg/m^3$、$1.46kg/m^3$、$0.95kg/m^3$。灌区惩罚系数与各灌区的供水成本和减产损失有关，通过计算得到17 个灌区的惩罚系数分别为 $1.35kg/m^3$、$1.33kg/m^3$、$1.37kg/m^3$、$1.57kg/m^3$、$1.25kg/m^3$、$1.25kg/m^3$、$1.24kg/m^3$、$1.13kg/m^3$、$1.21kg/m^3$、$1.54kg/m^3$、$1.25kg/m^3$、$1.25kg/m^3$、$1.79kg/m^3$、$1.42kg/m^3$、$1.21kg/m^3$、$1.25kg/m^3$、$1.25kg/m^3$。配水目标为各区（县）年总需水量，通过作物系数结合 Penman-Monteith 公式计算。各区（县）12 个月的参考作物蒸散发量见表 8-6,用各区县各月份的作物系数乘以参考作物蒸散发量得到各月份实际需水量数据，各月实际需水量之和为 3 个区县的配水目标，且各区县下属的各灌区的配置目标一致，甘州区、临泽县、高台县的单位需水量分别为 $8555.76m^3/hm^2$、$9579.80m^3/hm^2$、$8986.35m^3/hm^2$。最小、最大配水即为根据节水潜力理论和边际理论获得的用水阈值区间。高流量、中流量、低流量的发生概率分别为 0.25、0.50、0.25，3 个流量水平下各区（县）的可利用水量为区域尺度的水资源优化结果，即高流量下，甘州区、临泽县、高台县的可利用水量分别为 3.62 亿 m^3、2.68 亿 m^3、2.45 亿 m^3；中流量情况下，甘州区、临泽县、高台县的可利用水量分别为 3.76 亿 m^3、2.68 亿 m^3、1.93 亿 m^3；低流量情况下，甘州区、临泽县、高台县的可利用水量分别为 3.65 亿 m^3、2.68 亿 m^3、1.92 亿 m^3。求解模型，得到黑河中游 17 个灌区的优化结果，见表 8-7。17 个灌区高流量、中流量、低流量的总配水分别约为 8.38 亿 m^3、8.36 亿 m^3、7.48 亿 m^3。

表 8-6　参考作物蒸散发量

月份	ET$_0$/mm			月份	ET$_0$/mm			月份	ET$_0$/mm		
	甘州区	临泽县	高台县		甘州区	临泽县	高台县		甘州区	临泽县	高台县
1	24.68	27.41	22.01	5	156.61	172.64	162.32	9	100.96	107.84	101.62
2	39.97	41.82	37.89	6	159.87	180.25	171.06	10	69.66	73.84	64.75
3	78.13	82.33	80.62	7	162.83	184.92	175.51	11	36.7	40.07	33.41
4	122.12	130.89	126.08	8	146.38	160.22	151.45	12	23.18	25.91	19.69

表 8-7　灌区尺度优化配水结果

区（县）	灌区	有效灌溉面积/万 hm²			缺水量/(m³/hm²)			配水量/m³		
		高流量	中流量	低流量	高流量	中流量	低流量	高流量	中流量	低流量
甘州区	大满	2.07	2.07	1.67	4687	4687	3780	7998	7998	7998
	盈科	1.99	1.99	1.61	2248	2248	770	12556	12556	12556
	西浚	1.70	1.70	1.38	2944	2944	1630	9546	9546	9546
	上三	0.60	0.60	0.49	3007	3007	1707	3354	3354	3354
	安阳	0.28	0.28	0.23	3903	428	1750	1324	2313	1569
	花寨	0.21	0.21	0.17	1875	0	0	1406	1800	1458

区（县）	灌区	有效灌溉面积/万 hm²			缺水量/(m³/hm²)			配水量/m³		
		高流量	中流量	低流量	高流量	中流量	低流量	高流量	中流量	低流量
临泽县	平川	0.42	0.43	0.28	2082	2126	0	3180	3180	2683
	板桥	0.41	0.42	0.27	0	0	0	3972	3995	2623
	鸭暖	0.25	0.25	0.17	0	0	0	2404	2418	1588
	蓼泉	0.32	0.32	0.21	0	0	0	3078	3096	2033
	沙河	0.34	0.34	0.22	4571	4600	1995	1696	1696	1696
	梨园河	1.33	1.34	0.88	225	320	0	12483	12428	8442
高台县	友联	1.70	1.62	1.25	2208	2787	211	11554	10042	10946
	六坝	0.28	0.26	0.20	2054	1692	0	1908	1908	1810
	罗城	0.33	0.31	0.24	3794	3523	1892	1696	1696	1696
	新坝	0.39	0.37	0.29	604	167	0	3286	3286	2578
	红崖子	0.34	0.32	0.25	2121	1762	0	2332	2332	2234

　　田间尺度农业水土资源优化配置即在灌区尺度水资源优化配置和土地资源配置结果的基础上，对田间的小麦、玉米和蔬菜的可用水土资源进行分配，以获得最大的水土资源分配效率。根据 Su 等[37]及当地实际情况，小麦、玉米和蔬菜的最小需求量分别为200kg/人、200kg/人、292kg/人。根据模型求解结果，得到高流量、中流量、低流量的土地资源配置效率分别为 3.91kg/hm²、3.88kg/hm²、3.51kg/hm²；高流量、中流量、低流量的水资源配置效率分别为 5.52kg/hm²、5.50kg/hm²、5.49kg/hm²。水土资源配置效率随流量水平的降低而降低。各灌区各作物水土资源配置结果见图 8-17。高流量情况下，小麦、玉米和经济作物的总配水分别为 9625 万 m³、30899 万 m³、22404 万 m³，总土地资源分配分别为 18293hm²、77972hm²、33535hm²；中流量情况下，小麦、玉米和经济作物的总配水分别为 9625 万 m³、31193 万 m³、21818 万 m³，总土地资源分配分别为 18293hm²、77513hm²、32667hm²；低流量情况下，小麦、玉米和经济作物的总配水分别为 9625 万 m³、24015 万 m³、14409 万 m³，总土地资源分配分别为 18293hm²、58527hm²、21347hm²。

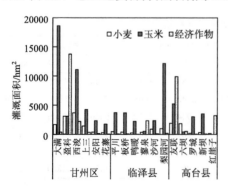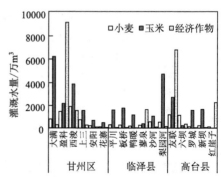

（a）高流量

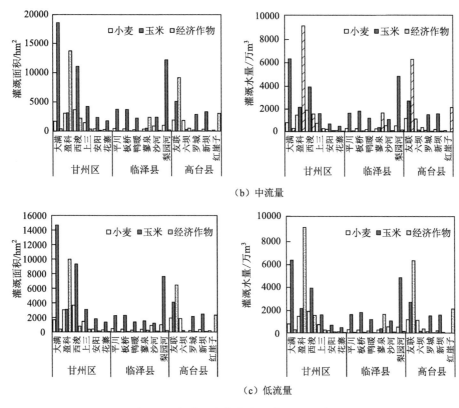

（b）中流量

（c）低流量

图 8-17　各灌区各作物水土资源配置结果

2. 规划水平决策方案

在前述水文要素和社会经济要素预测结果及现状水平参数确定的基础上，得到规划水平各尺度优化模型的输入参数，求解模型，得到各尺度规划水平的配水方案。区域、灌区和田间尺度在规划水平下的配水方案分别见图 8-18、表 8-8 和图 8-19。对于区域尺度的决策方案，种植面积在 3 个流量水平下基本保持不变，优化面积为 13.2 万 hm^2，高流量、中流量、低流量 3 个流量水平下的总配水量分别约为 7.74 亿 m^3、7.67 亿 m^3、7.46 亿 m^3。由于区域尺度规划水平下 3 个流量水平对应的种植面积基本保持一致，灌区尺度各个灌区在 3 个流量水平下的面积也相等，因此，灌区尺度的水土规划结果差异性主要体现在配水上。灌区尺度各灌区不同流量水平下的配水量由大到小为：高流量、中流量、低流量。同时不同流量水平下的缺水量由大到小也满足：高流量（10.44 亿 m^3）、中流量（10.40 亿 m^3）、低流量（10.27 亿 m^3）。这是由于不同的流量水平下莺落峡断面年径流和正义峡断面年径流的对应关系不同，根据分水曲线，莺落峡断面径流越多，下泄的正义峡断面水量也应越多。同样，田间尺度各作物种植面积在 3 个流量水平下基本保持一致，中等流量水平下种植面积田间细分结果见图 8-19（a）。高流量和中流量水平的总配水量一致，为 6.25 亿 m³，低流量水平下总配水量为 6.07 亿 m³，以中流量水平为例，各灌区各作物的配水量结果见图 8-19（b）。

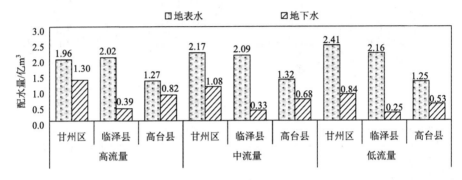

图 8-18　规划水平中等流量下各区域在不同流量水平下的配水量

表 8-8　规划水平灌区尺度优化配水结果

区（县）	灌区	缺水量/(m³/hm²)			配水量/m³		
		高流量	中流量	低流量	高流量	中流量	低流量
甘州区	大满	3554	3554	3554	7347	7347	7347
	盈科	5795	5795	5795	11534	11534	11534
	西浚	5155	5155	5155	8769	8769	8769
	上三	5097	5097	5097	3081	3081	3081
	安阳	4274	4274	4274	1216	1216	1216
	花寨	2937	2937	2937	618	618	618
临泽县	平川	6979	6979	6979	3180	3180	3180
	板桥	8185	8185	8185	3646	3646	3646
	鸭暖	8185	8185	8185	2207	2207	2207
	蓼泉	8185	8185	8185	2825	2825	2825
	沙河	4662	4662	4662	1696	1696	1696
	梨园河	7378	7378	7378	10578	10578	10578
高台县	友联	6779	6357	5105	11554	10835	8702
	六坝	6932	6932	6932	1908	1908	1908
	罗城	5192	5192	5192	1696	1696	1696
	新坝	8232	8232	8232	3227	3227	3227
	红崖子	6866	6866	6866	2332	2332	2332

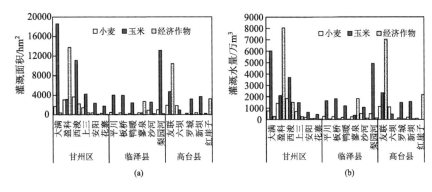

图 8-19　规划水平下各灌区各作物水土资源配置结果

3. 现状与规划水平决策方案比较

将现状水平与规划水平的各尺度水土资源决策方案进行比较，区域尺度、灌区尺度和田间尺度的比较结果分别见图 8-20～图 8-22。从图 8-20 可以看出，对区域尺度而言，规划水平的总配水量比现状水平低 2.49 亿 m^3，这是由于尽管通过预测技术得到规划水平莺落峡断面的径流增加了，但是根据莺落峡断面和正义峡断面年径流的对应关系，中游区域可利用水量并没有增加反而有降低的趋势。另外，预测得到的黑河中游绿洲 3 个区（县）的需水量却有略微增加的趋势，这就导致规划水平的总配水量比现状水平要低。对种植面积的优化结果，规划总种植面积比现状种植面积增加 3.98 万 hm^2，对甘州区而言，高流量和中流量水平下的面积均没有变化，表明在此两种流量水平下，甘州区在种植面积指标上没有增加潜力了，临泽县和高台县在低流量水平下的种植面积增加幅度大于高流量水平和中流量水平。以中流量水平为例，图 8-21 对比了灌区尺度现状水平和规划水平的水土资源配置结果，从图 8-21 可以看出，规划水平下各灌区的水量配置方案均较现状水平有所调整，甘州区的 4 个灌区的种植面积均没有变化，临泽县和高台县管辖下的灌区的种植面积均有所调整。同样以中流量水平为例，田间尺度水土资源配置结果比较见图 8-22。从图 8-22 可以看出，各灌区水土资源配置规划水平与现状水平变化趋势一致，但是变化幅度有所差别。在黑河中游灌区，玉米无论是现状水平还是规划水平都占有优势，尤其是大满灌区，其玉米种植面积和分配的水量都是最大的。盈科灌区和友联灌区的经济作物水土资源配置优势明显高于其他灌区。将规划水平与现状水平的优化结果进行对比，中游农业的缺水情况越来越严峻，提高中游的灌溉水利用系数，充分挖掘农业节水潜力是中游决策者需要考虑的问题。同时，中游农业水土资源配置研究需与下游生态需水的相关研究结合。根据上述结果和分水曲线，中游在高流量水平下的可利用水量有可能比中流量水平下的低，这是因为虽然莺落峡来水增加了，但下泄到正义峡的水量也增加了，但是下游的生态是否一定需要下泄这么多的水量来满足是一个值得探讨的问题，可以根据下游生态的实际情况适当调整分水曲线，这样可以增加中游的可利用水量，最终实现整个流域的综合效益（社会、经济和生态）最优。

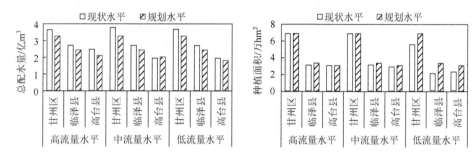

图 8-20　区域尺度水土资源配置结果比较

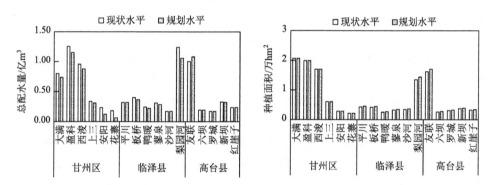

图 8-21　灌区尺度水土资源配置结果比较

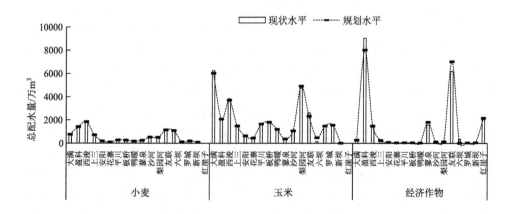

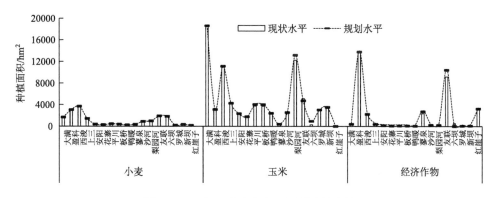

图 8-22　田间尺度水土资源配置结果比较

8.5.4　农业水资源安全度量

在优化配置模型结果的基础上，得到农业水资源安全度量模型中所需各参数值，见表 8-9。根据表 8-9 中的参数及农业水资源安全度量模型，估算黑河中游甘州区、临泽县和高台县现状及规划水平的农业水资源安全度（表 8-10）。如表 8-10所示，水分满足程度指数中，甘州区的最小，主要是甘州区的配水量与需水量差距最大，黑河中游农业可利用的水量不能满足需水量要求，虽然甘州区的单方水产量在 3 个区（县）中最高且可利用的土地面积最大，但由于优化配水中要保证各区域的最小灌水阈值，以防止发生干旱。因此，在一定程度上，对甘州区的配水量做了一定的牺牲，以保证黑河中游的整体产量与用水量达到一个相对平衡的状态。规划水平下甘州区的水分满足程度指数下降，主要是甘州区的作物需水量增加所导致的，而规划水平下临泽县和高台县的水分满足程度指数有所提高，临泽县甚至可达到 1，表明临泽县的农业需水量全部能够通过降水量和径流量来水满足。产量满足程度指数中，高台县规划水平下较现状水平有所提升，而甘州区和临泽县有所下降。这主要是由于根据产量的模拟和预测结果，甘州区和临泽县规划水平下的模拟产量相对于实际产量的增长速率比规划水平下的期望产量相对于现状水平下的期望产量的增长速率大。将水分满足程度指数与产量满足程度指数结合，得到 3 个区（县）现状和规划水平下的农业水资源安全度。无论是现状水平还是规划水平，甘州区的农业水资源安全度都是最低的，其次是高台县，临泽县最高。将规划水平与现状水平下的农业水资源安全度进行比较，高台县是增加的，主要是由于高台县的产量满足度指数增加幅度较大，表明高台县的农业用水情况越来越安全。临泽县的基本保持不变，而甘州区则呈下滑趋势。因此，需要在黑河中游扩大实施节水措施，提高灌溉水利用效率，高效利用有限的农业水资源。假设在规划时段 3 个区（县）的灌溉水利用系数提高 5%，则甘州区、临泽

县和高台县的农业水资源安全度分别为 0.55、0.92、0.91，临泽县和高台县的农业
用水安全程度达到 0.9 以上。若在规划时段，将 3 个区（县）的灌溉水利用系数
提高 10%，则只有甘州区的农业用水安全度有所增加，临泽县和高台县的农业用
水安全度与灌溉水利用系数提高 5%情景下的情况保持一致，说明当灌溉水利用效
率提高到一定程度后，对临泽县和高台县的农业用水安全主要限制因素为产量，
应采取相应的增产措施。而对于甘州区，水量仍是主要的限制因素，因此，在黑
河中游的农业水资源规划管理中，要重点提高甘州区的用水效率，并在可允许范
围内，增加甘州区的可利用农业水资源量，尽量满足甘州区的用水需求。

表 8-9　农业水资源安全度量所需参数

区（县）	水量参数/mm						产量参数/万 kg			
	作物需水		有效降水		优化配水		实际/模拟产量		期望产量	
	现状	规划	现状	规划	现状	规划	现状	规划	现状	规划
甘州区	838	889	100	100	475	475	35184	42620	36645	51831
临泽县	865	818	90	90	748	728	13925	17323	14746	18765
高台县	813	823	82	99	661	658	11551	14645	14802	16123

表 8-10　农业水资源安全度

区（县）	水分满足程度指数		产量满足程度指数		农业水资源安全度	
	现状	规划	现状	规划	现状	规划
甘州区	0.69	0.65	0.96	0.82	0.66	0.53
临泽县	0.97	1.00	0.94	0.92	0.91	0.92
高台县	0.91	0.92	0.78	0.91	0.71	0.84

参 考 文 献

[1]　王文，马骏. 若干水文预报方法综述. 水利水电科技进展，2005，25（1）：55-60.
[2]　孙惠子，粟晓玲，昝大为. 基于最优加权组合模型的枯季径流预测研究. 西北农林科技大学学报（自然科学版），2011，39（11）：201-208.
[3]　刘思峰，蔡华，杨英杰，等. 灰色关联分析模型研究进展. 系统工程理论与实践，2013，33（8）：2041-2046.
[4]　黄强，赵雪花. 河川径流时间序列分析预测理论与方法. 郑州：黄河水利出版社，2008.
[5]　王文圣，张翔，金菊良. 水文学不确定性分析方法. 北京：科学出版社，2011.
[6]　崔东文. 多隐层 BP 神经网络模型在径流预测中的应用. 水文，2013，33（1）：68-73.
[7]　汪龙. 基于 BP 网络的径流预测研究. 昆明：昆明理工大学，2015.
[8]　孙英广. 神经网络在径流预测模型研究中的应用及软件实现. 大连：大连理工大学，2005.
[9]　中华人民共和国水利部. 水文情报预报规范. 北京：中国水利水电出版社，2000.

[10] 杨萍，王乃昂，王翠云，等. 1960～2007 年青海湖地区气温变化趋势和突变分析. 青海大学学报（自然科学版），2011，29（2）：49-53.

[11] 赵红. Logistic 曲线参数估计方法及应用研究. 长春：吉林农业大学，2015.

[12] 陈明忠，何海，陆桂华. 水资源承载能力阈值空间研究. 水利水电技术，2005，36（6）：6-8.

[13] 宁立波，徐恒力. 水资源自然属性和社会属性分析. 地理与地理信息科学，2004，20（1）：60-62.

[14] 何海，叶建春，陆桂华. 太湖流域水资源阈值探析. 长江流域资源与环境，2012，21（9）：1080-1086.

[15] 李春晖，杨志峰，郑小康，等. 流域水资源开发阈值模型及其在黄河流域的应用. 地理科学进展，2008，27（2）：39-46.

[16] 王西琴，张远. 中国七大河流水资源开发利用率阈值. 自然资源学报，2008，23（3）：500-506.

[17] 邓姝杰，崔锦龙. 内蒙古水资源开发利用阈限分析. 资源开发与市场，2008，24（6）：510-513.

[18] 曹寅白，甘泓，汪林，等. 海河流域水循环多维临界整体调控阈值与模式研究. 北京：科学出版社，2012.

[19] Gan H，Wang L，Cao Y B，et al. Multi-dimensional overall regulatory modes and threshold values for water cycle of the Haihe River Basin. Chinese Science Bulletin，2013，58（27）：3320-3339.

[20] 秦长海，甘泓，汪林，等. 海河流域水资源开发利用阈值研究. 水科学进展，2013，24（2）：220-227.

[21] 张玉山，李继清，梅艳艳，等. 基于突变理论的天津市水资源安全阈值分析模型. 辽宁工程技术大学学报（自然科学版），2013，32（4）：562-567.

[22] Yang H，Rhichert P，Abbaspour K C，et al. A water resources threshold and its implications for food security. Environmental Science & Technology，2003，37（14）：3048-3054.

[23] 夏铭君，姜文来. 基于流域粮食安全的农业水资源安全阈值研究. 农业现代化研究，2007，28（2）：210-213.

[24] 关帅朋，赵先贵，梁娜. 陕西省农业水资源安全阈值研究. 干旱地区农业研究，2008，26（6）：241-245.

[25] 马娟霞，肖玲，关帅朋，等. 陕西省农业水资源安全阈值空间差异研究. 干旱地区农业研究，2010，28（4）：237-242.

[26] 姜文来. 支撑粮食安全的农业水资源阈值研究与展望. 农业展望，2010，（9）：23-25.

[27] 王霭景. 天津市水资源优化配置及安全阈值研究. 北京：华北电力大学，2013.

[28] 畅明琦. 水资源安全理论与方法研究. 西安：西安理工大学，2006.

[29] 盖美，李伟红. 基于可变模糊识别模型的大连市水资源与社会经济协调发展. 资源科学，2008，30（8）：1141-1145.

[30] 罗军刚，解建仓，阮本清. 基于熵权的水资源短缺风险模糊综合评价模型及应用. 水利学报，2008，39（9）：1092-1104.

[31] 刘迅，耿进强，毕远志. 基于因子分析法的水利工程标段划分影响因素研究. 中国农村水利水电，2014，（12）：91-95.

[32] 杨娜，李慧明. 基于因子分析与熵值法的水资源承载力研究——以天津市为例. 软科学，2010，24（6）：66-70.

[33] 刘思清，刘江侠，朱晓春. 对田间农业节水水平评价方法的探讨. 水利水电技术，2010，41（2）：60-64.

[34] 魏锋涛，宋俐，李言. 最小偏差法在机械多目标优化设计中的应用. 工程图学学报，2011，32（3）：100-104.

[35] 刘布春，梅旭荣，于玉中，等. 农业水资源安全的定义及其内涵和外延. 中国农业科学，2006，39（5）：947-951.

[36] 刘布春. 河套灌区农业水资源安全评价研究. 北京：中国农业科学院，2007.

[37] Su X L，Li J F，Singh V P. Optimal allocation of agricultural water resources based on virtual water subdivision in Shiyang River Basin. Water Resources Management，2014，28（8）：2243-2257.

第9章　农业缺水风险分析

由于水资源系统涉及气象、地质、人类活动等多个系统，其自身存在的诸多不确定性，使得复杂风险也随之产生，同时不同的开发利用方式也会形成不同的开发风险[1]。通过计算风险的发生概率及其发生后造成的损失和结果，衡量风险与效益之间的关系，做出决策方案，可以使决策者根据不同需要，规避可能的风险，进一步安全高效地利用水资源，缓解供需矛盾，改善水环境。同时，针对水资源配置中存在的水资源用水短缺进行风险分析、评估农业缺水风险、规划水资源系统所面临的风险源以及应当采取的战略措施，对于保障各用水部门的协调发展、水资源可持续利用的实现十分必要和迫切。

9.1　基于模糊信息优化处理技术的模糊风险研究

风险分析是水资源系统可持续发展的关键[2]。在实施水资源系统风险分析过程中，诸多参数存在随机性、模糊性或未确知性等不确定性特征，因而相比于确定性方法，随机理论、模糊数学等不确定性方法更适于量化风险事件的不确定性[3]。但如果所搜集的数据出现不完备的情况，则风险估计还会具有不精确性、不唯一性，即十分有限的样本容量本身也会影响风险分析的准确性，用有限的样本来估计风险事件的概率分布，容易出现概率值估计不准确的问题。若将不准确的风险值作为管理者的决策依据，极有可能会与实际有很大偏离[4]。常用的不确定性方法在处理此类问题时存在一定的难度。

研究表明[5]，模糊理论是将数据不精确性考虑在风险评估过程中的一种理想方法。为了进一步认清风险与模糊之间的关系，基于软计算（soft computing）的思想和信息分配的理念，国内学者开创了一种新的不确定性方法——模糊信息优化处理（fuzzy information optimization processing）[6]。该方法将可能性分布引入概率风险中，能够表达风险事件以某一概率出现的可能性大小，把风险的模糊性以多值化的形式表现出来，在采用模糊集来描述概率估算不精确的实际情况的同时，也为风险分析模型容纳模糊信息提供了可行途径，实现了数据信息不完备情况下的风险状况的近似表达，有助于提高风险决策的科学性[4]。短短几十年间，模糊信息优化处理方法已在测绘、评估、风险分析领域获得了广泛的应用[7]。

9.1.1　模糊信息优化处理技术简介

1. 基于信息分配的内集–外集模型

传统内集–外集模型计算过程如下[8]。

1）研究区域确定和离散论域划分

设随机变量 $X=\{x_i\,|\,i=1,2,\cdots,n,\,x_i\in\mathbf{R}\}$ 是由 n 个样本点 x_i 组成的集合。通过对集合 X 中的元素进行升序排列，得到新的样本集合 $X^*=\{x_i^*\,|\,x_1^*\leqslant x_2^*\leqslant\cdots\leqslant x_n^*,\,x_i^*\in X\}$ 作为研究对象，区间 $I^*=[x_1^*,x_n^*]$ 作为研究区域。为提高研究区域 I^* 所反映的信息，通过扩展原研究区域 I^* 范围得到新研究区域 I 作为最终研究区域。利用拓展步长 $\varDelta$ 将 I 划分为 m 个子区间 I_i，并设样本 X^* 对应的论域为区间 $U^*=\{u_j\,|\,j=1,2,\cdots,m,u_j\in\mathbf{R}\}$，其中，$u_j$ 称为 $\varDelta$ 下的 m 个控制点，一般取 I_j 的中点。上述过程涉及的计算过程如式（9-1）~式（9-3）所示：

$$m=1.87(n-1)^{0.4} \tag{9-1}$$

$$\varDelta\frac{I^*}{m-1} \tag{9-2}$$

$$I=\left[x_1^*-\frac{\varDelta}{2},x_n^*+\frac{\varDelta}{2}\right] \tag{9-3}$$

2）信息分配

确定研究区域并划分完成离散论域后，需要将子区间 I_j 内的样本点 x_i 所含信息分配给其控制点 u_j，传统的内集–外集模型一般选用一维线性分配函数，表达式如式（9-4）所示：

$$q_{ij}=\begin{cases}1-\dfrac{|x_i-u_j|}{\varDelta} & |x_i-u_j|\leqslant\varDelta\\0 & |x_i-u_j|>\varDelta\end{cases} \tag{9-4}$$

3）内集和外集定义及信息飘入、游离可能性计算

对 $\forall x_i\in X$，有且仅有一个子区间 I_j 与之对应，使得子区间 I_j 包含 x_i。但是由于随机扰动的存在，x_i 有可能在各子区间移动。若 x_i 离开原本所在的子区间 I_j，则称 x_i 游离子区间 I_j，其游离的可能性大小记为 q_{ij}^-；若 x_i 进去新的子区间 I_j，则称 x_i 飘入子区间 I_j，其飘入的可能性大小记为 q_{ij}^+。

根据上文对飘入、游离的阐述，定义内集为子区间 I_j 内所包含的所有 x_i 的集合，记样本容量为 n_j，即 $X_{j\text{-in}}\triangleq X\cap I_j$，且 $|X_{j\text{-in}}|=n_j$；定义外集为子区间 I_j 内所不包

含的所有 x_i 的集合，记样本容量为 $n-n_j$，即 $X_{j\text{-out}} \triangleq X / X_{j\text{-in}}$，且 $|X_{j\text{-out}}| = n - n_j$。则 q_{ij}^- 和 q_{ij}^+ 的计算公式如下：

$$q_{ij}^- = \begin{cases} 1 - q_{ij} & x_i \in X_{j\text{-in}} \\ 0 & x_i \in X_{j\text{-out}} \end{cases} \quad (9\text{-}5)$$

$$q_{ij}^+ = \begin{cases} q_{ij} & x_i \in X_{j\text{-out}} \\ 0 & x_i \in X_{j\text{-in}} \end{cases} \quad (9\text{-}6)$$

4）由内集-外集模型计算可能性（概率分布）的简便算法

可能性（概率分布）指的是随机事件 $X = \{x_i \mid i = 1, 2, \cdots, n, x_i \in \mathbf{R}\}$ 在子区间 I_j 的概率为 p_k 的可能性大小分布，记为 $\Pi_{I,P}$，其表达式为 $\Pi_{I,P} = \{\pi_{I_j}(p_k) \mid I_j \in I, p_k \in P\}$，其中，区间论域 $I = \{I_j \mid j = 1, 2, \cdots, m\}$，离散概率论域 $P = \{p_k \mid k = 0, 1, 2, \cdots, n\}$，模糊风险为 $\pi_{I_j}(p_k)$，指的是 x_i 在 I_j 的概率为 p_k 的可能性大小。

单纯根据 $\Pi_{I,P}$ 表达式进行可能性（概率分布）计算较为烦琐，已有研究[9]对 $\Pi_{I,P}$ 的简便算法进行了阐述，归纳如下。

（1）根据式（9-5）和式（9-6），能够计算得到各样本点飘入或游离各子区间的可能性大小 q_{ij}^-、q_{ij}^+，并将它们的集合分别记为 $Q_j^- = \{q_{ij}^-\}$（游离量集合）、$Q_j^+ = \{q_{ij}^+\}$（飘入量集合）。

（2）通过对 Q_j^- 中的元素进行升序排列，Q_j^+ 中的元素进行降序排列，得到新的元素集合，分别为 $\uparrow Q_j^- = \{q_{i0,j}^-, q_{i1,j}^-, \cdots, q_{in_j-1,j}^-\}$，$\downarrow Q_j^+ = \{q_{in_j+1,j}^+, q_{in_j+2,j}^+, \cdots, q_{in,j}^+\}$，且 $\forall s < t$，满足关系 $q_{is,j}^- \leqslant q_{it,j}^-$，$q_{is,j}^+ \geqslant q_{it,j}^+$。

（3）$\Pi_{I,P}$ 的计算公式如式（9-7）所示，其中，$p_k = k/n$，$k = 0, 1, 2, \cdots, n$。

$$\pi_{I_j}(p_k) = \begin{cases} q_{i0,j}^- (\uparrow Q_j^- \text{中的第一个元素}) & p_k = p_0 \\ q_{i1,j}^- (\uparrow Q_j^- \text{中的第二个元素}) & p_k = p_1 \\ \qquad\qquad \vdots \\ q_{in_j-1,j}^- (\uparrow Q_j^- \text{中的最末一个元素}) & p_k = p_{n_j-1} \\ 1 \\ q_{in_j+1,j}^- (\uparrow Q_j^+ \text{中第一个元素}) & p_k = p_{n_j+1} \\ q_{in_j+2,j}^- (\uparrow Q_j^+ \text{中第二个元素}) & p_k = p_{n_j+2} \\ \qquad\qquad \vdots \\ q_{in,j}^- (\downarrow Q_j^+ \text{中最末一个元素}) & p_k = p_n \end{cases} \quad (9\text{-}7)$$

2. 基于正态扩散的内集-外集模型

已有研究表明[10],基于一维线性分配函数的内集-外集模型的信息分配存在以下两点不足:①基于一维线性分配函数的内集-外集模型获取信息的主要媒介为各论域控制点,样本点仅能依靠邻近端点游离、飘入相邻区间,非控制点样本进行游离飘入的概率小于 0.5,导致整个可能性(概率分布)的数值仅出现在[0, 0.5]这一区间内;②由于线性分配函数的局限性,样本点的信息仅能在和该点所处区间相邻的两个区间内传递,造成信息被人为集中于特定区间段内。

为解决上述问题,本章引入一维正态信息扩散方法对线性分配函数进行改进,以期改善信息分配被人为限制于某一值域及某一区间的问题。

1) 信息扩散方法

信息扩散方法是通过将集中的小样本点转化成模糊集进行函数的逼近或是信息的获取的。在这一转化过程中,必然会因为数学建模的适用性及其他主观、客观因素,使得信息在转化过程中出现信息曲解或者丢失。为了利用这类不完备的知识和信息探索真实世界的相关规律,信息扩散方法应运而生,其定义如下[11]。

设 $X = \{x_1, x_2, \cdots, x_n\}$ 是一个给定的随机样本集, $U = \{u_1, u_2, \cdots, u_n\}$ 是 X 的一个论域, μ 是从 $X \times U$ 到[0, 1]的一个映射,即

$$\mu : X \times U \longrightarrow [0,1]$$
$$(x,u) \longrightarrow \mu(x,u) \qquad \forall (x,u) \in X \times U \tag{9-8}$$

且满足条件如下:

(1) 自反性, μ 在观测值处取最大,即 $\forall x \in X$, $\exists u' \in U$,若 $x = u'$,则 $\mu(x,u') = \max\limits_{u \in U} \mu(x,u) = 1$;

(2) 递减性, μ 单调递减,即 $\forall x \in X$, $\exists u', u'' \in U$,若 $\|u' - x\| \leqslant \|u'' - x\|$,则 $\mu(x,u') \geqslant \mu(x,u'')$;

(3) 信息守恒性, μ 总体守恒,即 $\forall x \in X$,对于 $\exists u \in U$,若 U 为离散型论域,则有 $\sum\limits_{j=1}^{m} \mu(x,u_j) = 1$;若 U 为连续型论域,则有 $\int_{u \in U} \mu(x,u)\mathrm{d}u = 1$ 。则称 μ 为 X 在 U 上的一个信息扩散,其中, X 为自变量; μ 为扩散函数; U 为监测空间。上一节中内集-外集模型中的信息分配是信息扩散在离散状态下的特殊扩散方式,只需要将模糊分类函数所传递的信息分配至各扩散点,信息分配就转化成了信息扩散。而其分配函数则为一维线性扩散函数。

2) 正态信息扩散及窗宽简化

Parzen[12]已经完成了对信息扩散数学表达及其原理的推导,本书不再赘述。

正态信息扩散与分子扩散较为相似，通过数学物理学可以进行其数学表达式的推导。且由于信息扩散过程是一个抽象过程，通过假定信息扩散在 t_0 时刻完成，记 $\sigma = \sigma(t_0)$ ，可得到正态扩散函数的表达式，如下：

$$\mu(x,u) = \frac{1}{\sigma\sqrt{2\pi}} e^{-\frac{(x-u)^2}{2\sigma^2}} \tag{9-9}$$

式中，x 为样本点；u 为控制点，即信息注入点；σ 为信息扩散系数（正态扩散窗宽）。

值得注意的是，式（9-9）的推导过程与正态分布不相关，仅根据分子扩散方程与信息扩散估计推导得出，但是由于其表现形式与概率论中的正态分布密度函数相同，因此被称为正态函数扩散。利用扩散函数的信息守恒性，假定允许在论域各点处信息丢失小于 α ，则可利用信息扩散的信息守恒性求出未知的信息扩散系数 σ[10]，即利用 $\int_{u \in U} \mu(x,u)\mathrm{d}u = 1-\alpha$ ，可推求得到 σ 的表达式，如下：

$$\sigma = \frac{b-a}{2U_{\alpha/2}} \tag{9-10}$$

式中，a、b 分别为 X 各样本点中的最大、最小值，即 $a = \max\{X\}$ ，$b = \min\{X\}$ ；U 为标准正态累积分布函数上 $\alpha/2$ 处的分位点，α 的取值可根据研究精度需要选取不同的值。

在采用内集-外集模型划分子论域进行分类研究时，采用上述窗宽方法较为烦琐。本章引入经验窗宽计算方法[13]，在尽可能保证信息量完备的基础上简化计算，改进后的内集-外集模型分配函数的转换公式如下：

$$\sigma = \begin{cases} 0.8146(b-a) & n=5 \\ 0.5690(b-a) & n=6 \\ 0.4560(b-a) & n=7 \\ 0.3860(b-a) & n=8 \\ 0.3362(b-a) & n=9 \\ 0.2986(b-a) & n=10 \\ 2.6851(b-a)/(n-1) & n \geqslant 11 \end{cases} \tag{9-11}$$

$$q_{ij} = \frac{1}{\sigma\sqrt{2\pi}} \exp\left[-\frac{(x_i-u_j)^2}{2\sigma}\right] \tag{9-12}$$

式中，x_i 为样本点；u_j 为控制点；a、b 分别为样本 X 各样本点中的最大、最小值，即 $a = \max_{1 \leqslant i \leqslant n}\{x_i\}$ ，$b = \min_{1 \leqslant i \leqslant n}\{x_i\}$ ；n 为样本数量。

3. 基于信息熵扩散的内集-外集模型

如式（9-11）所示，不同的样本数将决定不同的窗宽，从而确定不同的可能性（概率分布）。在需要进行多次模糊风险计算或者需要进行数据的补充添加情况下，计算过程的复杂性及运算时间都将大大增加。为了规范表达式并加快运算速度，本章引入信息熵理论对正态扩散函数的窗宽选取进行优化。根据已有研究[14]，信息熵的定义如下。

设随机变量 $X=\{x_i\,|\,i=1,2,\cdots,n,x_i\in\mathbf{R}\}$ 对应的发生概率分别为 $P=\{p_i\,|\,i=1,2,\cdots,n,p_i\in[0,1]\}$ 且满足 $\sum_{i=1}^{n}p_i=1$，当测度 $H(x_1,x_2,\cdots,x_n)$ 满足如下条件时，则称 $H(x_1,x_2,\cdots,x_n)$ 为 $X=\{x_i|i=1,2,\cdots,n,x_i\in\mathbf{R}\}$ 的信息熵，其表达式为 $H=-\sum_{i=1}^{n}p_i\ln p_i$。

（1）连续性，$H(x_1,x_2,\cdots,x_n)$ 在 $X=\{x_i\,|\,i=-1,2,\cdots,n,x_i\in\mathbf{R}\}$ 各点上连续；

（2）递增性，若 $p_i=\dfrac{1}{n}$，则 $H(x_1,x_2,\cdots,x_n)$ 为 $X=\{x_i\,|\,i=1,2,\cdots,n,x_i\in\mathbf{R}\}$ 的单调递增函数；

（3）守恒性，若计算分为相继两个步骤，则 $H(x_1,x_2,\cdots,x_n)$ 为各项加权和。

正态信息扩散函数是一维正态分布密度函数，且满足上述定义的三条特性，通过引入拉格朗日算子求解信息熵最大值的方式[15]，求出基于信息熵扩散的公式，表达式如式（9-13）和式（9-14）所示：

$$f(x_i,u_j)=\frac{1}{h\sqrt{2\pi}}\exp\left[-\frac{(x_i-u_j)^2}{2h^2}\right] \tag{9-13}$$

式中，h 为窗宽；x_i 为样本点；u_j 为各子区间控制点。

$$h=\sigma\Delta_n=\begin{cases} S(\sigma)(b-a) & n\leqslant 11 \\ \dfrac{\mathrm{e}^H(b-a)}{\sqrt{2\pi\mathrm{e}}(n-1)} & n>11 \end{cases} \tag{9-14}$$

式中，n 为样本数量；Δ_n 为平均窗宽，根据已有研究[16]，当 $n\leqslant 11$ 时，$\Delta_n=b-a$，当 $n>11$ 时，$\Delta_n=\dfrac{b-a}{n-1}$；$S(\sigma)$ 为样本标准差，计算公式为 $S(\sigma)=\sqrt{\dfrac{n}{n-1}\left(x_i-\dfrac{1}{n}\sum_{i=1}^{n}x_i\right)^2}$；$a$、$b$ 分别为样本 X 各样本点中的最大、最小值，即 $a=\max\limits_{1\leqslant i\leqslant n}\{x_i\}$，$b=\min\limits_{1\leqslant i\leqslant n}\{x_i\}$；$H$ 为信息熵的最大值，$H=-\sum_{i=1}^{n}p_i\ln p_i=\ln(n)$。

4. 方法对比

上文介绍了内集-外集模型分别将线性扩散函数、基于经验窗宽的正态扩散函数及基于信息熵窗宽的正态扩散函数作为分配函数求解模糊风险的三个模型，并介绍了它们的计算方法。想要验证改进后模型的可靠性及所得结果的精确性，计算对比各模型所得的模糊期望值与真实分布期望值的绝对误差是直接、有效的方法。误差越小，则代表所得可能性（概率分布）与真实分布越接近。误差 ρ 的计算方法如下[4]：

$$E = \sum_{j=1}^{m} u_j r(u_j) \qquad (9\text{-}15)$$

$$r(u_j) = \frac{c(u_j)}{\sum_{j=1}^{m} c(u_j)} \qquad (9\text{-}16)$$

$$c(u_j) = \frac{\sum_{k=0}^{n} p_k \pi_{I_j}(p_k)}{\sum_{k=0}^{n} \pi_{I_j}(p_k)} \qquad (9\text{-}17)$$

$$\sigma = \left| E - \frac{1}{n} \sum_{i=1}^{n} x_i \right| \qquad (9\text{-}18)$$

式中，E 为计算所得期望；u_j 为各子区间控制点；$r(u_j)$ 为权重；$c(u_j)$ 为事件发生在控制点 u_j 所在论域 I_j 的概率；p_k 为事件发生的概率；$\pi_{I_j}(p_k)$ 为事件发生在论域 I_j 内的概率为 p_k 的可能性；σ 为本研究模型计算所得期望与真实分布期望的误差；x_i 为样本点。

9.1.2 可能性（概率分布）的模糊期望值

可能性（概率分布） $\Pi_{I,P} = \{\pi_{I_j}(p_k) \mid I_j \in I, p_k \in P\}$ （其中，$k = 0,1,2,\cdots,n$；$j = 1,2,\cdots,m$）表达的模糊风险是随机事件 X 在子区间 I_j 上概率为 p_k 的可能性大小分布，共有 $n \times m$ 个 π_{I_j} 的值，能够全面客观地为决策者提供风险事件额外信息。但是，当样本数增多导致 m 增大或想要更细致地研究不同 p_k 下的 $\Pi_{I,P}$ 时，数量过多的值不便于决策者迅速得到信息、掌握风险情况。为简洁明了地表示 $\Pi_{I,P}$ 所包含的模糊风险，本章引入 α 截集理论，通过将属于模糊集的可能性（概率分布）进行清晰化，即将模糊风险转化为多值风险的处理原则，利用计算模糊期望值的方法，进行进一步的模糊风险评价工作，其具体计算过程如下。

1）选定 α 阈值

设随机风险事件 $X = \{x_i \mid i = 1, 2, \cdots, n, x_i \in \Omega\}$，与之相对应的概率论域为 $P = \{p_k \mid k = 0, 1, 2, \cdots, n, p_k \in [0,1]\}$，则 $p(x) \triangleq \{\mu_x(p) \mid x \in \Omega, p \in P\}$ 为模糊概率分布。若 $\forall \alpha \in [0,1]$，令 $\mu_x(p) \geqslant \alpha$，则得到在 α 水平下事件 x 发生的概率集 $P^* = \{p \mid p \in P, \mu_x(p) \geqslant \alpha\}$，令其中的最大值为 $\overline{p_\alpha}(x)$，最小值为 $\underline{p_\alpha}(x)$，分别记为 α 水平下事件 x 发生的最大概率和最小概率，则其表达式如下：

$$\begin{cases} \underline{p_\alpha}(x) = \min\{p \mid p \in P, \mu_x(p) \geqslant \alpha\} \\ \overline{p_\alpha}(x) = \max\{p \mid p \in P, \mu_x(p) \geqslant \alpha\} \end{cases} \tag{9-19}$$

式中，$\mu_x(p)$ 为隶属度函数，本章选用三角函数[4]。为了便于理解，以图 9-1 为例，该 α 水平下，$\underline{p_\alpha}(x) = p_2$，$\overline{p_\alpha}(x) = p_3$。

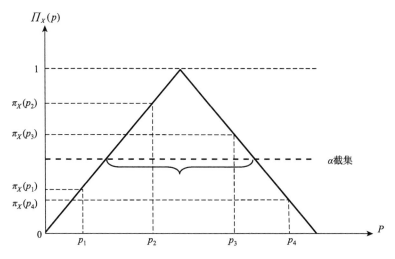

图 9-1　可能性（概率分布）的 α 截集示意图

2）模糊集与清晰集转化

根据前文所述，在给定 x 和 α 后，可以利用有限的闭合区间，将模糊风险集转化成多值清晰风险集，令转化后所得清晰集为 $p_\alpha(x)$，则其表达式为

$$p_\alpha(x) \triangleq [\underline{p_\alpha}(x), \overline{p_\alpha}(x)] \tag{9-20}$$

式中，α 取值取决于认知水平、技术条件、实际情况等多种因素，本章不就 α 的取值进行深入研究。但是由图 9-1 可知，给定 x 后，α 水平越高，$p_\alpha(x)$ 中所含概率元素越少，不确定性和可靠性越低，但所含各概率元素发生的可能性越高，越接近真实概率，越具有实用价值。

3）归一化处理

上述步骤已经将模糊集成功地转化成了清晰集，但是为了获得最终的模糊期望值，还需要将已取得的清晰集进行归一化，以完成加权模糊期望值的计算。针对离散型变量及连续型变量，归一化方程如下：

$$\underline{p'_\alpha}(x) = \frac{\underline{p_\alpha}(x),}{\sum_\Omega \underline{p_\alpha}(x)\mathrm{d}x} \quad \underline{p'_\alpha}(x) = \frac{\underline{p_\alpha}(x),}{\int_\Omega \underline{p_\alpha}(x)\mathrm{d}x} \quad 或$$
$$\overline{p'_\alpha}(x) = \frac{\overline{p_\alpha}(x)}{\sum_\Omega \overline{p_\alpha}(x)\mathrm{d}x} \quad \overline{p'_\alpha}(x) = \frac{\overline{p_\alpha}(x),}{\int_\Omega \overline{p_\alpha}(x)\mathrm{d}x} \tag{9-21}$$

4）加权模糊期望区间

$$\underline{E_\alpha}(x) = \sum_\Omega x\underline{p'_\alpha}(x)\mathrm{d}x \quad 或 \quad \underline{E_\alpha}(x) = \int_\Omega x\underline{p'_\alpha}(x)\mathrm{d}x$$
$$\overline{E_\alpha}(x) = \sum_\Omega x\overline{p'_\alpha}(x)\mathrm{d}x \quad \overline{E_\alpha}(x) = \int_\Omega x\overline{p'_\alpha}(x)\mathrm{d}x \tag{9-22}$$

$$E_\alpha(x) = [\min\{\underline{E_\alpha}(x), \overline{E_\alpha}(x)\}, \max\{\underline{E_\alpha}(x), \overline{E_\alpha}(x)\}] \tag{9-23}$$

式中，$E_\alpha(x)$为风险事件x在α水平下的期望区间，在$E_\alpha(x)$区间范围内，关于可能性（概率分布）的模糊期望值的数量，理论上可以有多个，若$\alpha \in [0,1]$取多个值，则可全面得到关于$E_\alpha(x)$的全面层次结构，形成一系列风险值，表达出了可能性（概率分布）的模糊特性。但大范围、多层次的模糊期望风险值系列与前文简化结果表达的初衷相悖，为了便于讨论，本章仅以$\underline{E_\alpha}(x)$、$\overline{E_\alpha}(x)$两个值分析模糊风险情况：$\underline{E_\alpha}(x)$代表低概率条件下所获得的模糊期望值，对富有冒险精神的决策者而言，更具吸引力，故以R_V（venture risk）表示，即冒险风险值；而$\overline{E_\alpha}(x)$代表高概率条件下所获得的模糊期望值，想法趋于保守，不愿意承担过多风险的决策会更依赖于这一期望值，故以R_C（conservative risk）表示，即保守风险值。与此同时，由于本章选用的是三角模糊数，当$\alpha = 1$时，必会有$R_C = R_V$这一特殊情况存在，此时$\underline{p_\alpha}(x) = \overline{p_\alpha}(x)$，子事件发生的概率唯一且可能性最大，$E_\alpha(x)$也变为一个值而非区间，这一特殊情况的期望以最大可能风险值（R_{MP}）表示。

9.1.3　实例应用

上述理论应用于民勤县地表水量的模糊风险计算中。民勤县地表水量由上游六河汇水及景田二期等调水工程构成，人为因素影响较大，且由于汇入民勤盆地的地表水均需经过蔡旗断面后汇入红崖山水库，再由水库进行统筹分配调用，因此，进行蔡旗断面地表来水水资源短缺模糊风险的计算可以对整个民勤地区的地表水短缺状况进行评估。本章选取的蔡旗断面 2006~2016 年共 11 年年径流量如表 9-1 所示，由蔡旗水文站观测记录得到。

表 9-1　2006~2016 年蔡旗水文站年径流量　（单位：亿 m³）

年份	样本点	水量	年份	样本点	水量
2006	x_1	1.790	2012	x_7	3.480
2007	x_2	2.188	2013	x_8	2.266
2008	x_3	1.499	2014	x_9	3.188
2009	x_4	1.706	2015	x_{10}	3.016
2010	x_5	2.617	2016	x_{11}	3.374
2011	x_6	2.796			

1. 求解可能性（概率分布）

由表 9-1 中所得到的数据，结合式（9-1）~式（9-3）计算，可得到确定研究区域和离散论域所需的数据，计算所得数据如表 9-2 和表 9-3 所示。

表 9-2　本章内集–外集模型计算得出的样本数、研究区域、区间数及控制点步长

样本数（n）	研究区域（I）	区间数（m）	控制点步长（$\varDelta$）
/个	/亿 m³	/个	/亿 m³
11	[1.2514, 3.7276]	5	0.4953

表 9-3　本章内集–外集模型计算得出的区间划分及控制点　（单位：亿 m³）

I_j	区间划分	u_i	控制点
I_1	[1.2513, 1.7466]	u_1	1.4990
I_2	[1.7466, 2.2419]	u_2	1.9942
I_3	[2.2419, 2.7371]	u_3	2.4895
I_4	[2.7371, 3.2325]	u_4	2.9848
I_5	[3.2325, 3.7276]	u_5	3.4800

确定研究区域及离散论域后，需要对各样本点所分配到的信息进行计算，利用式（9-4）、式（9-11）~式（9-14）分别计算基于线性分配函数、基于经验窗宽的正态分配函数及基于信息熵窗宽的正态分配函数下的内集-外集模型得到各样本点 x_i 在各子区间 I_j 所分配到的信息值 q_{ij}，本章以线性分配函数为例，计算所得结果见表 9-4。

表 9-4　线性分配函数下各样本点的分配信息值 q_{ij}

I_j	x_1	x_2	x_3	x_4	x_5	x_6	x_7	x_8	x_9	x_{10}	x_{11}
I_1	0.41	0	1.00	0.58	0	0	0	0	0	0	0
I_2	0.59	0.61	0.00	0.42	0	0	0	0.45	0	0	0
I_3	0	0.39	0	0	0.74	0.38	0	0.55	0	0	0
I_4	0	0	0	0	0.26	0.62	0.00	0	0.59	0.94	0.21
I_5	0	0	0	0	0	0	1.00	0	0.41	0.06	0.79

得到各点分配的信息值后，根据式（9-5）和式（9-6）分别计算各样本点 x_i 游离或飘入子区间 I_j 的可能性大小 q_{ij}^+、q_{ij}^-。最后根据式（9-8），计算各模型可能性（概率分布）所表达的模糊风险 $\pi_{I_j}(p_k)$，计算结果如表 9-5～表 9-7 所示（$i=1,2,\cdots,11$; $j=1,2,\cdots,5$; $k=0,1,2,\cdots,11$）。

表 9-5　线性分配函数下由可能性（概率分布）表达的模糊风险 $\pi_{I_j}(p_k)$

P	$p_k = k/n$	I_1	I_2	I_3	I_4	I_5
P_0	0.00	0.00	0.39	0.26	0.06	0.00
P_1	0.09	0.42	0.41	0.45	0.38	0.21
P_2	0.18	1.00	1.00	1.00	0.41	1.00
P_3	0.27	0.41	0.45	0.39	1.00	0.41
P_4	0.36	0	0.42	0.38	0.26	0.06
P_5	0.45	0	0.00	0	0.21	0
P_6	0.55	0	0	0	0	0
P_7	0.64	0	0	0	0	0
P_8	0.73	0	0	0	0	0
P_9	0.82	0	0	0	0	0
P_{10}	0.91	0	0	0	0	0
P_{11}	1.00	0	0	0	0	0

表 9-6　经验窗宽正态分配函数下由可能性（概率分布）表达的模糊风险 $\pi_{I_j}(p_k)$

P	$p_k = k/n$	I_1	I_2	I_3	I_4	I_5
P_0	0.00	0.25	0.30	0.27	0.25	0.25
P_1	0.09	0.30	0.30	0.31	0.30	0.26
P_2	0.18	1.00	1.00	1.00	0.30	1.00
P_3	0.27	0.65	0.66	0.64	1.00	0.65
P_4	0.36	0.32	0.65	0.64	0.59	0.51
P_5	0.45	0.27	0.49	0.46	0.57	0.33
P_6	0.55	0.08	0.38	0.32	0.49	0.20
P_7	0.64	0.04	0.24	0.32	0.30	0.06

续表

P	$p_k = k/n$	I_1	I_2	I_3	I_4	I_5
P_8	0.73	0.01	0.01	0.25	0.24	0.04
P_9	0.82	0.00	0.00	0.19	0.06	0.00
P_{10}	0.91	0.00	0.00	0.13	0.04	0.00
P_{11}	1.00	0.00	0.00	0.13	0.02	0.00

表 9-7 信息熵窗宽正态分配函数下由可能性（概率分布）表达的模糊风险 $\pi_{I_j}(p_k)$

P	$p_k = k/n$	I_1	I_2	I_3	I_4	I_5
P_0	0.00	0.69	0.69	0.69	0.69	0.69
P_1	0.09	0.69	0.69	0.69	0.69	0.69
P_2	0.18	1.00	1.00	1.00	0.69	1.00
P_3	0.27	0.30	0.31	0.30	1.00	0.30
P_4	0.36	0.27	0.31	0.30	0.30	0.29
P_5	0.45	0.26	0.29	0.29	0.30	0.27
P_6	0.55	0.21	0.28	0.27	0.29	0.25
P_7	0.64	0.19	0.26	0.27	0.27	0.20
P_8	0.73	0.15	0.23	0.26	0.26	0.19
P_9	0.82	0.13	0.20	0.25	0.20	0.13
P_{10}	0.91	0.11	0.17	0.23	0.19	0.12
P_{11}	1.00	0.09	0.16	0.23	0.16	0.09

至此，计算得到基于不同分配函数的民勤县地表水资源量的可能性（概率分布）及其模糊风险。在此基础上，为了选择最优的内集-外集模型进行下一步讨论，需要对所得到的基于不同分配函数的内集-外集模型可能性（概率分布）结果进行精度评价。

2. 三类方法对比

由表 9-1 中所得数据计算，得到民勤县地表水资源量原有期望 $E_0 = 2.5382$。利用式（9-15）～式（9-18），计算各模型所得分布的模糊期望值，结果如表 9-8 所示。分别以 IOSM、N-IOSM、S-IOSM 代表基于线性分配函数、基于经验窗宽正态分配函数及基于信息熵窗宽正态分配函数下的内集-外集模型，则可得 $\rho_{\text{N-IOSM}} < \rho_{\text{S-IOSM}} < \rho_{\text{IOSM}}$，即 N-IOSM 的精度最高，但计算较为烦琐，且运算时间长，S-IOSM 在 N-IOSM 的基础上计算更为简便，耗时短，但精度稍低，传统的 IOSM 模型则精度较差。在数据量不大，同时追求精度的情况下，本章选择 IOSM 模型作为对照组，并以 N-IOSM 模型作为最终模型进行模糊期望值的讨论计算。

表 9-8　各类内集-外集模型权重、模糊期望及绝对误差计算

内集-外集模型		线性分配函数	正态分配函数	
			经验窗宽	信息熵窗宽
权重	I_1	0.1503	0.1146	0.1601
	I_2	0.2267	0.1973	0.2066
	I_3	0.2118	0.2894	0.2316
	I_4	0.2592	0.2534	0.2314
	I_5	0.1521	0.1453	0.1703
模糊期望(E)/亿 m³		2.5073	2.5476	2.5118
绝对误差(ρ)/亿 m³		0.0309	0.0094	0.0263

3. 由可能性（概率分布）计算模糊期望值

为进一步探讨上文获得的可能性（概率分布）所表达的模糊风险，根据表 9-4 及表 9-6 的数据，并借助 α 截集理论进行民勤地表水量模糊风险期望值的计算，对传统 IOSM 模型和 N-IOSM 模型在各可能性水平的保守风险值 R_C 和冒险风险值 R_V 进行分析，由式（9-21）～式（9-23）计算所得的计算结果如表 9-9 和表 9-10 所示。

表 9-9　基于 IOSM 模型的民勤县地表水资源风险模糊期望值　（单位：亿 m³）

	$\alpha = 0.1$	$\alpha = 0.2$	$\alpha = 0.3$	$\alpha = 0.4$	$\alpha = 0.5$	$\alpha = 1.0$
R_C	2.6546	2.6546	2.7867	2.7018	2.5345	2.5345
R_V	2.5156	2.5156	2.4604	2.4565	2.5345	2.5345

表 9-10　基于 N-IOSM 模型的民勤县地表水资源风险模糊期望值（单位：亿 m³）

	$\alpha = 0.3$	$\alpha = 0.4$	$\alpha = 0.5$	$\alpha = 0.6$	$\alpha = 0.7$	$\alpha = 1.0$
R_C	2.7017	2.5345	2.5345	2.5345	2.5345	2.5345
R_V	2.5407	2.5541	2.5638	2.4604	2.5345	2.5345

9.1.4　结果分析

表 9-9 及表 9-10 分别是基于传统 IOSM 模型及 N-IOSM 模型计算的民勤地区地表水资源在不同 α 水平下的保守风险值 R_C 与冒险风险值 R_V。以表 9-9 为例，传统 IOSM 模型有 $\alpha = 0.1$、$\alpha = 0.2$、$\alpha = 0.3$、$\alpha = 0.4$、$\alpha = 0.5$、$\alpha = 1.0$ 这五个置信度水平，每一 α 水平下的地表水量均对应两个风险值：以 $\alpha = 0.1$ 为例，此时的保守风险值 $R_C = 2.6546$ 亿 m³，冒险风险值 $R_V = 2.5156$ 亿 m³。而随着可能性水平的变化，R_C 与 R_V 也会相应改变，所传达的风险信息也不同。对于计算得到的

每一 α 水平下存在的两个风险值，一般来说，R_C 发生的概率较 R_V 发生的概率更大，而 R_V 发生后产生的破坏性则较 R_C 更大，在水资源短缺问题上，即 $R_C > R_V$ 且 $P(R_C) > P(R_V)$（P 表示发生概率）。由于民勤地区的降水量小，这一特性反映到民勤地区的缺水风险上，则可通过蔡旗断面的地表水资源量体现：石羊河流域汇入蔡旗断面的地表径流越小，则水资源短缺造成的破坏越大，但其出现的概率越小；反之，蔡旗断面地表径流越大，则水资源短缺造成的破坏越小，相应的风险也就越小。而当 $\alpha = 0.5$ 时，其所对应的保守风险值 R_C 与冒险风险值 R_V 趋于平稳并接近于 $\alpha = 1.0$ 的风险值，即最大可能性风险值 $R_{MP} = R_C = R_V = 2.3094$ 亿 m^3。而 R_{MP} 则是在置信度水平最高情况下发生概率最大的风险值，因此 R_{MP} 作为衡量依据可靠程度更高，可以通过 R_{MP} 衡量区域所处缺水状况，为民勤地区的决策者进行区域地表水资源统筹分配提供科学合理的参考依据。

　　根据上述民勤县水短缺风险特性及表 9-3，划分为五个水短缺风险等级，I_1、I_2、I_3、I_4、I_5，分别对应为高风险区（HR）、较高风险区（RHR）、一般风险区（NR）、较低风险区（RLR）、低风险区（LR）。根据民勤县 2003～2013 年蔡旗断面年径流，利用传统 IOSM 模型计算得出 2003～2013 年民勤地区水短缺风险处于"较高风险区"，如图 9-2 所示。本节根据表 9-9 及表 9-10 中的计算结果，得

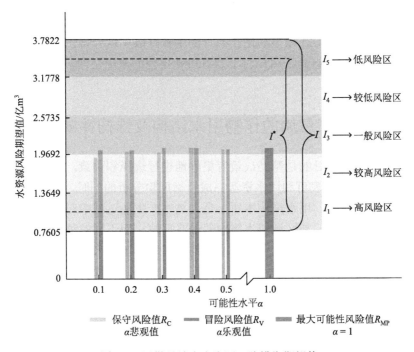

图 9-2　民勤县地表水资源风险模糊期望值

到两个模型所得不同 α 水平下风险值均位于 2.5345 亿 m^3 左右，隶属 I_3 范围内，属于"一般风险区"，可见近年来石羊河流域通过治理环境、改善生态、明晰水权分配等人工调节、改善水资源短缺的举措起到了一定作用，但民勤地区发生水资源短缺的可能性仍然较高，且水资源短缺对于立足于农业生产的民勤地区危害极大，仍应采取应对水资源短缺的举措，改善生态环境，节约利用水资源。

此外，根据上文所述，在水资源短缺问题上，即 $R_C > R_V$ 且 $P(R_C) > P(R_V)$，但是根据表 9-10 所得，当 $\alpha = 0.4$、$\alpha = 0.5$ 时，$R_C < R_V$ 且 $P(R_C) > P(R_V)$，对此可以这样理解：由于 N-IOSM 模型利用了正态分配函数，信息更为分散，分配所得信息值域扩大至[0, 1]，信息的分散使得 N-IOSM 模型不同 α 水平下的风险值出现了发生概率小的造成的危害小，发生概率大的造成的危害大的结果，这也符合不确定性理论和民勤地区缺水现状。即使 R_C、R_V 的大小关系不绝对，但是其发生的概率必定是 $P(R_C) > P(R_V)$。因此，对于 R_C、R_V 的选择，取决于决策者的偏好，偏好以小博大的投资者，会更倾向于冒险风险值，但是其承担的风险也将提高；而偏好稳扎稳打的决策者，如修建水库、全流域配水时，会杜绝一切可能存在的不确定性，选择发生概率更大的保守风险值，但也放弃了"有可能"存在的高收益。与此同时，IOSM 模型受限于一维线性分配函数，导致信息分配局限于某一区域和[0, 0.5]这一值域，使得 $\alpha \geqslant 0.5$ 以后，相对应的 $R_C = R_V = R_{MP}$，而用户信任程度决定 α 的取值，即用户信任程度越高，α 的取值越大，从而说明模型取信于用户的能力变高。而 N-IOSM 模型利用正态分配函数打破了这一特性，当 $\alpha = 0.7$ 时，R_C、R_V 值趋于平稳，提高了用户对于 N-IOSM 模型的取信空间，为决策者提供更多样的信用选择。

9.2　基于信息熵的作物用水结构及结构性缺水分析

风险分析的最终目的是帮助决策者更好地进行选择和决策，本节利用蒙特卡罗（MC）方法模拟地表可利用水资源完成目标风险分析的同时，也得到了多组种植结构优化配置方案。用水结构本质上是人类生产生活过程中对可利用水资源量合理分配的直接结果，是区域用水需求的最终反映，而不同的种植结构优化方案会产生不同的用水结构，可以利用用水结构的相对均衡性来侧面反映种植结构的合理与否。但是，由于 MC 模拟的应用，理论上种植结构优化方案可以存在无穷多组，在典型作物较多的情况下，结果较为复杂，不利于后续的决策分析。若将灌区典型作物用水看作一个整体系统，相应作物的用水量看作系统内的随机变量，通过引入信息熵理论构建灌区用水结构信息熵值，就可以方便地将灌区用水结构信息以熵值的形式展现出来。由于风险一般需要考虑风险形成的概率及风险发生的损失两个方面，本节通过引入基于结构性缺水指数，来衡量灌区种植结构优化配置方案的结构性缺水风险。本节对民勤县的水资源进行基于信息熵的作物用水结构及结构性缺水分析。

9.2.1　用水结构信息熵

"熵"是热力学用于表征物理体系混乱程度的度量,Shannon 在此基础上改进后引入信息论领域,用于描述任何一种体系或物质运动的混乱程度和无序度[17]。将信息熵引入灌区用水结构后,由于其所具有的连续性、递增性、守恒性特点,可通过熵值的大小来反映用水结构的均衡性。

设灌区各作物用水量为随机变量 $X = \{x_i \mid i = 1, 2, \cdots, n, x_i \in \mathbf{R}\}$,其中,$n$ 为作物种类,各作物用水量与灌区总用水量的比值(用水结构)表示随机变量对应的概率,用 $P = \{p_i \mid i = 1, 2, \cdots, n, p_i \in [0, 1]\}$ 表示,即有 $p_i = \dfrac{x_i}{\sum\limits_{i=1}^{n} x_i}$。则灌区作物用水结构信息熵表达式如下:

$$s = -\sum_{i=1}^{n} p_i \ln p_i \qquad (9\text{-}24)$$

灌区作物用水结构信息熵的变化可以反映各类作物的用水分配情况,进而在一定程度上以简单直观的形式展现配水方案的合理性,即熵值越大,表明各作物用水比例越均匀;熵值越小,表明各作物间的用水分配方案越不平衡。

当各作物所得分配水量相同,即 $P_1 = P_2 = P_3 = P_4 = 25\%$ 时,$S_{\max} = \ln(n) = \ln(4) = 1.386$,此时灌区用水结构信息熵达到最大;当单一作物用水量占 100% 时,用水结构信息熵达到最小,即 $S_{\min} = 0$。模拟试验,可以更直观地表现用水结构信息熵的变化特点:将用水比例按照 0~1 均匀分配为 100 份,假设第一种作物用水比例从 0 到 100% 均匀递增,其他作物在剩余水资源中所占用水分配比例如表 9-11 所示,最终计算结果如图 9-3 所示。从图 9-3 可以看出,随着第一种作物用水占比从 0 开始不断升高,用水结构信息熵也随之逐渐增加,直至第一种作物用水占比为 25%(各部门用水比例为 1:1:1:1 的必要条件)时,用水结构信息熵均达到了各自序列的最大值,之后随着第一种作物用水占比的升高而不断下降,且下降速率不断增加。同时,在各实验中,不同实验对剩余水资源分配均匀程度不同:实验一最为均匀,实验二次之,实验三最为不均衡,由此导致三个实验所得用水结构信息熵序列的整体大小不同,即在第一种作物用水占比相同时,剩余水资源分配越是平均的实验所得用水结构信息熵比相对不平均的实验所得用水结构信息熵越大。以上两点特性使得用水结构信息熵可以很好地衡量区域内不同作物的水量分配均匀程度,为选择不同的种植结构方案提供合理的参考依据。此外,在应用过程中，还可以根据作物的特性进行组合，例如，可将作物分为经济作物和粮食作物两类，进而进行更多层面的灌区用水结构博弈研究等。

表 9-11 模拟试验中各作物在剩余水资源中所占用水分配比例

序号	总用水比例	各用水部门占比/%		
		第二种作物	第三种作物	第四种作物
实验一	1∶1∶1	33.33	33.33	33.33
实验二	2∶1∶1	50.00	25.00	25.00
实验三	3∶1∶1	60.00	20.00	20.00

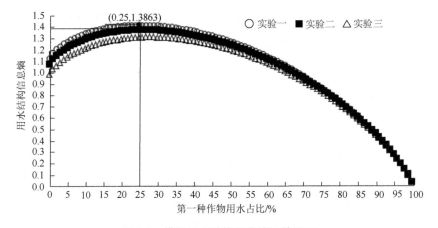

图 9-3 模拟用水结构信息熵计算结果

以民勤县为例，模型构建及求解如下。

1）构建结构优化模型

种植结构优化配置过程中，存在着不同层次的利益主体[18]：一般情况下，最大的经济收入或产量是农民所希望的，而区域的管理者则更希望在获得最大收益或产量的基础上尽可能地节省水资源。因此，选择区域总净效益、区域总产量及区域总用水量作为民勤县种植结构区间多目标优化配置模型的目标函数，其表达式如下。

经济效益目标。以该地区所有典型作物净效益总值作为目标：

$$\max f_1^{\pm} = \sum_{i=1}^{N} \sum_{j=1}^{M} \mathrm{pc}_i^{\pm} a_{ij}^{\pm} \tag{9-25}$$

产量效益目标。以该地区所有典型作物总产量作为目标：

$$\max f_2^{\pm} = \sum_{i=1}^{N} \sum_{j=1}^{M} \mathrm{pd}_i^{\pm} a_{ij}^{\pm} \tag{9-26}$$

资源效益目标。以该地区所有典型作物总用水量作为目标：

$$\min f_3^{\pm} = \sum_{i=1}^{N} \sum_{j=1}^{M} m_{ij}^{\pm} a_{ij}^{\pm} \tag{9-27}$$

约束条件如下。

水量约束：

$$\sum_{i=1}^{N} \sum_{j}^{M} m_{ij}^{\pm} a_{ij}^{\pm} \leqslant (Q_{tr} + \mathrm{GW}^{\pm})\eta \tag{9-28}$$

面积约束：

$$a_{ij\min}^{\pm} \leqslant a_{ij}^{\pm} \leqslant a_{ij\max}^{\pm} \tag{9-29}$$

粮经比约束：

$$a^{\pm} \leqslant \frac{\sum\limits_{i=1}^{2} \sum\limits_{j=1}^{M} a_{ij}^{\pm}}{\sum\limits_{i=3}^{4} \sum\limits_{j=1}^{M} a_{ij}^{\pm}} \leqslant b^{\pm} \tag{9-30}$$

非负约束：

$$a_{ij\min}^{\pm} \geqslant 0 \tag{9-31}$$

式中，i 为典型作物种类；j 为不同区域；$a_{ij}^{\pm}$ 为决策变量，表示第 j 区域内第 i 类作物的种植面积（hm^2）；$\mathrm{pc}_i^{\pm}$ 为第 i 类作物的单位净效益（元/hm^2）；$\mathrm{pd}_i^{\pm}$ 为第 i 类作物的单位产量（kg/hm^2）；$m_{ij}^{\pm}$ 为第 j 区域内第 i 类作物的毛灌水定额（$\mathrm{m}^3/\mathrm{hm}^2$）；$Q_{tr}$ 为 r 风险等级下 MC 随机模拟的地表径流量（m^3），$t = 1, 2, \cdots, T$，本章取 $T = 1000$；$\mathrm{GW}^{\pm}$ 为该区域可利用地下水资源量（m^3）；η 为水资源利用系数；$a_{ij\min}^{\pm}$ 和 $a_{ij\max}^{\pm}$ 分别为第 j 区域内第 i 类作物可调整种植面积的下限和上限（hm^2）；$a^{\pm}$、$b^{\pm}$ 分别为该地区的粮经比区间，根据民勤县历年四种典型作物的面积比例，本章分别取 $a^{\pm} = [0.69, 0.71]$，$b^{\pm} = [1.00, 1.02]$。

2）求解模型

模型采用如下方法求解。

（1）利用熵值法计算权重：搜集资料构建关于民勤县地区历年经济效益目标 $f_1^{\pm}$、社会效益目标 $f_2^{\pm}$、水资源效益目标 $f_3^{\pm}$ 的评价矩阵，利用熵值法计算三个目标的权重分别为 ω_1、ω_2、ω_3。

（2）利用权重转化目标函数：根据步骤（1）计算所得权重，与归一化的各相应目标函数相乘。由于各目标函数均为作物种植面积 $a_{ij}^{\pm}$ 的一次函数，步骤（2）即将原有基于 MC 随机模拟的区间线性多目标优化模型转化了简单的区间线性数学规划（interval linear mathematical programming，ILMP）模型，转化后的目标函数形式如式（9-32）所示。

$$F^{\pm} = \omega(f_1^{\pm}, f_2^{\pm}, f_3^{\pm})$$

$$= \omega_1 \frac{f_1^{\pm} - f_{1\min}}{f_{1\max} - f_{1\min}} + \omega_2 \frac{f_2^{\pm} - f_{2\min}}{f_{2\max} - f_{2\min}} + \omega_3 \frac{f_{3\max} - f_3^{\pm}}{f_{3\max} - f_{3\min}} \quad (9\text{-}32)$$

$$= \sum_{i=1}^{N} \sum_{j=1}^{M} \xi_{ij}^{\pm} a_{ij}^{\pm} + C_0$$

式中，$\omega(f_1^{\pm}, f_2^{\pm}, f_3^{\pm})$ 为各目标函数依据熵值赋权法进行转化的过程；ω_1、ω_2、ω_3 分别为根据熵值赋权法计算所得的各目标函数的权重值；$f_{1\min}$、$f_{1\max}$、$f_{2\min}$、$f_{2\max}$、$f_{3\min}$、$f_{3\max}$ 分别为各目标函数的最小值、最大值；$\xi_{ij}^{\pm}$ 为式（9-32）中决策变量系数；C_0 为实数。

（3）基于 MC 随机模拟的 ILMP 模型求解：经过步骤（2）的整理后，可以将 ILMP 模型分解为两个子模型求解，得到 $T \times R$ 组目标函数值（$f_{1tr}^{\pm}, f_{2tr}^{\pm}, f_{3tr}^{\pm}$）及其相关种植面积优化配置方案。

根据式（9-24），计算不同风险区间下基于 ILMP 模型所得的作物种植结构优化方案的用水结构信息熵的上下限平均值，所得结果如图 9-4 所示。

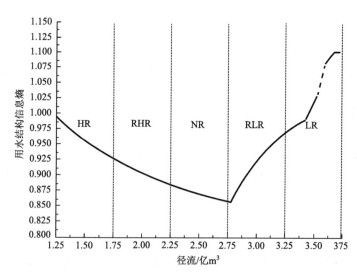

图 9-4   不同供水短缺风险区间下 ILMP 模型所得用水结构信息熵上下限平均值

从图 9-4 可以看出，随着地表来水的不断增加，ILMP 灌区典型作物的用水结构信息熵均呈现下降趋势；当民勤地表来水位于 RLR 风险区间（径流量为[2.7371 亿 m³，3.3234 亿 m³]）时，降至最低的 0.8579，之后开始随着地表来水的增加而不断增大。

为了探究该过程中作物种植结构的变化情况，将不同供水短缺风险区间下 ILMP 模型所得作物种植结构结果进行整理，如图 9-5 所示。图 9-5 中，在可利用水资源量较小时，各作物的优化种植面积与规划年现状较接近，灌区用水结构较合理，用水信息熵较高。随着可利用水资源量的增加，ILMP 模型将土地更多地分配给玉米和油料两种作物，整体模型的收益提高，也导致灌区用水结构信息熵下降。但是，RLR 区间内，按照这一原则进行分配时，玉米的种植面积已达最大的 13634.6hm²，油料却仍未达到其最大的可分配面积，为了提高对于模型"性价比"最高的油料作物的种植面积，在粮经比约束的限制下，ILMP 模型不得不转而提升小麦的种植面积，从而使得灌区的用水结构信息熵由下降变为提升。而在 LR 区间内，油料种植面积分配至最大种植面积后，相应增长的小麦和棉花种植面积，使用水结构信息熵回升速率开始变快，直至最终均达到最大面积后用水结构信息熵趋于平稳。在优化模型得出分配方案后，应根据实际情况判断方案合理性，若不合理，则应及时修正模型以使结果更符合实际情况。而用水结构信息熵可以方便地提供优化模型在资源分配中的博弈过程，尤其是在 MC 模拟得到大量结果的情况下，用水结构信息熵可以向决策者展示随可供水量变化，MC 模拟结果的"动态"变化过程，进而快速找到矛盾点，更好地指导决策。

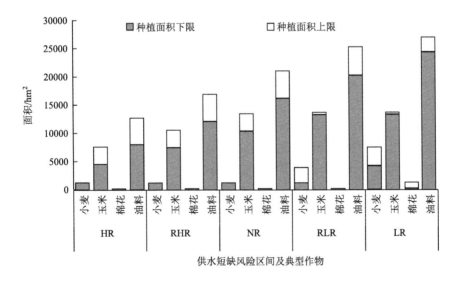

图 9-5　不同供水短缺风险区间下 ILMP 模型所得种植面积

典型作物的用水结构信息熵具有很强的区域性，不同的区域往往用水结构信息熵相差较大。但是由于我国农业政策的特殊性，种植结构往往会受到宏观调控制约，相邻区域或是上级区域的用水结构信息熵可能会包含调整信息，因此可利用民勤所在地区的典型作物用水结构信息熵与民勤典型作物用水结构信息熵进行比对，分析模型优化所得结果的合理性。本章计算了 2009～2015 年民勤县小麦、玉米、棉花及油料的用水比例及用水结构信息熵，如图 9-6 所示。

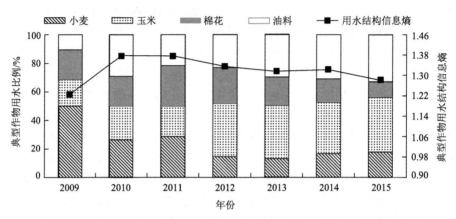

图 9-6 2009～2015 年民勤县典型作物用水比例及用水结构信息熵计算结果

从图 9-6 中可以明显观察到，2010 年以后粮食作物与经济作物的用水比例控制在 1：1 左右，虽然在 2012 年后略有变化，但变化幅度并不大。2012 年后，粮食作物中，小麦与玉米的用水比例稳定在 2：5 左右，而经济作物中，棉花的用水比例不断缩小，油料的用水比例则不断增加，进而使得用水结构信息熵逐年减小。总地来看，民勤县用水结构信息熵整体是呈现逐渐减小的趋势的，且用水结构调整思路较为清晰：增大玉米和油料的用水比例，相对减小或控制小麦和棉花所占用水比例，这与 ILMP 和 LMP 模型进行种植面积优化的思路相同，也体现了各类作物在实际情况下的受青睐程度。民勤县较高的用水结构信息熵体现了该区域对于作物种植结构和用水结构的合理控制。而由于 ILMP 本身的线性特性，即模型不可避免地在优化过程中优先增加某种作物的面积进而导致灌区整体水量分配不均衡。因此，相对于 2016 年民勤县的用水结构信息熵（1.0826），ILMP 模型所得的用水结构信息熵普遍偏小（[0.8579, 1.1021]），但变化幅度仍在合理范围内。当区域典型作物用水结构信息熵较低时，意味着区域对于单一作物的水量分配和土地分配较大，过分依赖于某一作物对整个区域来说隐含着极高的风险，有必要对用水结构不合理产生的风险进行分析和规避。

9.2.2 基于蒙特卡罗模拟的用水结构性缺水风险计算

单纯对优化方案的用水结构合理性风险进行分析较为困难，且指标单一。而用水量作为水资源管理评价指标具有重要意义。在假定不是所有农民都会种植所有作物的基础上，缺水风险较低时，可以允许一定程度的用水结构失衡以增强其他目标的收益，但在缺水风险较高时，用水结构的失衡会造成特定人群的致命损失。因此，考虑决策方案的公平性，在衡量用水量不合理造成缺水风险的同时，考虑用水结构（用水组成特性）不合理带来的结构性风险，是分析水资源管理方案结构性缺水风险的合理方式。

1. 结构性缺水风险指数

风险分析是 Kaplan 和 Garrick[19]于 1981 年提出的，Kaplan 将风险、不确定性、危害及安全保障有机统一[17]，整理出了风险的表达式：

$$\text{Risk} = \left\{ \left\langle S_i, P_i(\varphi_i), P_i(x_i) \right\rangle \right\} \tag{9-33}$$

式中，S_i 为风险场景；φ_i 为风险场景 S_i 发生的频率；$P_i(\varphi_i)$ 为风险场景以 φ_i 频率发生的概率；x_i 为风险场景 S_i 的损失程度；$P_i(x_i)$ 为风险损失 x_i 发生的概率。

式（9-33）以向量的形式概括了风险的数学表达形式，而在具体应用于水资源管理的过程中，王志良[20]在此基础上进一步完善了关于水资源管理风险分析的数学表达式，其初步设想如式（9-34）和式（9-35）所示，通过风险损失与风险概率的乘积增函数来更具体地表达风险，但是这一公式的待定参数较多，需要依托于大量的实验或是历史数据，在水资源领域应用较为困难。因此，马黎华[21]在式（9-34）和式（9-35）的基础上，对流域用水结构的结构性缺水风险进行了更为具体的定义，如式（9-36）～式（9-38）所示。

$$r = f[(x,l) = ap \cdot e^{cl+d} \qquad 0.002 < p < 1 \tag{9-34}$$

$$r = f[(x,l) = b \cdot e^{cl+d} \qquad 0 < p < 0.002 \tag{9-35}$$

式中，r 为风险；l 为风险损失，且风险损失不大于最大损失风险，即 $l \leq L_{\max}$；p 为风险发生概率，$p \in (0,1)$；e 为自然对数；a、b、c、d 为待定参数。

$$I = f(S, W_c) = W_c \cdot e^{-S} \tag{9-36}$$

$$W_c = \{x : 0 \leq \mu_w(x) \leq 1\} \tag{9-37}$$

$$\mu_w(x) = \begin{cases} 0 & 0 \leq x \leq W_a \\ \dfrac{x - W_a}{W_m - W_a} & W_a < x < W_m \\ 1 & x \geq W_m \end{cases} \tag{9-38}$$

式中，I 为结构性缺水指数；W_c 为缺水指数；e 为自然对数；S 为用水结构信息熵；x 为实际用水量；$\mu_w(x)$ 为缺水指数的计算方式；W_a、W_m 分别为历史年份中该区域用水量的最小值、最大值。

结构性缺水指数（water uniform-scarcity index，WUSI）是区域缺水程度与用水结构均衡的风险指标值，由缺水风险和用水结构风险共同决定。其中，用水过程中产生的结构性风险是通过用水结构信息熵体现的。从式（9-36）可以看出，用水结构信息熵越大，区域的用水结构越均衡，进而区域结构性缺水指数越小。用水过程中产生的缺水风险主要由缺水指数度量：从式（9-37）和式（9-38）可以看出，缺水指数利用历史年份的最大、最小用水量反映本次用水量的变化程度，即区域用水量越大，就越有可能造成区域缺水。相应地，结构性缺水指数也越大。归纳来看，用水结构信息熵越大，缺水指数越小，结构性缺水指数就越小，区域发生结构性缺水的可能就越小。上述已经得到了关于不同供水短缺风险区间下的用水结构信息熵值，而本章又通过资源效益目标值对各供水短缺风险下的用水量设定了规划目标，可依据该目标假设区域可供水资源量。在利用本节已计算结果的前提下，可将结构性缺水指数的表达式修改为式（9-39）～式（9-41）。

$$I_R = f(\bar{S}_R, \bar{W}_{cR} =)\bar{W}_{cR} \cdot e^{-\bar{S}_R} \tag{9-39}$$

$$W_{cR} = \left\{ x : 0 \leqslant \mu_w(\bar{x}_R) \leqslant 1 \right\} \tag{9-40}$$

$$\mu_w(\bar{x}_R) = \begin{cases} \dfrac{\bar{x}_R}{\bar{W}_{mR}} & 0 \leqslant \bar{x}_R < \bar{W}_{mR} \\ 1 & \bar{x}_R \geqslant \bar{W}_{mR} \end{cases} \tag{9-41}$$

式中，I_R 为 R 等级供水短缺风险下的结构性缺水指数；$\bar{W}_{cR}$ 为 R 等级供水短缺风险下的平均缺水指数；e 为自然对数；$\bar{S}_R$ 为 ILMP 模型计算得到的 R 等级供水短缺风险下的用水结构信息熵上下限均值；$\bar{x}_R$ 为 R 等级供水短缺风险下的实际用水量上下限均值；$\mu_w(\bar{x}_R)$ 为平均缺水指数的计算方式；$\bar{W}_{mR}$ 等于 95%保证率下资源效益目标值上下限均值（第 4 章），为 R 等级供水短缺风险下的区域可利用水资源量。

2. WUSI 计算及风险评价体系

根据式（9-39）～式（9-41）进行计算，绘制各供水短缺风险条件下的 WUSI 随地表径流的变化情况，如图 9-7 所示。

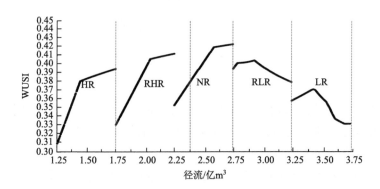

图 9-7　ILMP 模型计算所得 WUSI 值

受可利用水资源量的影响，缺水指数会随着各供水短缺风险条件下地表径流的增加而增加，而用水结构信息熵的变化则如图 9-4 所示。因此，结合图 9-4，从图 9-7 中可以明显观察到：当供水短缺风险位于 HR、RHR、NR 时，随着可利用水量的增加，WUSI 也随之增加，而当各供水短缺风险下民勤地表来水达到某一阈值（种植面积优化方案使得用水量高于可利用水资源量，即 $\bar{W}_{cR}=1$），即 WUSI 的变化主要取决于灌区用水结构信息熵时，WUSI 的增长速率迅速变缓，但整个灌区典型作物结构性缺水风险仍随地表来水的不断增加而增加；而当供水短缺风险位于 RLR 和 LR 时，WUSI 均先行升高后下降，这是缺水指数与用水结构信息熵相互影响产生的结果。总地来说，WUSI 的变化趋势比较清晰，一定程度上能够表达清楚 ILMP 所得优化方案用水量和用水分配的合理性。关于 WUSI 较高的情况，应当予以重视，对已获得的灌区种植结构优化方案进行进一步调整，降低 WUSI，进而降低整个灌区的结构性缺水风险。

为了更清晰地表达种植结构优化方案的结构性缺水风险，采用三个风险等级对已有的优化方案进行风险评价，但是根据式（9-39）～式（9-41），WUSI 的取值应在[0, 1]范围内，而本节 ILMP 模型计算所得的 WUSI 取值却集中在[0.3095, 0.4233]内，且分布较不均匀，具体分布情况如图 9-8 所示。

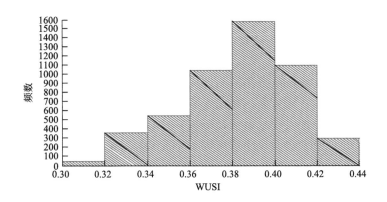

图 9-8　ILMP 模型计算所得 WUSI 直方图

9.3　基于广义梯形模糊数相似性原理度量总风险

面临决策问题的复杂性与决策信息的不确定性，通常采用准确数值是难以表达决策者的决策偏好的，而采用诸如模糊术语（fuzzy term）等语言描述却能较好地将其决策偏好描述出来[22]。一方面，广义梯形模糊数（generalized trapezoidal fuzzy numbers，GTFN）能用于描述信息的不确定性，尤其是信息的含糊性

(vagueness)；另一方面，在信息处理过程中，广义梯形模糊数也可用于表示模糊术语[23]。因而，与决策理念相结合的广义梯形模糊数已广泛应用于系统风险评估、系统性能评价、预测等众多领域[24]。

在度量或论证两模糊概念的类似程度（变化范围为[0, 1]）时，相似性（similarity）原理是一种重要的手段，也已成功应用于系统模糊风险分析的诸多领域[25]。很多模糊数（fuzzy numbers，FN）的实例应用都涉及度量模糊数相似性问题。1996 年，Chen[26]将模糊数的相似性度量方法引入模糊风险分析中；1999 年，Lee 从聚合个体的模糊观点角度出发，提出了一种新的相似性度量方法，从而达到群体协同的最优状态[27]。但这两种方法只适用于处理一般的 FN，在 GTFN 的推广应用中仍存在困难。为此，2003 年，基于广义模糊数的重心（center of gravity，COG）概念与几何距离，Chen S J 和 Chen S M[28]对模糊数的相似性度量公式进行了改进。2009 年，除考虑广义模糊数的几何距离外，Wei 和 Chen[29]还结合高度、周长等因素，提出了一种新的度量方法。

然而，上述几种方法均不能很好地度量一些特殊情况下的 GTFN 相似性。例如，Chen S J 和 Chen S M 所提出的方法在某些情况下会失效，出现无法计算模糊数相似性的情况。Wei 和 Chen 提出的方法也存在类似问题，且有时得出的相似性取值并不可靠，特别是相似性取值为 0 和 1 时，与图示差异较大。因此，2015 年，Patra 和 Mondal[30]针对以上问题，综合 GTFN 在几何距离、面积、高度等方面的相似性，进一步改进了相似性度量公式，提高了度量结果的准确性与适用性。

本章将 Patra 和 Mondal 提出的 GTFN 相似性度量方法应用于民勤县水资源系统的模糊风险分析中：一方面，相比于其他度量方法，所得结果相对可靠；另一方面，综合考虑了当地人类水事活动影响下的灌溉农业土地风险信息、水量风险信息、地表水与地下水水质风险信息等子元素风险对整个水资源系统稳定性的作用，从而以全局角度、整体角度，评价水资源系统的总风险，为当地管理者认识水资源系统的总风险水平提供理论依据与实践指导。

9.3.1 基于梯形数的模糊风险分析

1. 广义梯形模糊数的基本定义和运算法则

定义[30]：广义梯形模糊数的一般形式可以表达为 $\tilde{A} = (a, b, c, d; w)$，实数 a、b、c、d 和 w 满足关系式 $a \leqslant b \leqslant c \leqslant d$，且 $0 \leqslant w \leqslant 1$。相应地，广义梯形模糊数 $\tilde{A}$ 的隶属度函数由式（9-42）给出，其对应的图示为图 9-9。

$$\mu_{\tilde{A}}(x) = \begin{cases} 0 & -\infty < x \leqslant a \\ \dfrac{x-a}{b-a} & a < x \leqslant b \\ w & b < x \leqslant c \\ \dfrac{d-x}{d-c} & c < x \leqslant d \\ 0 & d < x < \infty \end{cases} \qquad (9\text{-}42)$$

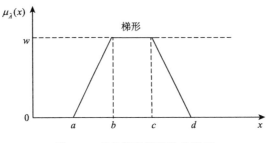

图 9-9　广义梯形模糊数的图示

之所以称 $\tilde{A}$ 为"广义"梯形模糊数，是因为其能表达多种形式的模糊数，如图 9-10 所示的三角形、矩形，甚至是点，关键取决于参数 a、b、c、d 和 w。梯形和三角形隶属度函数即通常所说的模糊数，而矩形隶属度函数实质上代表的是一个区间数 $A^{\pm} = [a^{+}, a^{-}]$，点形模糊数实质上代表的是一个确定性数值 $A \in \mathbf{R}$。因此，广义梯形模糊数可以看作是不确定性数值与确定性数值的统称，具有广泛的代表性，实用性更强。

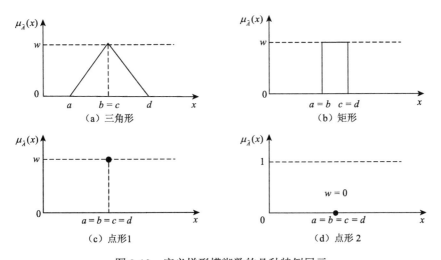

图 9-10　广义梯形模糊数的几种特例展示

运算法则[31]：两广义梯形模糊数 $\tilde{A}=(a_1,b_1,c_1,d_1;w_1)$ 和 $\tilde{B}=(a_2,b_2,c_2,d_2;w_2)$（满足关系式 $0\leqslant a_1\leqslant b_1\leqslant c_1\leqslant d_1\leqslant 1$ 和 $0\leqslant a_2\leqslant b_2\leqslant c_2\leqslant d_2\leqslant 1$），分别以模糊运算符号 "$\oplus$" "$\otimes$" "$\oslash$" 代表加法、乘法、除法运算符，则相应的运算过程由式（9-43）～式（9-45）给出：

$$\begin{aligned}\tilde{A}\oplus\tilde{B}&=(a_1,b_1,c_1,d_1;w_1)\oplus(a_2,b_2,c_2,d_2;w_2)\\&=(a_1+a_2-a_1a_2,b_1+b_2-b_1b_2,c_1+c_2-c_1c_2,d_1+d_2-d_1d_2;\min(w_1,w_2))\end{aligned} \tag{9-43}$$

$$\begin{aligned}\tilde{A}\otimes\tilde{B}&=(a_1,b_1,c_1,d_1;w_1)\otimes(a_2,b_2,c_2,d_2;w_2)\\&=(a_1a_2,b_1b_2,c_1c_2,d_1d_2;\min(w_1,w_2))\end{aligned} \tag{9-44}$$

$$\begin{aligned}\tilde{A}\oslash\tilde{B}&=(a_1,b_1,c_1,d_1;w_1)\oslash(a_2,b_2,c_2,d_2;w_2)\\&=(a_1/d_2,b_1/c_2,c_1/b_2,d_1/a_2;\min(w_1,w_2))\end{aligned} \tag{9-45}$$

其中，

$$a/b=\begin{cases}\dfrac{a}{b} & a<b\\1 & a\geqslant b\end{cases}$$

2. 梯形模糊数相似性的度量方法简介

Patra 和 Mondal[30]给出了一种度量模糊数间相似性的方法，该方法能够克服一般度量方法的不足，更加准确地衡量模糊数间的相似程度。为了度量广义梯形模糊数的相似性，该方法具体划分为 3 个方面的相似性：一是几何距离；二是面积；三是高度。

定义 1：若 $\tilde{T}=(t_1,t_2,t_3,t_4;w)$ 为一广义梯形模糊数，则其面积 $ar(\tilde{T})$ 按照式（9-46）计算。

定义 2：已知两广义梯形模糊数 $\tilde{T}_1=(t_{11},t_{12},t_{13},t_{14};w_1)$ 和 $\tilde{T}_2=(t_{21},t_{22},t_{23},t_{24};w_2)$，两者间的相似程度由参数——相似性 $S(\tilde{T}_1,\tilde{T}_2)$ 表征，并按照式（9-47）进行计算。

$$\mathrm{ar}(\tilde{T})=\frac{(t_4+t_3-t_2-t_1)\times w}{2} \tag{9-46}$$

$$S(\tilde{T}_1,\tilde{T}_2)=\left(1-\frac{1}{4}\sum_{i=1}^4|t_{1i}-t_{2i}|\right)\times\left(1-\frac{1}{2}\left\{|\mathrm{ar}(\tilde{T}_1)-\mathrm{ar}(\tilde{T}_2)|+|w_1-w_2|\right\}\right) \tag{9-47}$$

式中，项 $\dfrac{1}{4}\sum_{i=1}^4|t_{1i}-t_{2i}|$ 表示两模糊数在几何距离上的相似性；项 $|\mathrm{ar}(\tilde{T}_1)-\mathrm{ar}(\tilde{T}_2)|$ 表示在面积上的相似性；项 $|w_1-w_2|$ 表示在高度上的相似性。综合这三项，给出了两模糊数在形状上相似程度的度量公式。$S(\tilde{T}_1,\tilde{T}_2)$ 的取值范围在[0, 1]，其值越接近于 0，说明两梯形模糊数间的相似性越低；越接近于 1，说明相似性越高。由该方法度量得到的相似性，还具有下列性质：

性质 1：当且仅当广义梯形模糊数 $\tilde{T}_1$ 和 $\tilde{T}_2$ 完全相同时，才有 $S(\tilde{T}_1, \tilde{T}_2) = 1$。

性质 2：$S(\tilde{T}_1, \tilde{T}_2) = S(\tilde{T}_2, \tilde{T}_1)$。

性质 3：若 $\tilde{T}_1$ 和 $\tilde{T}_2$ 的形状和尺寸相同，而存在大小为 l 的位移差异（图 9-11），则可直接得到 $S(\tilde{T}_1, \tilde{T}_2) = 1 - |l|$。

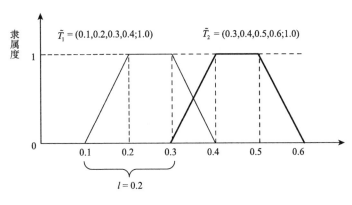

图 9-11　性质 3 的图示

性质 4：若 $\tilde{T}_1 = (0,0,0,0;0)$，$\tilde{T}_2 = (1,1,1,1;1)$，则 $S(\tilde{T}_1, \tilde{T}_2) = 0$，即两模糊数完全不相似。

9.3.2　模糊风险分析的基本步骤

1984 年，Schmucker 就提出了"模糊风险分析"（fuzzy risk analysis）这一概念。他认为，系统 S 的某一组分 C，也是由多个子元素 $C_i(i = 1, 2, \cdots, n)$ 组成的。而系统 S 的总风险 $\tilde{R}$ 是由各子元素 C_i 的两个取值——风险子事件出现的概率 $\tilde{R}_i$、相应损失的严重程度 $\tilde{W}_i$ 决定的，如图 9-12 所示。例如，水资源系统 S 涉及资源、

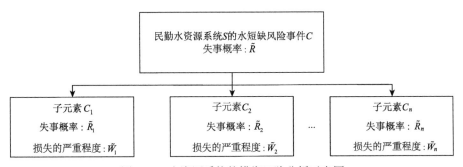

图 9-12　水资源系统的模糊风险分析示意图

环境、社会和经济等多个属性，水短缺风险事件就是其中一个属性 C，进一步地，水短缺事件会涉及与灌溉相关的农业用地管理 C_1、水资源数量 C_2、质量 C_3 等多个子元素。

1986 年，Zhang[32]估算了 $\tilde{R}_i$ 和 $\tilde{W}_i$ 不同等级下的专业术语（linguistic terms），也称为描述性的模糊等级，并且每个术语均由一个相应的梯形模糊数表示，即建立了模糊等级与梯形模糊数之间的对应关系，搭建了描述性语言与定量化的数学表征之间的桥梁，如表 9-12 所示，可以分为"低""比较低""中""比较高""高"五种状态。在此基础上，模糊风险分析的基本步骤如下。

（1）分析各子元素 C_i 的"失事概率 $\tilde{R}_i$"和"相应损失的严重程度 $\tilde{W}_i$"的模糊等级（如"低""中""高"等），并依据表 9-12 得到相应的广义梯形模糊数。

（2）将 $\tilde{R}_i$ 和 $\tilde{W}_i$ 相应的模糊数值代入式（9-48），计算总风险 $\tilde{R}$。假设各子元素 C_i 的权重大小相同，相应的运算符号要采用式（9-43）～式（9-45）所示的广义梯形模糊数的运算法则。计算得到的总风险 $\tilde{R}$ 同样也是一个模糊数。

$$\tilde{R} = \frac{\sum_{i=1}^{n} \tilde{W}_i \otimes \tilde{R}_i}{\sum_{i=1}^{n} \tilde{W}_i} \tag{9-48}$$

（3）根据式（9-46）和式（9-47），度量总风险 $\tilde{R}$ 与表 9-12 中每个模糊风险等级的相似性大小。

（4）与总风险相似度最高的模糊风险等级，即为系统风险值的模糊等级。

表 9-12　模糊等级与广义梯形模糊数间的对应关系[30]

描述性模糊等级	量化后的梯形模糊数
低	（0.04，0.10，0.18，0.23；1.0）
比较低	（0.17，0.22，0.36，0.42；1.0）
中	（0.32，0.41，0.58，0.65；1.0）
比较高	（0.58，0.63，0.80，0.86；1.0）
高	（0.72，0.78，0.92，0.97；1.0）

9.3.3　实例应用

将上述方法应用于民勤县水资源系统的模糊风险分析中，当地降水稀缺，地表水（含外调水）、地下水是农业、工业、生态、生活用水的主要来源。可以说，研究区域内水资源的科学认识与合理调配直接关系到水土资源的协调发展。本章探讨民勤县水资源人类水事活动、可利用水资源量和地下水环境质量这三大属性包含的风险信息，量化得到总风险，便于区域管理者把握水资源风险的总体性、全局性。

　　当地的农业灌溉是用水大户，特别是 1976～2002 年，为了满足持续增长的灌溉需求，人类水事活动强度不断增加，产生了较为不利的影响，农业灌溉土地的规划利用对水资源有着不可忽视的作用。2003 年以后，通过对农业种植结构、种植面积的调整，人类水事活动的积极作用逐渐凸显，农业用地较为稳定，由灌溉农业引发水荒现象的可能性处于“中”的状态，相应的影响也在可控范围内，其严重性程度也处于“中”状态；水量风险属于“较高风险区”范畴内，即发生水量短缺现象的可能性处于“比较高”的状态，而一旦发生水荒，对于本来水资源就匮乏的民勤地区来说，影响也将十分严重，严重性处于“高”的状态；地表水环境质量等级为Ⅱ类水，则发生水污染型短缺的可能性较低，处于“比较低”的状态，但地表水一旦发生污染，会直接威胁农业灌溉等的正常生产活动，严重性处于“比较高”的状态；地下水环境质量等级为Ⅱ类水，则发生水污染型短缺的可能性较小，处于“比较低”的状态，地下水是当地的饮用水来源，关系当地社会的稳定及居民的健康，若地下水遭受污染，影响的严重性程度将处于“高”的状态。

　　因此，本章选取四个直接影响民勤县水资源系统 S 稳定性的子元素，研究四个子元素综合反映的水资源总体风险，主要包括：一是人类水事活动作用下的农业土地风险信息 C_1；二是水资源数量风险信息 C_2；三是地表水环境质量风险信息 C_3；四是地下水环境质量风险信息 C_4。每个子元素的“失事概率 $\tilde{R}_i$”和“损失严重程度 $\tilde{W}_i$”相应的模糊等级取值如表 9-13 所示。

表 9-13　四个子元素 C_1、C_2、C_3、C_4 的 $\tilde{R}_i$ 和 $\tilde{W}_i$ 的模糊等级取值

子元素 C_i		$\tilde{R}_i$ 的模糊等级取值	$\tilde{W}_i$ 的模糊等级取值
C_1	人类水事活动作用下的农业土地风险信息	中	中
C_2	地表水量风险信息	比较高	高
C_3	地表水质风险信息	比较低	比较高
C_4	地下水质风险信息	比较低	高

　　将表 9-12 和表 9-13 中的数据代入式（9-49）中，即可计算得出总风险 $\tilde{R}_i$ 对应的梯形模糊数，具体计算过程如下：

$\tilde{R} = [中 \otimes 中 \oplus 比较高 \otimes 高 \oplus 比较低 \otimes 比较高 \oplus 比较低 \otimes 高]$

$\oslash [中 \oplus 高 \oplus 比较高 \oplus 高]$

$= [(0.32, 0.41, 0.58, 0.65; 1.0) \otimes (0.32, 0.41, 0.58, 0.65; 1.0)$

$\oplus (0.58, 0.63, 0.80, 0.86; 1.0] \otimes (0.72, 0.78, 0.92, 0.97; 1.0)$

$\oplus (0.17, 0.22, 0.36, 0.42; 1.0) \otimes (0.58, 0.63, 0.80, 0.86; 1.0)$

$\oplus (0.17, 0.22, 0.36, 0.42; 1.0) \otimes (0.72, 0.78, 0.92, 0.97; 1.0)]$

$\oslash [(0.32, 0.41, 0.58, 0.65; 1.0 \oplus (0.72, 0.78, 0.92, 0.97; 1.0)$

$\oplus (0.58, 0.63, 0.80, 0.86; 1.0) \oplus (0.72, 0.78, 0.92, 0.97; 1.0)]$

$[(0.1024, 0.1681, 0.3364, 0.4225; 1.0)] \oplus (0.4176, 0.4914, 0.7360, 0.8342; 1.0)$

$\oplus (0.0986, 0.1386, 0.2880, 0.3612; 1.0) \oplus (0.1224, 0.1716, 0.3312, 0.4074; 1.0)]$

$\oslash [(0.32, 0.41, 0.58, 0.65; 1.0) \oplus (0.72, 0.78, 0.92, 0.97; 1.0)$

$\oplus (0.58, 0.63, 0.80, 0.86; 1.0) \oplus (0.72, 0.78, 0.92, 0.97; 1.0)]$

$= (0.5865, 0.6981, 0.9166, 0.9638; 1.0) \oslash (0.9776, 0.9894, 0.9995, 1.0000; 1.0)$

$= (0.5865, 0.6985, 0.9264, 0.9858; 1.0)$

$$(9\text{-}49)$$

相应地，梯形模糊数 $\tilde{R}$ 的面积为 0.3136。

$$\text{ar}(\tilde{R}) = \frac{(d + c - b - a) \times w}{2} = \frac{(0.9858 + 0.9264 - 0.6985 - 0.5865) \times 1.0}{2} = 0.3136$$

依据相似性度量公式，可以得出总风险 $\tilde{R}$ 对应的梯形模糊数与五个模糊风险等级对应的梯形模糊数之间的相似度，结果如表 9-14 所示。由表 9-14 可知，$\tilde{R}$ 与模糊风险等级"高"之间的相似程度最高，为 0.8849。因此，民勤水资源系统的水短缺模糊风险等级属于"高"的范畴。

表 9-14　总风险 $\tilde{R}$ 与各模糊等级间的相似程度

描述性模糊等级 $\tilde{X}_i$	梯形模糊数					面积 $\text{ar}(\tilde{X}_i)$	相似度 $S(\tilde{R}, \tilde{X}_i)$
	a	b	c	d	w		
低	0.04	0.10	0.18	0.23	1.0	0.1350	0.3080
比较低	0.17	0.22	0.36	0.42	1.0	0.1950	0.4640
中	0.32	0.41	0.58	0.65	1.0	0.2500	0.6687
比较高	0.58	0.63	0.80	0.86	1.0	0.2250	0.8775
高	0.72	0.78	0.92	0.97	1.0	0.1950	0.8849

9.4　农业灌溉缺水损失风险评价

常用的水资源短缺风险评估指标包括可靠性或风险性、脆弱性、可恢复性、风险度、一致性、周期性、易损性等。主要评价方法有模糊风险方法、概率风险模型、最大熵风险分析、支持向量机方法、极值统计方法、灰色随机风险分析方法等。在供需水随机模拟和配水优化结果的基础上，选用可靠性、脆弱性、可恢复性、风险度、一致性 5 个指标作为指标体系，选用模糊综合评判方法对农业灌溉缺水风险进行评价。

9.4.1　农业灌溉缺水损失风险指标

1）可靠性

可靠性可定义为指定时期内不发生水资源短缺的概率，可用如下公式表示：

$$\alpha = \frac{1}{T}\sum_{t=1}^{T}(1-z_t) \tag{9-50}$$

风险性与可靠性对立，则相应的风险性公式可表示为 $\beta = 1 - \alpha$，其中，α 为水资源系统的可靠性，β 为风险性；z_t 为 0～1 变量，$z_t = 1$ 表示 t 时间步长的需水量没有被满足，而 $z_t = 0$ 表示 t 时间步长的需水量被满足；T 为时间步长的总和。

2）脆弱性

脆弱性指某一系统易被伤害和破坏的性质，它与受损的可能性相关。对水资源系统而言，脆弱性可被描述为

$$\chi = \frac{1}{T_s}\sum_{t=1}^{T}\frac{z_t(D_t - \text{WA}_t)}{D_t} \tag{9-51}$$

式中，χ 为水资源系统的脆弱性；T_s 为系统受破坏的总时间；D_t、WA_t 分别为 t 时间步长农业灌溉水的需求量、配水量。

3）可恢复性

可恢复性描述系统从事故状态返回正常状态的可能性，系统的可恢复性越高，表明该系统越能较快地从事故状态转变为正常运行状态，可用下式计算：

$$\delta = \sum_{t=1}^{T}w_t \bigg/ \sum_{t=1}^{T}z_t \tag{9-52}$$

式中，δ 为水资源系统的可恢复性；w_t 为 0～1 变量，$w_t = 1$ 表示在时段 t 农业灌溉用水需求没有被满足，但在 $(t+1)$ 时段能够被满足，$w_t = 0$ 为相反的情况。

4）风险度

风险度可以用来反映由不确定性而引发的系统随机特性，用如下公式表示：

$$C_v = \sigma / \mu \tag{9-53}$$

式中，C_v 为风险度；σ 为随机样本的标准差；μ 为随机样本均值。

5）一致性

一致性指标可以用来测度某一时间步长内，农业灌溉供水与需水之间相对应

的动态过程[24]。一致性指标值越高，代表系统的一致性越好，用如下公式表示：

$$\lambda = \frac{\sum_{t=1}^{T}(\Delta_{max} - \Delta_t)}{T(\Delta_{max} - \Delta_{min})} \tag{9-54}$$

式中，λ 为农业灌溉水资源系统的一致性；$\Delta_t = |\, WA_t^* - D_t^*\,|$，$WA_t^* = T \cdot WA_t /$ $\sum_{t=1}^{T} WA_t$，$D_t^* = T \cdot D_t \Big/ \sum_{t=1}^{T} D_t$；$\Delta_{max} = \max(\Delta_1, \Delta_2, \cdots, \Delta_T)$；$\Delta_{min} = \min(\Delta_1, \Delta_2, \cdots, \Delta_T)$。

9.4.2 模糊综合评判法

由于水资源风险系统中存在大量不确定性，风险级别、分类标准都是一些模糊概念，因此模糊数学在风险综合评价中得到广泛应用。模糊综合评判问题实质上就是模糊变换的问题，模糊评价法的基本思路是用基础数据建立各因子指数对各级标准的隶属度集，形成隶属度矩阵，再把因子权重集与隶属度矩阵相乘，得到模糊积，获得一个综合评价集，表明评价的缺水风险对各级标准缺水风险的隶属度，反映综合缺水风险级别的模糊性。模糊综合评判法最主要的优点就是通过构造隶属函数可以很好地反映风险界限的模糊性。模糊综合评判法步骤如下。

（1）评判因子的计算。

（2）用隶属度划分评判因子对应的风险分级界限并建立隶属度矩阵：

$$\tilde{R} = \begin{bmatrix} r(A_1, \text{I 等级}) & \cdots & r(A_1, n\text{等级}) \\ \vdots & & \vdots \\ r(A_m, \text{I 等级}) & \cdots & r(A_m, n\text{等级}) \end{bmatrix} \tag{9-55}$$

（3）计算评判因子的权重并进行归一化处理：

$$A = (Z_1, Z_2, \cdots, Z_n)$$

其中，

$$Z_i = \frac{x_i / S_i}{\sum_{i=1}^{m} x_i / S_i} \tag{9-56}$$

（4）模糊矩阵的复合运算：

$$B = A \cdot \tilde{R} \tag{9-57}$$

式中，i 为风险因子；Z_i 为风险因子的权重；x_i 为风险因子 i 的实际值；S_i 为风险

因子 i 的各级标准的算数平均值；$\boldsymbol{B}$ 为样本对应评价等级的隶属度矩阵；$\tilde{\boldsymbol{R}}$ 为样本的各个评价因子对应各个评价等级的隶属度矩阵；$\boldsymbol{A}$ 为各评价因子的权向量矩阵。

隶属度函数的确定有很多形式，本章选择环境科学中常用的降半梯形分布一元线性隶属度函数。上述各缺水风险指标等级均为 V 级，相应的隶属度函数如图 9-13 所示。

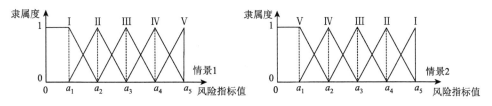

图 9-13　隶属度函数形式

情景 1：指标大为差的因子对应的隶属度函数；情景 2：指标大为优的因子对应的隶属度函数

$\boldsymbol{A}$ 对应"越大越差"型指标的隶属度函数表达式。

第 I 级隶属度函数：

$$r_1(x) = \begin{cases} 1 & x \leqslant a_1 \\ \dfrac{a_2 - x}{a_2 - a_1} & a_1 < x < a_2 \\ 0 & x \geqslant a_2 \end{cases} \qquad (9\text{-}58)$$

第 II、III、IV 级隶属度函数：

$$i = 2, 3, 4 \quad r_i(x) = \begin{cases} 1 & x = a_i \\ \dfrac{x - a_{i-1}}{a_i - a_{i-1}} & a_{i-1} < x < a_i \\ \dfrac{a_{i+1} - x}{a_{i+1} - a_i} & a_i < x < a_{i+1} \\ 0 & x \leqslant a_{i-1}, x \geqslant a_{i+1} \end{cases} \qquad (9\text{-}59)$$

第 V 级隶属度函数：

$$r_5(x) = \begin{cases} 1 & x \geqslant a_5 \\ \dfrac{x - a_4}{a_5 - a_4} & a_4 < x < a_5 \\ 0 & x \leqslant a_4 \end{cases} \qquad (9\text{-}60)$$

$\boldsymbol{B}$ 对应"越大越优"型指标的隶属度函数表达式。

第 I 级隶属度函数：

$$r_1(x) = \begin{cases} 1 & x \geqslant a_5 \\ \dfrac{x - a_4}{a_5 - a_4} & a_4 < x < a_5 \\ 0 & x \leqslant a_4 \end{cases}$$ （9-61）

第 II 级隶属度函数：

$$r_2(x) = \begin{cases} 1 & x \geqslant a_4 \\ \dfrac{a_5 - x}{a_5 - a_4} & a_4 < x < a_5 \\ \dfrac{x - a_3}{a_4 - a_3} & a_3 < x < a_4 \\ 0 & x \leqslant a_3, x \geqslant a_5 \end{cases}$$ （9-62）

第 III 级隶属度函数：

$$r_3(x) = \begin{cases} 1 & x \geqslant a_3 \\ \dfrac{a_4 - x}{a_4 - a_3} & a_3 < x < a_4 \\ \dfrac{x - a_2}{a_3 - a_2} & a_2 < x < a_3 \\ 0 & x \leqslant a_2, x \geqslant a_4 \end{cases}$$ （9-63）

第 IV 级隶属度函数：

$$r_4(x) = \begin{cases} 1 & x \geqslant a_3 \\ \dfrac{a_3 - x}{a_3 - a_2} & a_3 < x < a_4 \\ \dfrac{x - a_1}{a_2 - a_1} & a_1 < x < a_2 \\ 0 & x \leqslant a_1, x \geqslant a_3 \end{cases}$$ （9-64）

第 V 级隶属度函数：

$$r_5(x) = \begin{cases} 1 & x \leqslant a_1 \\ \dfrac{a_2 - x}{a_2 - a_1} & a_1 < x < a_2 \\ 0 & x \geqslant a_2 \end{cases}$$ （9-65）

在复合运算过程中，有 4 种复合运算模型，分别为取小取大模型、相乘取大模型、取小相加模型和相乘相加模型。本章采用取小取大模型，即在进行隶属度函数矩阵和权重矩阵复合运算时，采用两数相乘取小者为积，多数相加取大者为和的原则。

9.4.3　实例应用

基于黑河中游干流主要灌区的水资源配置结果，对不同可利用水量和流量水平下的农业缺水风险进行综合评价，以便能够了解黑河中游灌区缺水程度，促进节水措施的实施。表 9-15 为各风险指标风险等级。图 9-14 展示了最终缺水风险等级评价结果。低的农业灌溉水资源缺水风险等级代表系统所能承受水资源缺水的能力较强。农业灌溉水资源的缺水情况是由供水情况和需水情况共同决定的。基于随机模拟的 ITSCCP 模型的配水结果，大满灌区和西浚灌区几乎无缺水，因此，这两个灌区不存在农业灌溉水资源缺水风险。模糊综合评价是对五个风险指标进行综合评价，这五个风险指标可从不同角度来反映水资源系统的缺水特性。由图 9-14 可知，各个灌区在不同流量水平下农业灌溉缺水等级基本都低于Ⅲ级，其中，高流量水平下和中流量水平下的Ⅰ级和Ⅱ级缺水风险等级居多，而低流量水平下Ⅱ级和Ⅲ级缺水风险等级居多。这个评价结果说明黑河中游的农业灌溉缺水处于可接受风险或濒临风险之间。任一流量等级下，随着可利用水量的降低，农业灌溉缺水风险等级增高。就高流量水平而言，盈科灌区、上三灌区、平川灌区、蓼泉灌区和沙河灌区基本处于零缺水风险状态。从图 9-14 也可以看出，低流量水平下的缺水风险是最稳定的，高流量和中流量的缺水风险相对不稳定，因为在高流量下，存在一个Ⅴ级缺水风险现象和两个Ⅳ级缺水风险的情况。这属于高流量水平下的特殊情况，其结果是单纯由风险度这一个指标决定的。以中流量下的盈科灌区为例，根据模糊综合评价方法，5 个等级的隶属度分别为 0.0518、0.3656、0.3656、0.1165、0.4660。根据最大隶属度原则，上述的模糊综合评价的结果为Ⅴ级。然而，这一结果主要是由风险度指标决定的，其余四个指标（包括可靠性、脆弱性、可恢复性、一致性）在 $q = 0$ 情况下的隶属度分别为 0.1111、0.00025、0.25、0.7845，分别对应属于Ⅰ级、Ⅲ级、Ⅳ级、Ⅱ级风险等级，然而风险度这一指标的隶属度为 1，属于Ⅴ级，直接导致缺水风险等级为Ⅴ级。类似情况属于特殊情况，是由个别指标值和评判方法综合决定的，并不能代表整个高流量水平下的风险值。相对于其他灌区，在任一违规概率和流量水平下，友联灌区、六坝灌区和罗城灌区的缺水风险等级均比其他灌区的高，这与配水模型的缺水结果相对应。

表 9-15　各风险指标风险等级

缺水风险	可靠性	脆弱性	可恢复性	一致性指标	风险度
低风险等级（Ⅰ）	≤0.200	≤0.200	≥0.800	≥0.800	≤0.200
稍低风险等级（Ⅱ）	0.201～0.400	0.201～0.400	0.601～0.800	0.601～0.800	0.201～0.400
中等风险等级（Ⅲ）	0.401～0.600	0.401～0.600	0.401～0.600	0.401～0.600	0.401～0.600
稍高风险等级（Ⅳ）	0.601～0.800	0.601～0.800	0.201～0.400	0.201～0.400	0.601～0.800
高风险等级（Ⅴ）	≥0.800	≥0.800	≤0.200	≤0.200	≥0.800

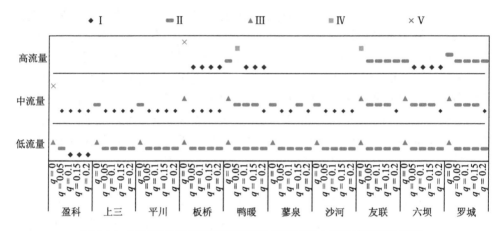

图 9-14　不同流量不同违规概率下的各灌区缺水风险等级评价结果

参 考 文 献

[1]　Iglesias A，Garrote L，Flores F，et al. Challenges to manage the risk of water scarcity and climate change in the Mediterranean. Water Resources Management，2007，21（5）：775-788.

[2]　张翔，夏军，史晓新，等. 可持续水资源管理的风险分析研究. 武汉水利电力大学学报，2000，33（1）：80-83.

[3]　左其亭，吴泽宁，赵伟. 水资源系统中的不确定性及风险分析方法. 干旱区地理，2003，26（2）：116-121.

[4]　张俊香，黄崇福. 自然灾害软风险区划图模式研究. 自然灾害学报，2005，14（6）：20-25.

[5]　Delgado M，Verdegay J L，Vila M A. A model for linguistic partial information in decision-making problems. International Journal of Intelligent Systems，1994，9（4）：365-378.

[6]　Huang C F. Demonstration of benefit of information distribution for probability estimation. Signal Processing，2000，80（6）：1037-1048.

[7]　黄崇福，张俊香，刘静. 模糊信息优化处理技术应用简介. 信息与控制，2004，33（1）：61-66.

[8]　冯佳虹. 金华市水资源模糊风险分析. 金华：浙江师范大学，2010.

[9]　黄崇福，Moraga Claudio，陈志芬. 内集-外集模型的一个简便算法. 自然灾害学报，2004，13（4）：15-20.

[10]　陈志芬，黄崇福，张俊香. 基于扩散函数的内集-外集模型. 模糊系统与数学，2006，（1）：42-48.

[11]　李琼. 洪水灾害风险分析与评价方法的研究及改进. 武汉：华中科技大学，2012.

[12]　Parzen E. On estimation of a probability density function and mode. The Annals of Mathematical Statistics，1962，

33（3）：1065-1076.

[13] Huang C F. Information matrix and application. International Journal of General Systems，2001，30（6）：603-622.

[14] Shannon C E A. A Mathematical theory of communication. cm Sigmobile Mobile Computing & Communications Review，2001，5（1）：3-55.

[15] 李孟刚，周长生，连莲. 基于熵信息扩散理论的中国农业水旱灾害风险评估. 自然资源学报，2017，（4）：620-631.

[16] 黄崇福. 自然灾害风险评价：理论与实践. 北京：科学出版社，2005.

[17] Gui Z Y，Zhang C L，Li M，et al. Risk analysis methods of the water resources system under uncertainty. Frontiers of Agricultural Science and Engineering，2015，2（3）：205-215.

[18] 李茉，姜瑶，郭萍，等. 考虑不同层次利益主体的灌溉水资源优化配置. 农业机械学报，2017，48（5）：199-207.

[19] Kaplan S，Garrick B J. On the quantitative definition of risk. Risk Analysis，1981，1（1）：11-27.

[20] 王志良. 水资源管理多属性决策与风险分析理论方法及应用研究. 成都：四川大学，2003.

[21] 马黎华. 石羊河流域用水结构的数据驱动模拟及缺水风险研究. 咸阳：西北农林科技大学，2012.

[22] Fan Z P，Liu Y. A method for group decision-making based on multi-granularity uncertain linguistic information. Expert Systems with Applications，2010，37（5）：4000-4008.

[23] Zhang X X，Ma W M，Chen L P. New similarity of triangular fuzzy number and its application. Scientific World Journal，2014：215047.

[24] Zhang L Y，Xu X H，Tao L. Some similarity measures for triangular fuzzy number and their applications in multiple criteria group decision-making. Journal of Applied Mathematics，2013，（9）：538261-538267.

[25] Yang M S，Lin D C. On similarity and inclusion measures between type-2 fuzzy sets with an application to clustering. Computers & Mathematics with Applications，2009，57（6）：896-907.

[26] Chen S M. New methods for subjective mental workload assessment and fuzzy risk analysis. Cybernetics and Systems，1996，27（5）：449-472.

[27] 文成林，周哲，徐晓滨. 一种新的广义梯形模糊数相似性度量方法及在故障诊断中的应用. 电子学报，2011，39（3A）：1-6.

[28] Chen S J，Chen S M. Fuzzy risk analysis based on similarity measures of generalized fuzzy numbers. IEEE Transactions on Fuzzy Systems，2003，11（1）：45-56.

[29] Wei S H，Chen S M. A new approach for fuzzy risk analysis based on similarity measures of generalized fuzzy numbers. Expert Systems with Applications，2009，36（1）：589-598.

[30] Patra K，Mondal S K. Fuzzy risk analysis using area and height based similarity measure on generalized trapezoidal fuzzy numbers and its application. Applied Soft Computing，2015，28：276-284.

[31] Xu Z Y，Shang S C，Qian W B，et al. A method for fuzzy risk analysis based on the new similarity of trapezoidal fuzzy numbers. Expert Systems with Applications，2010，37（3）：1920-1927.

[32] Zhang W R. Knowledge representation using linguistic fuzzy relations. Columbia：University of South Carolina，1986.

第10章 不确定条件下农业水土资源
优化配置决策实现

有限的水资源已越来越不能满足社会发展的需求。人口的爆炸性增长、新兴产业对水资源的额外需求、国内的粮食生产都加剧了水资源用户之间的矛盾[1]。农业用水面临着与其他领域用水（如工业、城镇居民等）更激烈的竞争。然而，由于缺乏科学的决策支持工具，水资源利用效率相对低下，水资源利用有很大的提升空间，当地的管理人员如何寻求更有效的管理方案面临着很多技术难题[2]。结合多种技术与经济框架，做出决策支持工具，可以为管理者提供更有效的帮助。

决策支持系统（decision support system，DSS）是基于优化模型而设计的重要工具，它以运筹学、管理学等科学为基础，以计算机技术为手段，针对结构化、半结构化等决定问题，快速准确地为决策者提供所需的数据信息及决策方案，通过综合分析比较，达到帮助决策者决策的目的。DSS结构框架见图10-1。

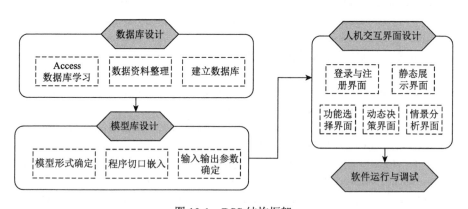

图 10-1 DSS 结构框架

在农业方面，DSS具有很高的复杂性，它涉及多变的天气状况、农作物种植特点、研究区域的作物种类、复杂的土壤质地及含水量变化情况等[3]。为处理这些复杂性，在过去的十几年已经出现了一些用于农业灌溉水资源的优化模型，但这些模型基本上都具有自己特定的目标、清晰的应用领域及有限的农作物种类，而不具备灵活方便、适用性强、可移植的特点。

首先，以往的模型都具有特定的决策目标，这些模型的优化目标主要是实现经济效益的最大化[3]。它们的目标都是提前已经设计成型的，DSS 用户很难重新设计或二次修改这些目标，对大多数 DSS 来说，甚至只有一个决策目标，更别提选择某个目标的可能。例如，模型目标固定为实现农作物生产效益最大化[4]，实现水资源约束条件下附加价值最大化[4]，通过分配有限的水资源至不同灌溉区域，实现系统总收益最大化[5]。之前的这些研究，模型目标已经被固定在 DSS 中，不能再被修改，再次应用该模型时必须确保所有的数据结构与模型中涉及的数据结构保持高度一致且数据必须完整，因此很难适用于其他应用范围。

其次，所有这些 DSS 都是针对特定研究区域的。例如，一个农业 DSS 应用于澳大利亚的塔斯马尼亚州，系统包括多种环境数据，如气象因子、可用水量[6]；一个农业用水及非点源污染管理 DSS 应用于北京的通州区和大兴区[7]；一个可以减少农业用水总量的有效 DSS 在希腊中部的阿里艾芬蒂流域实施[8]；一个用于农业可持续发展的 DSS 应用于菲律宾，该系统的目标是提高降水丰富的雨林地区的生产力并节约相关资源[8]；梁忠民针对江苏省连云港市区，通过对水资源需求预测，建立区域多目标水资源优化模型，提出了基于客户机与服务器（client/server，C/S）结构的应用程序及浏览器和服务器（brower/server，B/S)结构的应用程序的水资源优化配置 DSS 的设计原则。然而，这些 DSS 仅定位于一个或两个区域，系统软件都是特制的，不能直接应用于其他地区。

最后，以往的 DSS 只局限于当地特定的农作物。大多数的农业 DSS 是针对某一种农作物而单独设计完成的。例如，一个基于网络的 DSS 被开发，用于优化澳大利亚北部地区花生的灌溉[9]；一个 DSS 应用于澳大利亚的棉花产业[10]；一个简单快捷的 DSS 用于准确预测干旱或半干旱地区小麦的籽粒品质、容重和蛋白质含量[11]。虽然这些 DSS 作为有效的工具用来优化配置当地的水资源，但由于它们仅限定于特定的农作物，限制了这些 DSS 的农作物对象，应用范围十分有限。

因此，有必要开发一个通用的农业灌溉优化 DSS（flexible irrigation scheduling decision support systems，FIS-DSS）以减少很多软件开发过程中不必要的重复性工作。另外，以往的 DSS 几乎都有一个明显的不足，即模型基于确定性的数据结构建立，软件也都是基于这种确定性的模型而开发的，最终给决策者的建议也停留在确定性的数据层面上，无法给出更多的信息。这种确定性的模型常常不足以解决不确定条件下的农业灌水优化问题[12]。为处理这些不确定性，我们可以采用区间、随机、模糊等优化技术[12]。现实世界中的许多参数，如降水，由于统计监测数据的不足，很难反映到随机甚至确定性的数学模型中[13]。考虑到这种 DSS 的复杂性，拟采用模糊数作为技术手段，来处理这种不确定性的模型。

本书中，作者将描述一种用于农业灌溉优化的 DSS。其特点主要包括：①灵活的数据。不限于某个地区上的某些农作物，使用者可以根据需要自行确定农作物的生长参数，同时也可以在数据库选择类似地区的农作物数据。②灵活的模型。软件提供了若干种模型，使用者也可以按照自己的需要选择特定的约束条件及目标函数，同时也可以直接修改模型形式。③多种求解方法。求解方法可以在软件中自行选择，也可以选择调用目前比较成熟的优化软件求解，如 LINGO。④多种结果展示。使用者可以根据所需选择需要显示的数据及图表的形式。由于具备以上这些灵活的特点，这个 DSS 将是通用性很强的工具，很易于移植到其他灌区，只需按照实际情况补充灌区的农作物等数据参数即可，同时对于一些未知的不确定性参数可以载入相似地区的推荐数据。

10.1　优化系统

该模型框架建立在种植及灌溉决策模型的基础上，输入数据均来自灌区的实地调查。模型主要采用了模糊和区间优化方法。

10.1.1　框架结构

该系统的框架结构见图 10-2。其包括三个组成部分：①图形用户接口。允许用户输入有效降水量、灌溉、农作物和其他参数，或者以图形或表格输出与用户交互的窗口，其操作通过单击用户界面上各自对应的按钮实现。②驱动层。通过各种内核模型，实现驱动知识库、模拟月降水及径流量、返回优化结果等功能。结合气象因子与降水、气象因子与径流之间的非线性关系，建立 BP 神经网络，对逐月的降水和径流进行预测，并为之后的优化求解过程提供基本的数据支持。灌溉水资源优化模型是整个系统的核心部分，它可以解决农业灌区精细灌溉问题，为灌溉调度提供优化方案并提供决策建议。③知识库。这是该 DSS 的基础组件，包括数据库、模型库、方法库、逻辑库等。主要功能是储存数据、知识、信息和各种规则。主要是对文字方面、专家调查、以往经验等通过知识采集并将其转化为知识库的存储单元加以存储[14]。

图 10-2 中，箭头方向表示信息流的流向，信息由用户流向底层，再由底层处理后反馈给用户。用户根据自己的需求在交互界面上操作，输入数据及管理方面的细节，这些数据及设置参数将传递给驱动层，驱动层根据用户的设置参数选择优化模型，模型中的数据则调用知识库当中的对应数据。驱动层得到优化解后，以数据图表等形式传递到交互界面，再被用户接收。

该系统界面友好，能够满足多个用户级别不同的需求，如决策者、数据库维护管理员、用户信息管理员等。不同的用户级别对应不同的访问权限，将访问不

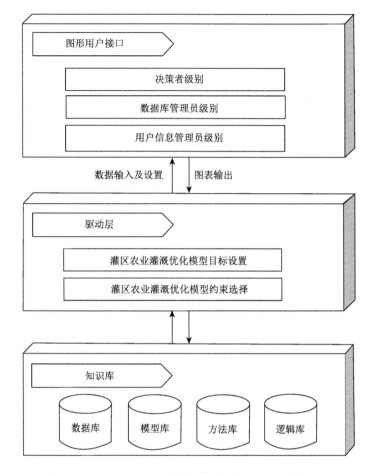

图 10-2　FIS-DSS——通用农业灌溉优化 DSS 框架结构

同的工作空间。用户使用正确的用户名和密码登录系统后，可以选择一个目标灌区，系统将自动载入灌区已经录入的农作物、水资源等数据。这个系统同样也提供了一些基础的操作信息，如如何使用、创建用户账号等。

进入系统界面的用户密码需要由用户信息管理员提供，只有正确的用户密码才可以让决策者建立自己的模型和生成灌溉优化方案。数据库维护管理员则负责数据维护的相关工作，如数据库备份、修改、还原等。

10.1.2　不确定模型模块

模型框架如图 10-3 所示，包括系统目标、相关约束、一些不确定性的参数以及它们之间的联系。

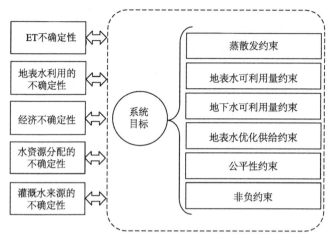

图 10-3　模型框架

　　大部分模型中的参数是能够获取的，如蒸散发量、供水量、经济数据等，而有一些数据则不确定，想获得精确的数据比较困难，这就需要在模型中用到不确定的一些方法。

　　模型的系统目标及约束如下。

　　1）系统目标

　　软件中主要提供 4 个目标：

$$\max f_1^{\pm} = \sum_{i=1}^{i\text{Crop}} \sum_{j=1}^{i\text{Subarea}} C_{\text{C},i} A_{ij} Y_{\text{m},i} \prod_{l=1}^{i\text{Stage}_i} \left(\frac{\text{ET}_{\text{c},ijl}^{\pm}}{\text{ET}_{\text{cm},il}} \right)^{\lambda_{il}} \quad (10\text{-}1)$$

$$\max f_2^{\pm} = \sum_{i=1}^{i\text{Crop}} \sum_{j=1}^{i\text{Subarea}} C_{\text{C},i} A_{ij} Y_{\text{m},i} \prod_{l=1}^{i\text{Stage}_i} \left(\frac{\text{ET}_{\text{c},ijl}^{\pm}}{\text{ET}_{\text{cm},il}} \right)^{\lambda_{il}} - \sum_{i=1}^{i\text{Crop}} \sum_{j=1}^{i\text{Subarea}} \sum_{k=1}^{i\text{Source}} \sum_{l=1}^{i\text{Stage}} C_{\text{w},j} W_{ijkl}^{\pm} \quad (10\text{-}2)$$

$$\max f_3^{\pm} = \frac{\displaystyle\sum_{i=1}^{i\text{Crop}} \sum_{j=1}^{i\text{Subarea}} C_{\text{C},i} A_{ij} Y_{\text{m},i} \prod_{l=1}^{i\text{Stage}_i} \left(\frac{\text{ET}_{\text{c},ijl}^{\pm}}{\text{ET}_{\text{cm},il}} \right)^{\lambda_{il}} - \sum_{i=1}^{i\text{Crop}} \sum_{j=1}^{i\text{Subarea}} \sum_{k=1}^{i\text{Source}} \sum_{l=1}^{i\text{Stage}} C_{\text{w},j} W_{ijkl}^{\pm}}{\displaystyle\sum_{i=1}^{i\text{Crop}} \sum_{j=1}^{i\text{Subarea}} A_{ij}} \quad (10\text{-}3)$$

$$\max f_4^{\pm} = \frac{\displaystyle\sum_{i=1}^{i\text{Crop}} \sum_{j=1}^{i\text{Subarea}} C_{\text{C},i} A_{ij} Y_{\text{m},i} \prod_{l=1}^{i\text{Stage}_i} \left(\frac{\text{ET}_{\text{c},ijl}^{\pm}}{\text{ET}_{\text{cm},il}} \right)^{\lambda_{il}} - \sum_{i=1}^{i\text{Crop}} \sum_{j=1}^{i\text{Subarea}} \sum_{k=1}^{i\text{Source}} \sum_{l=1}^{i\text{Stage}} C_{\text{w},j} W_{ijkl}^{\pm}}{\displaystyle\sum_{i=1}^{i\text{Crop}} \sum_{j=1}^{i\text{Subarea}} \sum_{k=1}^{i\text{Source}} \sum_{l=1}^{i\text{Stage}} W_{ijkl}^{\pm}} \quad (10\text{-}4)$$

　　系统目标是实现最大的系统经济毛收入；实现最大的系统经济净收入；实现最大的单位种植面积产值；实现最大的单位灌溉水量产值。前两个目标函数以经济利益作为目标，主要是站在农户的立场，尽可能提高农户的经济收入；后两个目标函数以单位资源的生产效率作为目标，是为了促进有限自然资源的可持续发展。

2）约束条件

软件中预设一些常见的约束条件，包括蒸散发量约束、地表水可利用量约束、地下水可利用量约束、地表水优先供给约束、公平性约束、非负约束等。

（1）蒸散发量约束：

$$\text{ET}_{c,ijl}^{\pm} \geqslant \text{ET}_{c\,\min,il} \qquad \forall i, j, l \tag{10-5}$$

此约束条件限制了蒸散发量的下限值。

$$\text{ET}_{c,ijl}^{\pm} \leqslant \text{ET}_{cm,il} \qquad \forall i, j, l \tag{10-6}$$

此约束条件限制了蒸散发量的上限值。

$$\text{ET}_{c,ijl}^{\pm} \begin{cases} = \text{ET}_{cm,il} & \tilde{P}_{ijl} + \Delta R_{ijl} > \text{ET}_{cm,il} \\ = 0.1\dfrac{\sum\limits_{k=1}^{\text{iSource}} W_{ij1l}^{\pm}}{A_{ij}} + \tilde{P}_{ijl} + \Delta R_{ijl} & \text{其他} \end{cases} \qquad \forall i, j, l \tag{10-7}$$

此约束条件描述了蒸散发量与降水、渗流等水资源变化的影响关系。

（2）地表水可利用量约束：

$$W_{iijkl}^{\pm} \begin{cases} = 0 & \tilde{P}_{ijl} + \Delta R_{ijl} > \text{ET}_{cm,il} \text{ 或 } \beta_{il} = 0 \\ \leqslant Q_{\max,jk} T_{il} & \text{其他} \end{cases} \qquad k = 1, \forall i, j, l \tag{10-8}$$

此约束条件描述农作物 i 在其生长阶段 l 内，可用的地表水量限制。

$$\sum_{i=1}^{\text{iCrop}} \sum_{j=1}^{\text{iSubarea}} \sum_{l=1}^{\text{iStage}_i} \frac{W_{ijkl}^{\pm}}{\eta_{ik}} \leqslant W_R \qquad k = 1 \tag{10-9}$$

此约束条件规定了地表水可用总量限制。

（3）地下水可利用量约束：

$$W_{ijkl}^{\pm} \begin{cases} = 0 & \tilde{P}_{ijl} + \Delta R_{ijl} > \text{ET}_{cm,il} \\ \leqslant \eta_{jk} W_{W,j} & \text{其他} \end{cases} \qquad k = 2, \forall i, j, l \tag{10-10}$$

此约束条件描述了地下水量的限制，在水量充足时，地下水无须供给。

$$\sum_{i=1}^{\text{iCrop}} \sum_{l=1}^{\text{iStage}_i} \frac{W_{ijkl}^{\pm}}{\eta_{ik}} \leqslant W_{W,j} \qquad k = 2, \forall j \tag{10-11}$$

此约束条件规定了地区内地下水可用总量限制。

（4）地表水优先供给约束：

$$W_{ijkl}^{\pm}\begin{cases}=0 & W_{ij1l}^{\pm}\leqslant Q_{\max,jk}T_{il} \ 和 \ \beta_{il}=1 \\ \leqslant Q_{\max,jk}T_{il} & 其他\end{cases} \qquad k=2,\forall i,j,l \qquad (10\text{-}12)$$

此约束条件说明，在地表水可灌溉时期，如果地表水量充足，则仅用地表水灌溉；如果地表水水量不足或渠系供水能力跟不上需求，则补充灌溉地下水。

（5）公平性约束：

$$\dfrac{\displaystyle\sum_{j_1}^{iSubarea}\sum_{j_2}^{iSubarea}\left|\sum_{l=1}^{iStage_i}ET_{c,ij1l}^{\pm}-\sum_{l=1}^{iStage_i}ET_{c,ij2l}^{\pm}\right|}{2N^2\mu_i}\leqslant G_0 \qquad \forall j \qquad (10\text{-}13)$$

此约束条件保障了离水源地近和离水源地远的农民尽可能公平地分配水资源量，同时也不能完全公平而降低大多水资源的使用效率。

（6）非负约束：

$$W_{ijkl}^{\pm}\geqslant 0 \qquad \forall i,j,k,l \qquad (10\text{-}14)$$

此约束条件限制了决策变量的范围，必须为大于 0 的实数。

此模型运用了三角形模糊可能分布的方法处理不确定的降水参数[15]，并用 α-cut 水平求解这个区间模糊模型[16]。

10.2　决策支持系统设计

本书中区域农业水资源优化决策支持系统界面拟采用 VC++6.0 实现。虽然基于.net 的程序功能强大、界面美观，但是.net 程序需要框架支持，没有安装框架的计算机不能运行，而且相同的程序，在.net 的平台运行速率明显比 VC++6.0 的慢。区域农业水资源优化决策支持系统以优化计算为主，可能会涉及大量的程序运算，对运行速率要求较高，因此采用 VC++6.0 的平台进行设计。模型算法采用 LINGO 11 的模块实现，LINGO 是非常成熟的一种优化计算软件，具有交互式的线性和通用优化求解器，能够快速、方便和有效地构建和求解线性、非线性和整数最优化模型。数据库采用 Access97 和自定义编写的数据文件的混合方式。由于一些数据结构比较松散，频繁读写数据库会引起过多的数据冗余，同时产生更大的工作量，因此按照既定的规则对数据文件进行操作。数据库仍然采用四库结构，由数据库系统、模型库系统、方法库系统和知识库系统组成，其中，模型库是决策支持系统必不可少的部件，这也是决策支持系统与信息管理系统的区别所在。数据库支撑模型库和方法库的运行，需要的数据量大且要求准确，是该系统的基础。另外，由于决策支持系统采用的是人机交互式的问题解决方法，因而人机交互系统也是 DSS 不可缺少的一个重要组成部分。其系统构建过程如图 10-4 所示。

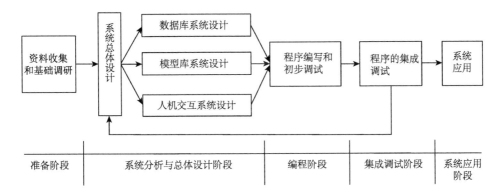

图 10-4　区域农业水资源优化决策支持系统构建过程

系统按照信息的空间特性把信息分为空间数据和综合数据两类。空间数据是具有地理属性的实体，在地理信息系统中，数据主要有两类：一类主要是描述对象空间位置、形状和拓扑关系的数据，称为图形数据；另一类是和地图对象对应的非空间属性信息，称为属性数据。

由于水资源管理涉及面广，综合数据库内容丰富且比较复杂，主要分为管理信息、模型信息和知识库三类。管理信息包括水利法规、取水许可、水政档案和功能区划等各种信息；模型信息包括模型输入数据、模型计算参数和模型计算结果等数据；知识库包括水资源管理中的决策经验和专家意见。

10.2.1　需求分析

项目所涉及的区域农作物种植结构及农业用水决策支持系统，其开发主要包括后台数据库的建立和维护以及前端应用程序的开发两个方面。对于前者要求建立数据一致性和完整性强以及数据安全性好的库。而对于后者则要求应用程序功能完备，具有易使用等特点。系统开发的总体任务是实现各种信息的系统化、规范化和自动化。

该决策支持系统主要是实现区域农作物的种植结构及农业用水的优化配置，在实现的过程中，数据库的建立与管理尤为重要。本系统的数据库结构主要是在各类信息的综合管理上实现的，其中，包括农作物生长数据库、区域用水情况数据库、区域农作物种植情况数据库等几大类。农作物生长数据库包括农作物的种类、用水量与生长参数、经济参数等；区域用水情况数据库包括地表水、地下水、大气降水的水量以及各类水源的实际利用效率和经济参数等；区域农作物种植情况数据库反映了区域中实际种植农作物的比例，包括各类农作物的种植面积。

10.2.2 概念模型设计

根据目前可能获得的数据，建立各部分的 E-R 图（图 10-5～图 10-12）。

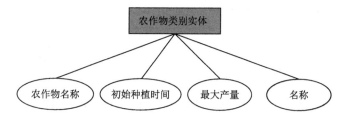

图 10-5 农作物类别实体 E-R 图

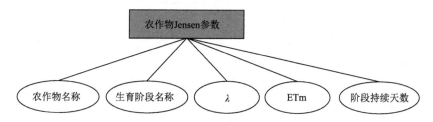

图 10-6 农作物 Jensen 参数实体 E-R 图

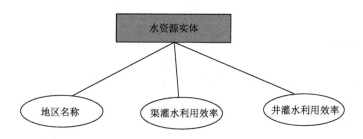

图 10-7 水资源实体 E-R 图

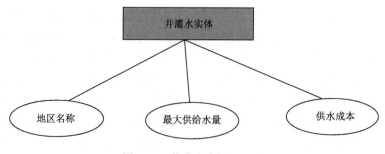

图 10-8 井灌水实体 E-R 图

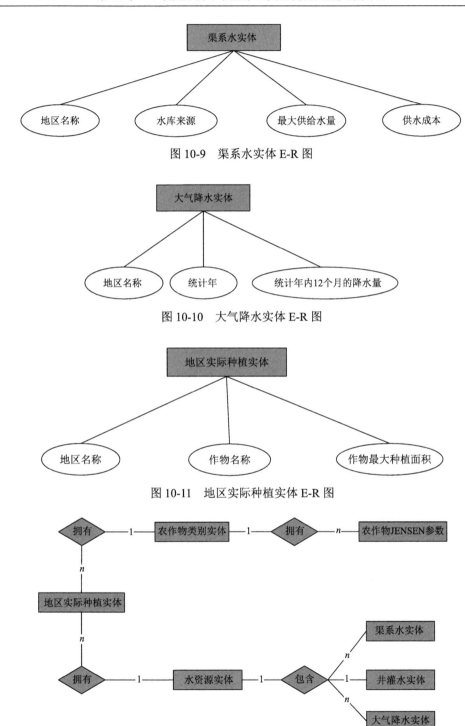

图 10-9 渠系水实体 E-R 图

图 10-10 大气降水实体 E-R 图

图 10-11 地区实际种植实体 E-R 图

图 10-12 各实体之间关系的 E-R 图

　　数据表之间关系 CDM 图如图 10-13 所示。

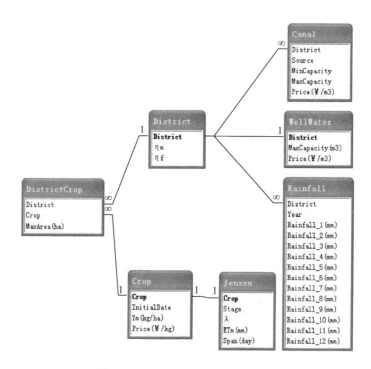

图 10-13　数据表之间关系 CDM 图

10.2.3　逻辑模型设计

　　根据概念模型设计得到 CDM 图，设计农作物生长参数、地区水资源利用、渠灌用水、井灌用水、大气有效降水、地区种植结构参数数据表，如表 10-1～表 10-7 所示。

表 10-1　农作物信息表

列名	数据类型	类别	说明
Crop	NvarChar（20）	主键	农作物名
InitialDate	Datetime		初始种植时间
Ym/(kg/hm^2)	Real		最大产量
Price/(元/kg)	Real		售价

表 10-2　农作物 Jensen 参数信息表

列名	数据类型	类别	说明
Crop	NvarChar（20）	外键	农作物名
Stage	NvarChar（20）		生育阶段名
λ	Real		Jensen 参数
ETm/mm	Real		Jensen 参数
Span/d	Int		生育阶段持续天数

表 10-3　地区水资源利用参数信息表

列名	数据类型	类别	说明
District	NvarChar（20）	主键	地区名
η_m	Real		渠灌水利用效率
η_f	Real		井灌水利用效率

表 10-4　渠灌水参数信息表

列名	数据类型	类别	说明
District	NvarChar（20）	外键	地区名
Source	NvarChar（20）		渠灌水来源
MaxCapacity/m^3	Float		最大供给能力
Price/(元/m^3)	Real		成本

表 10-5　井灌水参数信息表

列名	数据类型	类别	说明
District	NvarChar（20）	外键	地区名
MaxCapacity/m^3	Float		最大供给能力
Price/(元/m^3)	Real		成本

表 10-6　大气有效降水参数信息表

列名	数据类型	类别	说明
District	NvarChar（20）	外键	地区名
Year	Int		统计年
Rainfall_1/mm	Real		1 月内有效降水量

续表

列名	数据类型	类别	说明
Rainfall_2/mm	Real		2 月内有效降水量
Rainfall_3/mm	Real		3 月内有效降水量
Rainfall_4/mm	Real		4 月内有效降水量
Rainfall_5/mm	Real		5 月内有效降水量
Rainfall_6/mm	Real		6 月内有效降水量
Rainfall_7/mm	Real		7 月内有效降水量
Rainfall_8/mm	Real		8 月内有效降水量
Rainfall_9/mm	Real		9 月内有效降水量
Rainfall_10/mm	Real		10 月内有效降水量
Rainfall_11/mm	Real		11 月内有效降水量
Rainfall_12/mm	Real		12 月内有效降水量

表 10-7 地区种植结构参数表

列名	数据类型	类别	说明
District	NvarChar（20）	外键	地区名
Crop	NvarChar（20）	外键	农作物名
MaxArea/hm^2	Float		最大种植面积

10.2.4 人机交互系统设计

人机交互系统是水资源优化配置决策支持系统的核心部分之一，决策支持系统的运行效果是通过人机交互系统体现出来的。本书所构建的人机交互系统过程由决策者、人机交互系统和模型库管理系统进行交互对话而实现。决策人员依据决策原则、自己的知识和经验，通过系统的人机交互界面（页面），修改模型参数，输入偏好信息，代入相应的规划模型，并找到合理的水资源分配方案与配置结果。

根据所需实现的目标、决策支持系统一般功能，初步确定本决策支持系统的层次，如图 10-14 所示。软件有 7 个主要模块，分别是系统登录、数据结构定义与输入、模型设置与编辑、数据及图形输出、信息反馈、数据库备份、注册用户信息管理。用户级别分为三级：一级为普通用户，具有基本的功能权限；二级为系统用户，具有软件设置等权限；三级为管理员用户，可对所有的用户信息进行管理。

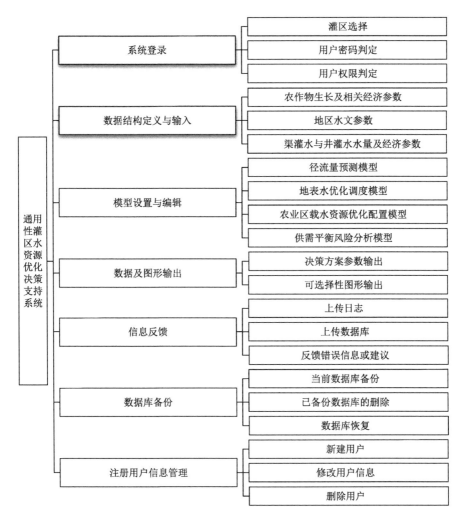

图 10-14 优化决策支持系统层次结构

针对该课题的决策支持系统进行初步设计，登录、数据输入、模型设置、图形显示及图表输出、数据库管理、用户信息管理等几个主要的功能界面如图 10-15～图 10-21 所示。为便于系统的后期维护和升级，将窗体或某些功能打包封闭成 DLL。除主程序外，还包括 ConnectPageBrief.dll、ConnectPageSetup.dll、Conopt3.dll、Dformd.dll、Feedback.dll、Libguide40.dll、Lingd11.dll、Lingd11_ original.dll、Lingdb3.dll、Lingfd11.dll、Lingxl3.dll、Login.dll、Message.dll、MFC42D.DLL、MFCO42D.DLL、Mosek5_0.dll、Msado15.dll、MSVCRTD.DLL、OperateINI.dll、Skinh.dll、Smtp.dll、WriteToLog.dll 等几个主要的动态链接库。

图 10-15 登录界面

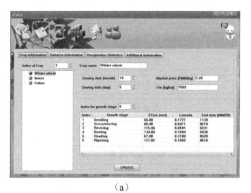

（a）

（b）

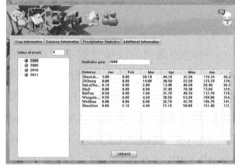

（c）

（d）

图 10-16 数据输入界面

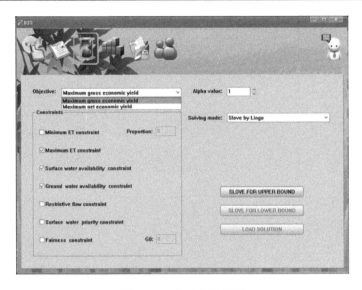

图 10-17　模型设置界面

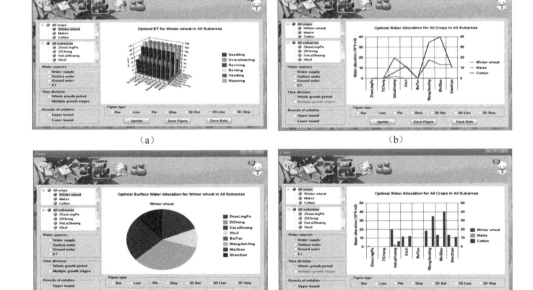

（a）　　　　　　　　　　　　　　　　　　　（b）

（c）　　　　　　　　　　　　　　　　　　　（d）

图 10-18　图形显示及图表输出界面

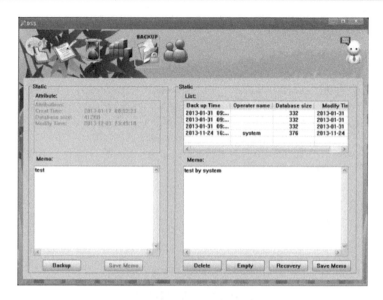

图 10-19　数据库管理界面

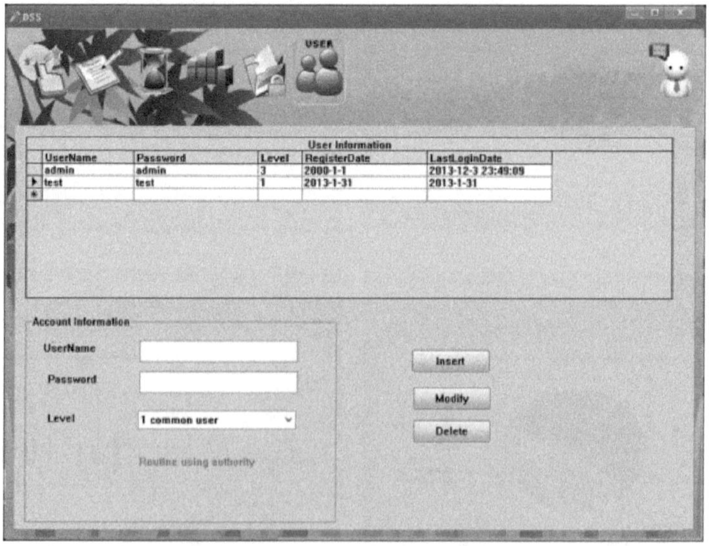

图 10-20　用户信息管理界面

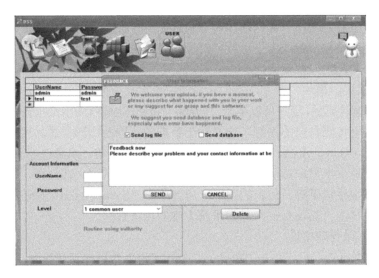

图 10-21　系统信息反馈界面

1）登录模块

软件安装完毕后，单击 FIS-DSS 图标，程序启动，显示用户交互界面，如图 10-15 所示。在此界面，用户可以根据自己的需要选择灌区，同时输入正确的用户名和密码。正确登录后，系统将根据所选择的灌区，自动加载该灌区的基础数据，同时系统会根据用户名判断用户级别，然后根据用户级别显示相应的功能接口。

2）数据输入模块

用户登录后，系统按照用户选择的灌区，自动加载当地的农作物生长、灌渠条件、农作物种植面积等参数。单击相应功能的按钮，可以查看和修改这些数据，如图 10-16 所示。［图 10-16（a）］为农作物生长参数设置界面，可以自定义农作物名称及生长阶段的参数；图 10-16（b）为分区设置界面，可以设置分区的大小、分区上的水资源可用量和各种农作物及种植面积；图 10-16（c）为地表水参数设置界面，可以设置农作物可以用地表水灌溉的生育阶段及地表水可用量；图 10-16（d）为降水参数设置界面，可以输入和修改分区多年以来的逐月有效降水量。另外，界面中还有"UPDATE"按钮，可实现界面中的数据存储，其数据库为 Microsoft Access Database。

3）模型求解模块

模型数据设置完成后，单击"Solve"按钮将出现模型设置界面，如图 10-17 所示。用户可以选择需要的系统目标及所需要的约束条件。例如，系统目标选择"Maximum economic gross profit"，约束条件勾选除"Fairness constraint"以外的其他约束条件，模型求解将为实现最大的经济效率而忽略地区间的公平性。另外，还提供了两种求解模型的方法：一种为软件内部求解；另一种为调用 LINGO 求解。当模型求解的速度比较慢，或者无可行解时，用户还可以打开模型源文件，自行查找有问题的语句及修改源代码。

4）结果展示模块

模型的解得到后，用户可以单击"Graph"按钮，生成解的图形报告，如图 10-18 所示。用户可按照自己的偏好，选择输出数据的范围及图形样式。可选范围包括农作物类型、分区、水源、农作物生长阶段和图形类型等。水源包括总灌溉水量、地表水量、地下水量和蒸散发量等；图形类型包括柱状图、线性图、饼图、三维线性图、三维柱状图等。显示的图形可通过单击"Save Figure"按钮保存，同时也可以通过单击"Save Data"导出求解方案的相关数据。

5）数据库管理模块

对于数据库管理员，单击"Backup"按钮可进入数据库管理界面，如图 10-19 所示。数据库管理员可以保存当前的数据库或删除数据库备份文件，同时可对数据库文件添加文字方面的备注。当数据发生错误时，数据库管理员可通过"Recovery"按钮从之前备份过的数据库文件恢复数据。

6）用户信息管理模块

对用户信息管理员，可在如图 10-20 所示的用户信息管理界面上，对所有账户进行管理操作，如新建用户、修改用户级别、修改密码、查看用户的注册时间和上次登录时间等。

7）反馈模块

此外，该软件还提供了反馈功能，如图 10-21 所示。用户在软件发生错误，或有意见和建议时，可以通过反馈界面，与系统维护人员联系，同时也可以上传当前的数据库及操作日志以便参考。

参 考 文 献

[1]　Oad R，Garcia L，Kinzli K，et al. Decision support systems for efficient irrigation in the middle rio grande valley. Journal of Irrigation and Drainage Engineering，2009，135（2）：177-185.

[2]　Huang G H，Qin X S，Sun W，et al. An optimisation-based environmental decision support system for sustainable development in a rural area in China. Civil Engineering and Environmental Systems，2009，26（1）：65-83.

[3]　Tanure S，Nabinger C，Becker J L. Bioeconomic model of decision support system for farm management. Part I：Systemic conceptual modeling. Agricultural Systems，2013，115：104-116.

[4]　Guo P，Chen X H，Tong L，et al. An optimization model for a crop deficit irrigation system under uncertainty. Engineering Optimization，2014，46（1）：1-14.

[5]　Li M，Guo P，Yang G Q，et al. IB-ICCMSP：An integrated irrigation water optimal allocation and planning model based on inventory theory under uncertainty. Water Resources Management，2014，28（1）：241-260.

[6]　Ritaban D，Ahsan M，Jagannath A，et al. Development of an intelligent environmental knowledge system for

sustainable agricultural decision support. Environmental Modelling and Software，2014，52：264-272.

[7]　Li M，Guo P，Liu X，et al. A decision-support system for cropland irrigation water management and agricultural non-point sources pollution control. Desalination and Water Treatment，2014，52：5106-5117.

[8]　Panagopoulos Y，Makropoulos C，Mimikou M. Decision support for agricultural water management. Global Nest Journal，2012，14（3）：255-263.

[9]　Chauhan Y S，Wright G C，Holzworth D，et al. AQUAMAN：A web-based decision support system for irrigation scheduling in peanuts. Irrigation Science，2013，31（3）：271-283.

[10]　Bange M P，Deutscher S A，Larsen D，et al. A handheld decision support system to facilitate improved insect pest management in Australian cotton systems. Computers and Electronics in Agriculture，2004，43（2）：131-147.

[11]　Bonfil D J，Karnieli A，Raz M，et al. Decision support system for improving wheat grain quality in the Mediterranean area of Israel. Field Crops Research，2004，89（1）：153-163.

[12]　Li Y P，Huang G H. Inexact multistage stochastic quadratic programming method for planning water resources systems under uncertainty. Environmental Engineering Science，2007，24（10）：1361-1378.

[13]　Lu H W，Huang G H，Zhang Y M，et al. Strategic agricultural land-use planning in response to water-supplier variation in a China's rural region. Agricultural Systems，2012，108：19-28.

[14]　Qin X，Huang G H，Chakma A，et al. A MCDM-based expert system for climate-change impact assessment and adaptation planning—a case study for the Georgia Basin，Canada. Expert Systems with Applications，2008，34（3）：2164-2179.

[15]　Lai Y J，Hwang C L. A new approach to some possibilistic linear programming problems. Fuzzy Sets and Systems，1992，49（2）：121-133.

[16]　Chen S H. Ranking fuzzy numbers with maximizing set and minimizing set. Fuzzy Sets and Systems，1985，17（2）：113-129.